物理学的100个基本问题

陈世杰 ◎ 编著

清华大学出版社
北京

图书在版编目（CIP）数据

物理学的 100 个基本问题 / 陈世杰编著. – 北京：
清华大学出版社，2024. 8. – ISBN 978-7-302-67079-7

Ⅰ. O4

中国国家版本馆 CIP 数据核字第 2024FN2837 号

责任编辑：胡洪涛
封面设计：于　芳
责任校对：欧　洋
责任印制：沈　露

出版发行：清华大学出版社
　　　　　　网　　　址：https://www.tup.com.cn, https://www.wqxuetang.com
　　　　　　地　　　址：北京清华大学学研大厦 A 座　　邮　　编：100084
　　　　　　社 总 机：010-83470000　　　　　　　　　邮　　购：010-62786544
　　　　　　投稿与读者服务：010-62776969, c-service@tup. tsinghua. edu. cn
　　　　　　质量反馈：010-62772015, zhiliang@tup. tsinghua. edu. cn
印 装 者：涿州市般润文化传播有限公司
经　　销：全国新华书店
开　　本：165mm×235mm　　　**印　张**：15　　　**字　　数**：261 千字
版　　次：2024 年 10 月第 1 版　　　　　　　　　　**印　　次**：2024 年 10 月第 1 次印刷
定　　价：65.00 元

产品编号：106284-01

已经过去多年,但我依然清晰地记得初见大海时那种震撼、压迫、沉醉、迷茫的感觉。迫不及待,纵身入水,挥臂远游。海天一色,万里无垠。突然,我深感自己的渺小与无助,急忙返回,只是徜徉在沙滩捡拾些贝壳、海星……

这种感觉,当我接受了出版社之托,准备编写这本《物理学的100个基本问题》时,恍然再现。

物理学是真正的汪洋大海。现代社会中的每个人从小就开始接触物理学。从幼儿启蒙读物,小学自然常识,到初中、高中物理课程,物理学滋养哺育着我们,让我们对世界的本质有了逐渐深入的认识,更点燃了多少睁大惊奇双眼又满怀渴望的少年心中求知的明灯。

笔者作为一名多年从事大学基础物理课教学的教师,在接受这个向青少年讲解所谓"高级科普"读物的任务时,起初摩拳擦掌,觉得有大片天地可任遨游;然而一旦动笔,顿生海天茫茫之感。正所谓:一部二十四史,不知从何说起!

几经茫然、犹豫,终于确定了以史为纲、以科为目的处理方法。"100个问题"对于博大精深的物理学海洋,只能是点点滴滴。在编写本书时,尽量使读者既有远观,大致鸟瞰物理学全貌,又加细看,从伽利略、牛顿到爱因斯坦,直至最新诺贝尔物理学奖项。本书从粒子物理的细微世界到宇宙物理的浩渺天穹,从本学科纯粹的理论思辨到与现代高新科技的渗透结合,读者若能在"管中"略见"全貌",大致弄清物理科学发生发展的轨迹,追寻科学大师艰苦前行的身影,甚或因此对物理学产生更加浓厚的兴趣而进一步找书阅读,则本人幸甚矣。

"高级科普"之难,我以为一则易偏于重"科",写成教学论文之改编,诘屈聱牙,味同嚼蜡;再则易偏于重"普",近乎小说评话之演义,云山雾罩,不知所云。本人努力找寻二者之契合点,做到兼有前者之"真"及后者之"趣"。如果读者能因目录标题之引导连续读几节而不觉其烦,甚或时而会心一笑,则本人又幸甚矣。

伟大诗人杜甫曾咏诗感叹:"细推物理须行乐,何用浮名绊此身。"虽然此"物理"非彼"物理",但天下万物确有共同之理,于是在"细推"之中悟得真正之"乐"。此"乐"就是追踪大师探寻科学真理,建立科学大厦艰苦足迹的乐趣;也是欣赏科学殿堂中奇珍瑰宝,寻幽探胜、撷珠拾贝的乐趣。

本书之成,仰仗多位友人催促切磋,提供创意。尤其有同仁挚友王纪龙教授、周希坚教授及其他知心朋友热情鼓励始终,广为搜寻资料,聊选题,挑纰漏,所给予的支持,笔者实非感激二字所能尽言。

学海无涯,广深莫测;海边拾贝,浅尝应不能止。本人才疏学浅,加以繁忙仓促,是书也,谬误虽不致百出,挂一却何止漏万。求诸读者方家,不吝赐教,则本人更幸甚矣。

陈世杰
于太原理工大学致知斋
2024 年 3 月

CONTENTS ○ 目录

三、近代物理曙光微现 //67

四、现代物理两大支柱 //86

五、粒子物理纷纭天地 //132

六、宇宙物理心事浩茫 //172

七、技术物理相映生辉 //200

参考文献

一、物理概述大而话之

001 物理学的来历——从古希腊哲学说起

从公元前 8 世纪到公元前 4 世纪,史称"古希腊罗马时代",包括科学在内的古希腊文化在较短时期里就取得了极其丰富多彩的成就,并且成为人类思想文化史上永恒的奇峰。

亚里士多德

物理学(physics)这个名词是古希腊思想巨人亚里士多德(Aristotle,公元前 384—前 322)在公元前 4 世纪根据希腊文 φνστδ(意为自然)创造了 φυσικα(意为自然哲学)的英文音译。

亚里士多德是古希腊最伟大的思想家,也是一位具有多方面成就的集古代希腊知识大成的博学家,他是柏拉图的学生,曾做过亚历山大一世的教师。公元前 335 年,亚里士多德回到雅典创办了吕克昂学园,据说由于他和弟子们常在散步时进行学术讨论,因此他们被世人称为"逍遥学派"。他的著作很多,包括著名的《形而上学》《物理学》《尼各马可伦理学》《工具篇》等,被称为古希腊思想史的"百科全书"。

古希腊人把所有对自然界的观察与思考,都笼统地归纳在一门学问里,即自然哲学,物理学是其一部分,是关于自然事物的知识。这种知识在当时还停留在现象的描述、经验的总结和猜测性的思辨上,但从物理学的历史角度来看却为近代和现代物理学的发展提供了许多生长点。正如恩格斯在《自然辩证法》中所说:"在希腊哲学的多种多样的形式中,差不多可以找到以后各种观点的胚胎、萌芽。因此,如果理论自然科学想要追溯自己今天的一般原理发生和发展的历史,它也不得不回到希腊人那里去。"

科学分为天文学、物理学、化学、生物学和地质学等只是最近几百年的事,牛顿划时代的著作名为《自然哲学的数学原理》,即为明证,物理学最直接地关心自然界最基本的规律,所以牛顿(Issac Newton,1643—1727)把当时的物理学叫作自然哲学。

中国在汉代就有了"物理"一词,但那时是泛指事物之理。西汉人刘安所编的《淮南子》中有"故耳目之察,不足以分物理"的深刻见解。明末清初方以智著

《物理小识》一书,含历法、医药、金石、器用及草木等,涉及内容非常广泛,然而此"物理"绝非彼"物理",这是显而易见的。诺贝尔物理学奖得主、物理大师李政道教授在 2001 年的一次讲演中谈中国古代物理发展史时,曾引用唐代诗人杜甫诗句"细推物理须行乐,何用浮名绊此身"来论证物理学名词起源,我想大师准是玩了一把幽默①。

欧洲传来希腊文写作 φυσικα 而英文写作 physics 的学科,是由日本人译作"物理学"而直接传入中国的。在西方发展起来的自然科学作为教学内容于 19 世纪中叶出现在我国课堂,最初,一些私塾于 1845 年设"格致"课,"格致"一词出自中国古代典籍四书《大学》中"致知在格物,物格而后知至",意为要获得知识必须穷究事物的原理。该课程最初含数学、物理、化学、动物、植物和矿物等内容。1862 年,公立学校同文馆成立,数学从格致课中分出,独立设课。1898 年创立的京师大学堂(北京大学前身),又将化学分出,1902 年,小学设不含数学的"格致"课,相当于今日之"自然"课;中学则分设物理、化学与博物,这里的"物理"已是西方传入的物理学了。

002 什么是物理学——万物之理

这个问题也可以是这样的:物理学是研究什么的?

中国的高中物理教材将物理学分成五大部分:力学、热学、电磁学、光学和原子及核物理学。为什么这样分类呢?我曾经多次问过高中毕业生以及大学低年级学生这个问题。有人答曰,由浅入深、由简单到复杂;有人答曰,根据物理现象进行分类等。这些回答语焉不详,未中要害。

要回答这个问题,应该先简单回顾一下物理学发展的历史。

现代意义下的物理学的诞生始于 17 世纪后半叶。我们熟知的伽利略(Galileo Galilei,1564—1642)、开普勒(Johannes Kepler,1571—1630)等科学家,他们为经典力学和天体力学所作的奠基性贡献,揭开了人类对自然界进行

---

① 杜甫原诗,曲江二首(其一):"一片花飞减却春,风飘万点正愁人。且看欲尽花经眼,莫厌伤多酒入唇。江上小堂巢翡翠,苑边高冢卧麒麟。细推物理须行乐,何用浮名绊此身。"一派田园风光,闲适情趣,与物理学似乎没关系。

伽利略

科学探索的崭新篇章。正如爱因斯坦（A. Einstein, 1879—1955）在《物理学的进化》中评论："伽利略的发现，以及他所应用的科学的推理方法是人类思想史上伟大的成就之一，而且标志着物理学的真正开端。"牛顿在他们工作的基础上建立了完整的经典力学理论；1666 年牛顿建立微积分的基本概念，1687 年建立了后来以他的名字命名的力学三大运动定律；牛顿的《自然哲学的数学原理》，标志着经典力学大厦的建成。在这时期出现的重视观察实验、提供假设和运用逻辑推理的科学研究方法对后世的影响极其深远。

18—19 世纪是物理学蓬勃发展的时期，卡诺（S. Carnot, 1796—1832）、焦耳（J. P. Joule, 1818—1889）、开尔文（Lord Kelvin, 1824—1907）、克劳修斯（R. Clausius, 1822—1888）建立了宏观的热力学理论。玻耳兹曼（L. Boltzmann, 1844—1906）、克劳修斯、吉布斯（J. W. Gibbs, 1809—1903）等建立了说明热现象的气体分子动力理论，促进了统计物理学的发展。这一时期，库仑（C. Coulomb, 1736—1806）、奥斯特（H. Oersted, 1777—1851）、安培（A. Ampere, 1775—1836）、法拉第（M. Faraday, 1791—1867）等对电磁学做出了巨大的贡献，后来由麦克斯韦（J. Maxwell, 1831—1879）建立起概括各种电磁现象的麦克斯韦方程组，电磁学理论亦告成功。

至此，以牛顿运动定律为基础的经典力学、热力学与统计物理、电磁学构成了经典物理学的宏伟大厦，似乎人类对自然的认识已达到完美的境地。但就在 19 世纪和 20 世纪之交，物理学界有三大发现，伦琴（W. Rontgen, 1845—1923）发现的 X 射线、汤姆孙（J. J. Thomson, 1856—1940）发现的电子和贝可勒尔（A. Becquerel, 1852—1908）发现的放射性；以及著名的两朵乌云：迈克耳孙-莫雷实验的零结果和热辐射实验的"紫外灾难"等一系列与经典物理学理论极不相容的实验事实相继出现，人们发现大厦的基础被动摇了。经典物理学在新发现面前遇到了前所未有的困难，有远见的物理学家意识到极其深刻的变革将要发生，正所谓"山雨欲来风满楼"。首先，爱因斯坦于 1905 年提出了狭义相对论，又于 1915 年提出了广义相对论，建立了崭新的时空观和引力理论，将相对性原理及对称性推广于全部基本物理学。物理学另一次大革命是普朗克（M. Planck, 1858—1947）、爱因斯坦、玻尔（N. Bohr, 1885—1962）、薛定谔

（E. Schrodinger，1887—1961）、海森伯（W. Heisenberg，1901—1976）和狄拉克（P. Dirac，1902—1984）等共同建立了量子力学。相对论、量子力学是支撑 20 世纪现代物理学大厦的两个支柱，在此基础上，随着科学的飞速发展，粒子物理学、原子核物理学、原子与分子物理学、凝聚态物理学、等离子体物理学等名目繁多的物理学分支，以及天体物理学、地球物理学、化学物理学、生物物理学等众多交叉学科都得到迅速的发展。

物理学到底是研究什么的？如果用一句话来概括，即物理学是探求物质结构和运动基本规律的学科。尽管这个含义已经相当宽泛，但还是难以刻画出当代物理学极其丰富的内涵，不过有一点可以肯定，与其他自然科学相比，物理学更着重于对物质世界普遍且基本规律的追求。

回到本节最初的话题，高中物理教材各部分的分类原则正是沿着物质结构的逐步深入的路线来研究其运动基本规律的。

力学的研究对象是宏观物体的机械运动。热学是研究物质热运动规律的，热运动是指组成宏观物体的大量分子（例如，1mol 的气体所含分子数为 6.02×10^{23} 个）、原子的无规则运动，也就是说热学涉及分子层次。电磁学是研究物质电现象、磁现象及二者之间关系的，电磁现象的产生缘于电荷（主要是金属表层自由电子）的运动。光学研究可见光的各种现象，而可见光属于电磁波谱的一小波段。原子物理、核物理逐渐深入到原子及原子核内部去探求。于是我们看到研究对象正是根据物质的结构层次一层层地深入探求其运动规律。

这个学科真正是"格物""致知"以求"物理"。

003 先来说"宇"——空间尺度的 42 个台阶

"宇"，根据《现代汉语词典》的解释，泛指无限空间。空间无限大吗？物质无限可分吗？

如果答案都是肯定的，事情会变得十分简单明了，世界便成为数学的概念：∞ 及 $\frac{1}{\infty}$。然而，认真而严肃的科学思考不应该是这样先验的（即以简单生活经验代替科学），不能这样毫不负责地信口开河。

当我们抬头望着天，天外有天(有吗?)，好像没完没了(会吗?)，当我们折手中棒，日折其半(能吗?)，似乎万世无尽(是吗?)。如果回答没完和无尽，其他人不好和你争论，似乎同意了你的论点，但是如果你回答有完和有尽，其他人很容易和你争论，于是你必须拿出证据来，边界在何处，为什么会是这样的，等等。举证很困难，但是一定得有些内容。看来我们应该欢迎这样的理论，即使它可能远不是那样完美。

物理学对世界正是给出了这样的回答。

先谈谈"数量级"的概念。我们熟知：十进制记数法可以用所谓的"科学记数法"来表示。例如，前面所谈到的分子数即阿伏伽德罗常量，是指 1 mol 物质中约包含 6000 万亿亿多个分子，究竟多少，我们不容易有明确的概念，用"科学记数法"表示就简洁得多，这个数可以记成 6×10^{23}，后面指数相差 1，即表示数目相差 10 倍，这就叫作一个数量级。现代科学研究过的空间尺度，大与小差不多跨越了 42 个数量级，有人把这称作"宇宙的 42 个台阶"。

人类选择了与自身大小相适应的"米"(m)作为长度的基本尺度。从我们身边开始，先走向小尺度领域。这里首先遇到生物界。最小的哺乳动物和鸟类，体长不过 10 cm，即 10^{-1} m 的数量级。昆虫的典型大小为几厘米或几毫米，即 $10^{-3} \sim 10^{-2}$ m 的数量级。细菌或典型的真核细胞，直径为 10^{-5} m 的数量级，细胞的最小直径为 10^{-7} m，这比原子的尺度 10^{-10} m 还大 3 个数量级。生物细胞不可能再小了吗？是的，因为细胞内必须包含足够数量的(如 10^{6} 个)生物大分子，否则它不可能有较完整的功能。分子的尺度是个比较复杂的问题，因为分子大小悬殊。小分子由几个到十几个原子组成，其尺度比原子略大，大约为 10^{-9} m 数量级。大分子(如各种蛋白质)可以由数千个原子组成，有复杂的结构，把最大的分子拉直后，其数量级可达 10^{-4} m。

在物理学上把原子尺度的客体叫作微观系统，大小在人体尺度上下几个数量级范围之内的客体，叫作宏观系统。所以宏观尺度比微观尺度大了 7～8 个数量级，按体积论，则大 $(10^{8})^{3} = 10^{24}$ 个数量级，或者说，宏观系统中包含这么多个微观客体(原子、分子)，这正是阿伏伽德罗常量的数量级。微观系统与宏观系统最重要的区别是它们服从的物理规律不同，在微观系统中，宏观的规律(如牛顿运动定律)不再适用，那里的问题需要用量子力学处理。

让我们继续走向物质结构的更深层次。原子是由原子核与核外电子组成的，原子的线度为 10^{-10} m 的数量级，原子核的线度要比这小 4～5 个数量级，即 $10^{-15} \sim 10^{-14}$ m 的数量级，但是原子的全部质量几乎都集中在原子核内。我们可以这样设想原子内部的图像,在一个标准田径场(跑道一圈 400 m)上,原子核位于中心,跑道最外圈有一些直径 1 mm 大小的砂粒在飞跑,那是一些电子,此外空空荡荡,这似乎多少有点出乎我们的想象。原子核由质子和中子组成,质子和中子统称核子,核子的半径约为 10^{-15} m。核子以下的再一个层次是夸克,每个核子由 3 个夸克"组成"。我们把组成二字加引号,是因为夸克间的相互作用具有禁闭性质,使我们永远不可能分离出自由的夸克,因而谈一个夸克有多大毫无意义。

这样小尺度的客体我们是如何观测到的呢?首先我们会想到显微镜。任何显微镜都有一个能够分辨的最小极限,这个极限是由照明光的波长所决定的。打个比方,盲人用手指触摸盲文或其他凹凸的花纹,分辨能力受到手指粗细的限制;如果他能用一根细针去探索,便可感知花纹更多的细节。光子或其他粒子就是我们小尺度的触摸手指或探针,它们的波长代表着探针的粗细。可见光的波长在 $(3.9\sim7.7)\times10^{-7}$ m 之间,所以光学显微镜的分辨极限也在同一数量级(10^{-7} m)。对于观察微生物或细胞而言,这已足够,但对于更微小的物体则显得力不从心。此时,需要将电子作为"探针",代替普通光学显微镜里的光子,从而实现更高的观测精度。这种工具被称作电子显微镜,其分辨率可达到 10^{-10} m,20 世纪 80 年代中叶发明的扫描隧道显微镜(STM)真正做到了原子量级的分辨本领,首次让人类看到了个别的原子。探测物质结构更深的层次,需要将速度更高的核子作为探针,这就需要运用到各种加速器。探寻微观世界的精细结构,却需要直径数十千米(10^4 m)的大型加速器。这世界真令人难以想象。

我们现在将视线回归至自身,然后向大尺度领域进发。最大的动物是蓝鲸,体长达数十米,即 10 m 数量级,最大的植物是美洲红杉,高达百米以上,即 10^2 m 数量级。最高的山峰是珠穆朗玛峰,高 8848.86 m,最深的海沟是马里亚纳海沟,深达 11.02 km,二者皆为 10^4 m 数量级。月球直径为 3476 km,为 10^6 m 数量级,地球直径为 12 742 km,为 10^7 m 数量级;月地距离是地球半径的 60 倍,为 3.84×10^8 m,为 10^8 m 数量级。太阳的直径为 1.392×10^9 m,为 10^9 m 数量级,日地距离为 1.49×10^{11} m,此距离定义为 1 天文单位(AU),AU 是太阳系内表示天地距离的常用单位,为 10^{11} m 数量级,太阳系的直径约为 80 AU,即 10^{13} m 数量级。

太阳系外天体距离通常不用 AU,而且用光年或秒差距来表示。光年(light year,符号为 l. y.)是光在一年内走过的距离,即

$$1 \text{ l. y.} = 9.460\,530\times10^{15} \text{ m} \approx 10^{16} \text{ m}$$

距太阳最近的恒星是半人马 α(南门二)内的一颗比邻星,离我们大约 4.2 l. y.。

秒差距(parsec,符号 pc)是天文学中用视差法测量距离的单位。

$$1 \text{ pc} = \frac{1 \text{ AU}}{1''} = \frac{1 \text{ AU}}{\pi/(180 \times 60 \times 60)} \approx 2.063 \times 10^5 \text{ AU}$$

$$\approx 3.262 \text{ l. y.} = 3.086 \times 10^{16} \text{ m}$$

太阳系居于银河系一隅,银河系的半径为 10^5 l. y.,即约 10^{21} m。离我们最近的河外星系是小麦哲伦星系,相距有 5×10^4 pc $= 1.5 \times 10^5$ l. y. $= 1.5 \times 10^{21}$ m,较远的河外星系距我们可达 10^6 pc,即 $10^{22} \sim 10^{23}$ m 数量级。更大的天体系统是星系团,包含上千个像银河系一样的星系,尺度大约为 10^{23} m 数量级。尺度比这更大的结构是超星系团,数量级为 10^{24} m。观测表明,大于 10^8 pc,即 10^{24} m,宇宙的结构基本上是均匀的,直到我们现在能够观测的极限——哈勃半径 10^{26} m。

从 10^{-15} m 经过 10^0 m 到 10^{26} m,共 42 个数量级,如图 003-1 所示。这正是在物理学家眼中的"上穷碧落下黄泉,两处茫茫都可见"。

再来说"宙"——时间尺度的 44 个数量级

"宙",根据《现代汉语词典》的解释,泛指古往今来的时间。

日出日落,月圆月缺,花谢花开,人生人灭,乃至白云苍狗,沧海桑田,世人对大尺度时间的流逝总是充满一种无奈、惆怅、伤感、慨叹的情绪。

对于小的时间尺度,还有"刹那""瞬间""弹指""须臾"等词汇,都在表示非常短的时间概念,到底表示多长时间,古人似乎非常明确。

古代梵文《僧祇律》上这样写道:"一刹那者为一念,二十念为一瞬,二十瞬为一弹指,二十弹指为一罗预,二十罗预为一须臾,一日一夜有三十须臾。"据此,我们容易推算出具体时间:一昼夜有 $60 \times 60 \times 24 = 86\,400$ 秒 $= 30$ 须臾 $= 12\,000$ 弹指 $= 240\,000$ 瞬间 $= 4\,800\,000$ 刹那。于是 1 须臾 $= 2880$ 秒 $= 48$ 分,1 弹指 $= 7.2$ 秒,1 瞬间 $= 0.36$ 秒,1 刹那 $= 0.018$ 秒。然而,现代物理学家在看这个相同的世界时,认为宇宙间各种事物的时标跨越了约 44 个数量级,却不再使用古时那么多的专用词汇。

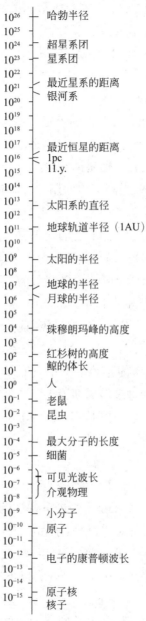

10^{26}	哈勃半径
10^{25}	
10^{24}	超星系团
10^{23}	星系团
10^{22}	
10^{21}	最近星系的距离
10^{20}	银河系
10^{19}	
10^{18}	
10^{17}	最近恒星的距离
10^{16}	1pc
10^{15}	1l.y.
10^{14}	
10^{13}	太阳系的直径
10^{12}	
10^{11}	地球轨道半径（1AU）
10^{10}	
10^{9}	太阳的半径
10^{8}	
10^{7}	地球的半径
10^{6}	月球的半径
10^{5}	
10^{4}	珠穆朗玛峰的高度
10^{3}	
10^{2}	红杉树的高度
10^{1}	鲸的体长
10^{0}	人
10^{-1}	老鼠
10^{-2}	昆虫
10^{-3}	
10^{-4}	最大分子的长度
10^{-5}	细菌
10^{-6}	可见光波长
10^{-7}	介观物理
10^{-8}	
10^{-9}	小分子
10^{-10}	原子
10^{-11}	
10^{-12}	电子的康普顿波长
10^{-13}	
10^{-14}	原子核
10^{-15}	核子

图 003-1　物质世界的空间尺度

现代的标准宇宙模型告诉我们,宇宙是在$(1.0\sim2.0)\times10^{10}$ 年前的一次大爆炸中诞生的。用秒表示,宇宙的年龄具有 10^{18} s 的数量级。在宇宙的极早期,温度极高($>10^{10}$ K),物质密度极大,整个宇宙处于平衡态,那时宇宙间只有中子、质子、电子、光子和中微子等一些粒子形态的物质,宇宙的结构是十分简单的。因为整个体系在膨胀,温度急剧下降。大约在大爆炸后的 3 min,温度降到大约 10^9 K,较轻原子核(氘、氦等)的合成变为可能。温度从 10^9 K 降到 10^6 K,是轻元素早期合成的阶段。大爆炸后约 40 万年,温度降到 10^4 K 时,原子核与电子复合成电中性的原子和分子。那时宇宙间主要是气态物质,气体逐渐凝聚成气云,再进一步形成各种各样的恒星体系,成为我们今天看到的宇宙。现在宇宙的背景温度已经降到了大约 2.7 K。恒星释放的能量来自内部的热核聚变,核燃料耗尽,恒星就死亡。恒星的质量越大,其温度就越高,聚变反应进行得就越快,它的寿命就越短。据估计,太阳的寿命有 10^{10} 年,而太阳现在的年龄约为 5×10^9 年,相当于人类的"年近半百,正当壮年"。

按照放射性同位素 ^{238}U 与 ^{235}U 丰度的比值估计,地球的年龄为 4.6×10^9 年,即 10^{17} s 的数量级,在距今 $(3.1 \sim 3.2) \times 10^9$ 年前,出现了能进行光合作用的原始藻类,距今 $(7 \sim 8) \times 10^8$ 年(10^{16} s 数量级)前形成了富氧的大气层,大约距今 4×10^8 年前出现了鱼类和陆生植物,3×10^8 年前出现了爬行类,不到 2×10^8 年前出现鸟类,6.7×10^7 年(10^{15} s 数量级)前恐龙灭绝,之后哺乳类兴起。古人类出现在距今 $(2.5 \sim 4) \times 10^6$ 年(10^{14} s 数量级)前,而人类的文明史只有 5000 年(10^{11} s 数量级)。古树的年龄上千年(10^{10} s 数量级),人的寿命通常不到 100 年(10^9 s 数量级)。地球公转周期为 1 年(3×10^7 s 数量级),月球公转周期 30 天(约 2.6×10^6 s),地球自转周期 1 天(约 10^5 s),百米赛跑世界纪录具有 10^1 s 数量级,钟摆周期为 10^0 s,市电频率 2×10^{-2} s,超快速摄影的曝光时间为 10^{-4} s。

观察微观世界,我们知道,原子由原子核和电子组成,原子核又是由质子和中子组成。电子、光子、质子、中子是人们最早认识的一批基本粒子。后来又发现可将电子和光子当作点粒子对待,但质子和中子是有内部结构的,即已有的"基本粒子"并不属于同一层次,因此把"基本粒子"改称"粒子"。现在已发现的粒子,根据其参与各种相互作用的性质,可分为以下三类:①规范玻色子,包括光子 γ、中间玻色子 $W^{\pm}$ 和 Z^0、8 种胶子;②轻子,包括电子、μ 子、τ 子以及与它们分别联系的三种中微子;③强子,分为重子(如质子、中子)和介子(如 π^0、$\pi^{\pm}$ 介子)两大类。绝大多数已发现的粒子是不稳定的,即粒子经过一定时间后就衰变为其他粒子,粒子产生后到衰变前存在的平均时间叫作该种粒子的寿命。在常见的粒子中,光子、电子和质子是稳定的,其余粒子寿命的数量级如下:中子寿命约 15 min(10^3 s 数量级),μ 子寿命的数量级为 10^{-6} s,$\pi^{\pm}$ 介子为 10^{-8} s,

τ 子为 10^{-11} s，π^0 介子为 10^{-17} s，Z^0 的寿命最短，为 10^{-25} s 的数量级。

从 10^{-25} s 经过 10^0 s 到 10^{18} s，宇宙间各种事物的时标跨越了约 44 个数量级，如图 004-1 所示。

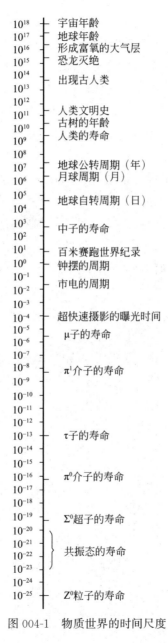

图 004-1　物质世界的时间尺度

005 不要胡子眉毛一把抓——谈建立理想模型

真实的客观世界千头万绪,错综复杂,当物理学家开始着手对客观的客体对象进行研究时,为了突出当前研究对象的某些"主要"性质,只能暂时不考虑一些所谓"次要"的因素,即建立一些理想化的模型代替实际的客体。随着问题的深入研究,当初的"次要"因素必然会逐渐成为需要加以研究的"主要"因素,于是可能需要在新的层次上建立新的理想模型,这样才能一步步地使研究对象接近真实的客体。

例如,在研究物体的宏观运动时,物体的形状、大小、质量、光滑程度、形变情况等千差万别。我们不太可能"胡子眉毛一把抓"的同时解决这些问题,只能一步步来。在很多问题中,物体的质量起了最主要的作用,而其他性质的差异对物体运动的影响不太大,若不涉及物体的转动和形变,我们暂时可以把该物体当作一个具有质量的几何点(质点)来处理。这个只有质量而没有体积的物体——质点,就是我们在学习物理学时遇到的第一个理想模型。虽然在真实的客观世界中,质点是不存在的,但是,以这个理想模型为基础建立起来的质点运动学、质点动力学,比较容易并且相当准确地描述了客观世界中真实物体的一些简单的机械运动规律。"比较容易"与"相当准确"都非常重要,尤其是后者,如果我们建立一个理想模型能够满足第一个条件而不满足第二个条件,这个模型必然毫无价值。这样的模型在科学史上也不乏其例。在 19 世纪与 20 世纪之交,英国物理学家 J. J. 汤姆孙(Joseph John Thomson,1856—1940)在发现电子后,于 1897 年极具远见地预见电子应该是原子的一部分,经过几年的思考,在 1903 年他提出了原子结构的最初的理想模型——"均匀模型",也称"面包葡萄干模型"。这一设想认为正电是一个均匀球体,而电子则均匀地分布在正电球体之中。这个模型在科学史上当然有其重要价值,因为它是人类提出的关于原子内部构造的第一个模型,但是它不满足我们所说的第二个条件,不能相当准确地反映后续所发现的大量实验事实,于是不得不"让位"于卢瑟福(E. Rutherford,1871—1937)在 1909—1911 年提出的原子的"有核模型",即我们今日认同的主流模型。

让我们回过头继续讨论力学的理想模型。随着对于机械运动研究的深入,质点模型已不能满足一些问题的需要,因为它不涉及物体的转动及其形状和大小，当涉及这类问题时，我们必须建立另外的模型。

当研究对象发生比较复杂的运动时，例如，澳洲土人狩猎的飞镖及中国儿童玩耍的陀螺，物体的形状、大小必须考虑，甚至在力和运动影响下形状、大小还有可能发生变化，问题就变得相当复杂，所幸在许多情况下，物体形变都较小，可以暂时忽略不计，对研究结果尚无明显影响。于是物理学家在质点模型基础上提出刚体这一理想模型。刚体是在任何情况下形状、大小都不发生变化的力学研究对象。刚体力学完美地解决了这一层面上的力学问题。问题继续深入，事实上任何物体在力的作用下都会发生或多或少的形变，在许多问题中形变不能不计，有时还须特别加以研究。例如，桥梁的负荷及其形变的关系，飞机在飞行全过程中阻力、负荷及各部位形变的关系等。有些物理现象，本质上就是由形变引起的。例如，声音在弹性介质中的传播就与介质中的形变相关，讨论物体在力的作用下形变的规律，显然需要建立新的理想模型。

在许多情形下，当物体所受的外力撤去后，在外力作用下物体发生的形变几乎能够消失，这种形变叫作弹性形变，这种物体叫弹性体，这就是我们在这个层面上建立的又一个理想模型。显然，不存在绝对意义上的弹性体，但是在真实情况下，如房屋地基、水库堤坝、大型建筑的薄壳屋顶等在形变极小时，基本满足上述要求，可视为弹性体，于是有了解决这类问题的弹性力学。

流体力学中研究对象的理想化是颇耐人寻味的事。

人们建立了理想流体的理想模型，理想流体有两条简化问题的基本假设：一是假设流体的密度 ρ 为常量，即认为流体不可压缩；二是假设流体是很"稀"，以至于完全不必考虑其黏性。这个初步看来似乎没问题的第二个假设，使理想流体问题变得十分诱人。19 世纪，物理学家及数学家研究流体力学的主要兴趣和精力集中在无黏滞假设下一个又一个优美的数学解上。20 世纪数学、物理学大师冯·诺依曼（J. von Neumann，1903—1957）意识到是否忽略黏性，有着极其重大的差别，他认为，在这个假设基础上进行的这类研究丢掉了流体的一个基本性质，是与实际流体不相干的。冯·诺依曼把这些理论家戏称为研究"干水"的人，而事实上任何流体都是"湿水"。当然，所谓"干水"模型，在一定条件下还是具有相当合理性的，但对于在完全无黏滞的前提下所得出的结论，使用起来确实要特别小心。

建立起一个理想的理想模型绝非易事，一般来说，它不是某一个天才脑袋一拍偶得的灵感，而是对真实世界的客观对象进行大量细致入微的实验，以及深思熟虑、全面深入地分析研究之后的产物。随着研究的深入，理想模型还要不断改进，不断升级，直至无限接近真理的彼岸。

不要胡子眉毛一把抓，也不能捡了芝麻，丢了西瓜。但最终，胡子眉毛要梳通理顺，西瓜和芝麻也是一个都不能少。

006 伟大头脑的天才产物——物理学中的思想实验

现代物理学是一门理论和实践高度结合的精确科学，但说到底，它是一门实验的科学，任何理论最终都要以实验的事实为准则。正所谓"实践是检验真理的唯一标准"。这里所说的实验，包括我们通常意义上的动手的实验、观测，也应包括下面要谈到的思想实验。

我们首先当然地想到了伽利略对落体问题的研究。在伽利略之前，人们大都觉得亚里士多德的观点是对的。亚里士多德认为："体积相等的两个物体，较重的下落得较快。"他还给出了定量的描述：物体下落的快慢与它们的重量（重力）成正比。自此之后一千多年，几乎无人反对这个论点，首先对此进行发难的是拥有着人类历史上伟大头脑的勇士与智者——伽利略。

伽利略运用极其巧妙的逻辑推理轻而易举地推翻了亚里士多德的论点。伽利略论证说：如果亚里士多德所言正确，即重物比轻物下落快，那么把重物与轻物拴在一起下落，将会有什么样的结果？如果重物下落快，轻物下落慢，由于二物拴在一起，快物被慢物所拖，慢物被快物所拉，二物拴在一起的下落速度应该比快物原速慢，而比慢物原速快，此速度介乎于快慢之间。但同样按亚里士多德所言，二物拴在一起，应比原物都重，则应下落更快。"以子之矛，攻子之盾，将何如？"亚里士多德之悖论，则不攻自破。伽利略并不满足于只推翻此结论，他还通过实验建立了精确描述落体运动的数学关系，即落体下落所经过的距离总是正比于下落所用时间的平方。

据史家考证，著名的比萨斜塔落体实验未必真有其事，即使伽利略真做过此实验也不会完美成功，因为事实上一定是重物先于轻物而落地，伽利略的伟大之处在于，他并没有被一些实验的表面现象所束缚，反而能够正确对待和解释实验误差，真正做到"去粗取精，去伪存真"，坚定地相信理性的力量。对于二球不同时落地，伽利略认为这是由空气的阻力造成的，所以不应该由于这点误差而对亚里士多德学说的重大谬误作辩护。

在中学物理课本中,我们熟知的伽利略的另一个极巧妙的思想实验,如图 006-1 所示,一个光滑坚硬的小球从 A 点沿光滑斜面 AB 下落,它将以获得的在 B 点的运动速度沿任何对接的光滑斜面 BC(或 BD、BE 等)上升到 A 的同一水平高度,随着对接斜面的倾斜角 α 越来越小,斜面的长度即小球运动的距离就越来越长,相应球的运动时间也越来越长,当 $\alpha \to 0$,即斜面成水平时,小球将以在 B 点获得的速度永远运动下去。

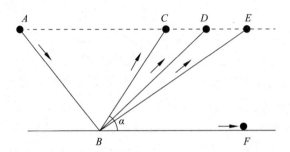

图 006-1　伽利略对接斜面的理想实验

这个思想实验被称为"惯性原理",有些科学史学家便直接称此为惯性定律。这实际上是牛顿第一运动定律的前奏,而牛顿第一运动定律本身即为思想实验的光辉典范。

爱因斯坦在建立狭义相对论时更是大量地、娴熟地运用了思想实验的方法,充分体现了一个伟大的头脑所具有的极其深邃又无比广阔的智慧。

在经典物理学中,同时性的概念是绝对的,即同时发生的两个事件在任何惯性系(即相对地面以不同速度匀速运动的参考系)中观察应该都是同时的。

爱因斯坦在少年时代(1895 年,16 岁)就开始思索这样一个问题:如果我以光速追随光前进,将会看到什么?

十年过去了,1905 年 4 月,爱因斯坦找到了新理论的突破口,他认为,同时性应该是相对的,而不是绝对的。他设计了著名的"爱因斯坦列车"这一思想实验来说明同时性的相对性:当两道闪电同时击中一条东西方向的铁道时,对于站在两道闪电正中间的铁道旁的静止观察者来说,这两道闪电击中铁道事件是同时发生的。但是对于乘坐一列由东向西以高速行进的列车上正好经过静止观察者面前的运动观察者来说,这两道闪电并不是同时下击的。这是因为运动观察者正在趋近西侧的闪电而远离东侧的闪电,西侧的闪电到达他的眼里的时间要早一点。因此,在静止观察者看来,这是同时发生的闪电,而在运动观察者看来,则是西侧先亮而后东侧亮。若进一步设想列车以光速前进,则列车上的观察者将只能看到西侧的一道闪电,而东侧那道闪电根本追不上他。这个思想实验非常精辟地说明了同时的相对性。爱因斯坦在找到这个重大的理论突破口后,进入了创造新理论的"癫狂"时期,在以后短短的五周之内,就完成了不朽的论著——《论动体的电动力学》,宣告了狭义相对论的诞生。

伽利略、牛顿、爱因斯坦等科学巨人的思想实验是伟大头脑的天才产物,是科学研究的无价之宝。

思想实验在头脑中运行,是一种思维方法,它可以超越时间和空间的局限,不受具体条件的限制和干扰,设想出在各种条件包括极限条件下可能出现的种种情况,因此它比实际实验更进一步,更能保证过程在纯粹形态下进行。思想实验要求对所面临的科学问题有透彻深入地了解和独创性的认识,这绝不是凭空想象的结果,而是对实际自然过程进行分解、抽象,使其理想化、纯粹化,在头脑中完成了在实际情况下根本无法进行的实验。

人为万物之灵,大脑为人之灵,伟大的大脑就是万物的灵中之灵,他们所进行的思想实验像是宇宙中耀眼的星星,将永远在科学的时空中闪烁着智慧的光芒。

007 纷纭复杂的统一——基本的自然力

自然界中形形色色的力是物理学研究的主要对象。物理学专业学习的理论物理主干课程干脆称为"四大力学"——理论力学、统计力学、电动力学和量子力学,由此亦可见力在物理学中的地位十分重要。

中学物理课中学习了万有引力及其主要形式重力,各种弹力(包括压力、支持力、拉力、张力、弹簧的弹力等),摩擦力(确切地说是干摩擦,指固体表面之间的摩擦、滑动摩擦和静摩擦,还有滚动摩擦力;另外还有所谓湿摩擦,指液体内部或液体和固体之间的摩擦),容器内气体对器壁的压力,水中物体所受浮力,胶水使两块木板固结在一起的黏结力,两个带电小球之间的引力或斥力,两个磁体之间的引力或斥力等宏观世界中我们能观察到的力。在微观世界中也存在这样或那样的力。例如,分子或原子之间的引力或斥力,原子内的电子和核子之间的引力,核内粒子和粒子之间的引力和斥力,等等。尽管力的种类看来如此复杂多样,但近代物理学已经证明,自然界中只存在四种基本的力,其他所有力都是这四种力的不同表现,这四种基本的自然力是引力(万有引力)、电磁力、强相互作用力(强力)、弱相互作用力(弱力)。以下分别简述之。

1. 引力(万有引力)

引力即万有引力,指存在于任何两个物体质点之间的吸引力。牛顿首先发现的万有引力定律为我们所熟知,即

$$f = G\frac{m_1 m_2}{r^2}$$

式中,G 为引力常量,$G = 6.67 \times 10^{-11}$ N·m²·kg⁻²;m 是物体的质量,反映了物体间的引力性质,是物体与其他物体相互吸引的性质的量度,因此又称为引力质量。引力质量与牛顿运动定律中反映物体抵抗运动变化这一性质的惯性质量在本质上是不同的,但是精确的实验表明,同一物体的这两种质量是相等的,即 $m_{引} = m_{惯}$,所以可以说,它们是同一质量的两种表现,通常不加区分。

重力是由地球对其表面及附近的物体的引力所引起的地球引力。忽略地球自转的影响(即惯性离心力,这一忽略引起的误差不超过 0.5%),物体所受的重力就等于它所受的引力。

地面上物体之间的引力是非常小的。例如,相隔 1 m 的两个人之间的引力仅约 10^{-7} N,这对人的活动不会产生任何影响。地面上的物体受到地球的引力如此明显,是因为地球的质量非常大的缘故。在宇宙天体之间,引力起着主要作用,也是因为天体质量非常大的缘故。

根据现在尚待证实的物理理论,物体间的引力是由一种叫作"引力子"的粒子作为传递介质的,如此万有引力便不再是我们先前认为的是所谓"超距作用"了。

2. 电磁力

电磁力是指带电的粒子或带电的宏观物体之间的作用力。它是由光子作为传递介质的。我们已经熟知,两个静止的、相距为 r,电荷量为 q_1、q_2 的带电体之间的作用力由库仑定律支配,即

$$f = \frac{kq_1 q_2}{r^2}$$

式中,k 为比例常量,称为静电力常量。一般计算时,取 $k = 9 \times 10^9$ N·m²·C⁻²。

此定律的形式与万有引力定律非常类似,称平方反比定律。但库仑力(静电力)比万有引力要大得多。例如,两个相邻质子之间的库仑力按上式计算可达到 10^2 N,是它们之间的万有引力(10^{-34} N)的 10^{36} 倍。

磁力(包括电流与磁体之间、电流与电流之间、磁体与磁体之间的作用力)本质上是运动电荷之间相互作用的表现,包括我们常见的永磁体也是如此。永磁体由分子、原子组成。任何物质的分子内部,电子和质子等带电粒子的运动都形成微小的电流,叫作分子电流。物质成为磁体时,其内部的分子电流都按一定的方式整齐地排列起来了。所以,永磁体之间或永磁体与电流的相互作用,实际是这些排列整齐的分子电流之间或它们与导线中定向运动的电荷之间的相互作用。

因此,电力和磁力统称电磁力。

由于分子或原子都是由带电粒子组成的系统,所以它们之间的作用力是电磁力。中性分子或原子间也有相互作用力,这是因为虽然每个中性分子或原子的正负电荷数值相等,但在它们内部正负电荷是按特定规律分布的,于是对外部电荷的作用并没有完全抵消,所以仍显示出有电磁力的作用,这种电磁力可以说是经部分抵消后的残余电磁力。力学中相互接触物体之间一切的作用力,如弹力、摩擦力、流体阻力以及气体压力、浮力、黏结力等都是相互靠近的原子或分子之间的相互作用力的宏观表现,所以从本质上说,这些力都是电磁力。

3. 强力(强相互作用力)

除氢以外的所有原子核内都不止有一个质子。质子之间的电磁力是排斥力,但事实上原子核内的各部分并没有自动飞离。这表明在质子之间还存在着一种比电磁力强的自然力,正是这种力把原子核内的质子及中子紧紧地束缚在一起,这种存在于质子、中子、介子等强子之间的作用力称作强力。理论上认为,强力是由称为胶子的粒子作为传递介质的。两个相邻质子之间的强力可以达到 10^4 N。强力的作用可及范围即力程非常短,当强子之间的距离超过约 10^{-15} m 时,强力就变得很小而可以忽略不计;当距离小于 10^{-15} m 时,强力占主要支配地位,而且直到距离减小到大约 0.4×10^{-15} m 时,它都表现为引力,距离再减小,强力则表现为斥力。

4. 弱力(弱相互作用力)

弱力是各种粒子之间的一种相互作用,但仅在粒子间的某些反应(如原子核的β衰变、μ子的衰变等进行较慢的过程)中才显示出它的重要性。弱力是由所谓中间玻色子,即两种带电的 W^+、W^- 粒子和中性的 Z^0 粒子作为传递介质的。它的力程比强力(10^{-15} m)还要短,小于 10^{-17} m,而且作用力很弱,两个相邻质子间的弱力大约仅有 10^{-2} N,远小于强力和电磁力,但还是远大于万有引力。

在五花八门、纷繁复杂的各种力中,人们认识到基本的自然力只有四种,这是 20 世纪 30 年代物理学取得的非常了不起的成就。在此之后,物理学家就致力于探究这四种力之间的内在联系。爱因斯坦从 20 世纪 20 年代起就企图把万有引力和电磁力统一起来,但没有成功。20 世纪 60 年代美国物理学家温伯格(S. Weinberg,1933—2021)和巴基斯坦物理学家萨拉姆(A. Salam,1926—1996)各自独立地提出了把电磁力和弱力统一起来的理论——电弱统一理论,这个理论被称为温伯格-萨拉姆模型(W-S 模型),后来又由美国物理学家格拉肖(S. L. Glashow)在理论上进行完善,这个理论在 20 世纪 70 年代和 80 年代初被实验所证实。三人因此而荣获了 1979 年的诺贝尔物理学奖。电弱统一理论的成功使人类在对自然界的统一性的认识上又前进了一大步。

现在物理学家正在努力把强、弱、电磁相互作用三者统一起来,在一个框架中建立"大统一理论",并已经提出了许多种大统一理论模型,其中 SU(5) 模型具有较大的优越性,但尚不能做出最终的肯定结论。

探索把四种力都统一起来的理论被称为"超对称大统一理论",虽然科学家已提出了多种模型,但是目前还没有一种模型得到判定性的支持,看来前方还有一段漫长且崎岖的征途。

回过头看爱因斯坦晚年的工作,他对大统一理论的坚持不懈的努力并没有取得成功,当时许多人甚至惋惜他远离了物理学发展的主流而浪费了他的天才。经过半个多世纪的沉淀,面对他留给人类的开拓性研究成果和知难而上的科学精神,我们对这位卓越的科学巨人怀有深深的敬意和永恒的怀念。

008 物理学的宪法——守恒律和对称性

在物理学各个领域有许许多多定理、定律和法则,但它们的地位并不是平等的,而是有层次的。例如,我们所熟知的力学中的胡克定律、热学中的物态方程、电学中的欧姆定律,都是经验性的,仅适用于满足一定条件的物料及一定条件的参量范围,否则便失效了,这些是较低层次的规律。"统帅"整个经典力学的是牛顿运动定律,"统帅"整个电磁学的是麦克斯韦方程组,它们都是经典物理学中一个领域的基本规律,层次要高得多。超过了弹性限度时胡克定律不成立,牛顿运动定律仍有效;对于半导体,欧姆定律不适用,麦克斯韦方程组仍成立。是否还有凌驾于这些基本规律之上更高层次的法则呢?答案是肯定的:有。对称性原理就是这样的法则,由时空对称性导出的能量、动量、角动量等守恒定律就是跨越物理学各个领域的普遍法则,是物理学中的宪法。

自然界和人类创造的世界中充满了对称性,对称性是形象美的重要因素之一。

大自然中的对称性表现随处可见。植物的叶子几乎都是左右对称的,花朵的美丽与花瓣的对称性分布有直接关系,蝴蝶的美丽与它的体态、花样的左右对称分不开,动物的形体几乎都是左右对称的,健康人体也几乎是严格的左右对称。

于是人类也处处追求对称,我国半坡遗址出土的 5000 年前的陶器制作严格对称,表面还绘有许多优美的对称图案。古希腊的神庙、埃及的金字塔、中国的故宫、印度的泰姬陵,伟大永恒的古典建筑几乎都是对称性的典范。

关于对称的普遍严格定义是德国数学家魏尔(H. Weyl,1885—1955)在1951 年提出的:对一个事物进行一次变动或操作,如果按此操作后,该事物完全复原,则称该事物对所经历的操作是对称的;而该操作就称为对称操作。由于操作方式的不同,可以有若干种不同的对称性。

魏尔这样表述:若某图形通过镜面反射又回到自己,则该图形对该镜面是反射对称或双向对称的。他又谈到,若某一图形围绕 x 轴做任何转动都能回到自身,则该图形具有对 x 轴的转动对称性。显然,平面上的圆和空间的球体都具有上述对称性特征,所以古希腊数学家毕达哥拉斯认为圆和球是最完美的几何图形。此外,晶体点阵如图 008-1 所示,每格点上有一原子,所有原子均相同,d 为相邻原子距离,将该晶体平移 d 或其整数倍,则晶体也会回到它自己。该晶体

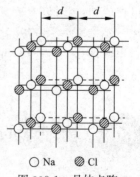

○ Na　◍ Cl

图 008-1　晶体点阵

点阵具有平移对称性,体现了晶体对称性。可见,反射、转动及平移都是对称操作,具有对称性特征。除这种几何形体和物理性质表现出的对称性以外,在物

理学中具有更深刻意义的是物理定律的对称性。

物理定律的对称性是指经过一定的操作后,物理定律的形式保持不变,因此物理定律的对称性又叫作不变性。1918 年,德国女数学家诺特(A. E. Noether,1882—1935)发表了著名的将对称性和守恒律联系在一起的定理,即从每一自然界的对称性可得到一守恒律;反之,每一守恒律都揭示了蕴含其中的一种对称性。

例如,能量守恒定律是和"时间平移对称性"联系在一起的。如果有一个封闭的物理体系,内部的相互作用规律不随时间改变,那就必定存在一个可观察的物理量——能量,它的总量是不随时间改变的,也就是说,能量是一个守恒量。更直白地讲:我们在实验室做实验,不管什么时候去做,都觉察不出物理规律有什么变化,那么我们必然会总结出能量守恒定律。

同样地,把一个实验室搬到另一个地方,再做实验,物理规律在搬家前后没有什么两样,这种"空间平移对称性",保证通过内部实验一定能找到另一个守恒的物理量——动量。

空间、时间是物质存在的基本形式,动量、能量是物质运动普遍属性的量度,因此从时间-空间的平移对称性(即均匀性)导出动量-能量的守恒性是可以理解的。

我们再看一个实验室,无论取什么朝向,无论转过多少角度后去实验,已总结出的物理规律也不会受到什么影响,这种"空间转动对称性"即空间的各向同性,就必然会保证角动量守恒。

除此之外,一艘密闭的大船如果相对地面做匀速直线运动,里面无论做什么实验,都不能察觉船对地面的运动,这一惯性学之间的等价性导出了相对论的两个基本假定之一(相对性原理),可以叫作"洛伦兹对称性"。相对论中有个质能公式 $E=mc^2$,由它再加上能量守恒就可推出质量守恒,这样一来,洛伦兹对称性和质量守恒定律就联系到一起了。

谈了这许多对称守恒,在物理学中对称守恒遭到破坏的也不乏其例。宇称守恒定律原来被认为和动量守恒定律一样是自然界的普遍定律,但后来发现并非如此。1956 年夏天,李政道和杨振宁在审查粒子相互作用中宇称守恒的实验根据时,发现并没有关于弱相互作用下服从宇称守恒的实验根据。为了说明当时在实验中发现的问题,他们大胆地提出了弱相互作用下宇称不守恒的假定,并建议做验证这个假定的实验。当年吴健雄等设计并做了这样的实验,证明李政道和杨振宁的假定是符合事实的。这个发现在物理学发展史上具有重大的意义,第二年(1957 年)李政道和杨振宁因此获得了诺贝尔物理学奖。于是人们就认识到有些守恒定律是"绝对"的,如前所述动量守恒、角动量守恒、能量守恒等,任何自然过程都要服从这些定律;有些守恒定律则具有局限性,只适用于某些过程,如宇称守恒定律适用于电磁相互作用和强相互作用引起的变化,而在弱相互作用中则不成立。

看来,大自然喜欢对称,但"上帝"又似乎总不容忍完美。正如周光召院士在《中国大百科全书》(物理学·卷 I)中所说:"只有对称而没有它的破坏,看上去虽然很有规则,但同时显得单调和呆板,只有基本上对称而又不完全对称,才构成美的建筑和图案,大自然正是这样的建筑师。"

那么,是否"美"才是最高层次的物理学普遍法则呢?

二、经典物理走马观花

009 **优美和谐的数学诗歌——开普勒三大定律的发现**

数学被称为上帝书写宇宙奥秘的文字,无数科学家,包括数学家在内,为发现、解读这文字细探穷究,用尽了毕生的心血,同时自身也获得了极大的快乐与满足。

开普勒

用数学公式表达物理定律之开先河者,德国天文学家开普勒是杰出的代表人物之一。他因确定开普勒三大定律,精确描述了行星运行的真实轨迹,被时人称为"天空立法者"。

开普勒在大学时代就接受了哥白尼的日心说,决心尽全部力量为之辩护。开普勒深受古希腊数学家毕达哥拉斯和柏拉图的影响,坚信上帝是按照完美的数学原则来创造世界的,他以数学的和谐性来探索宇宙。在 1596 年出版的《宇宙的奥秘》一书中,他尝试着以多种正多面体和圆轨道环环相扣形成和谐的几何模型,这样设计的模型中行星轨道之间的距离与哥白尼的计算值相符,这已经显示出开普勒具有非凡的想象力和数学才能。

开普勒的科学成就与丹麦天文学家第谷·布拉赫(Tycho Brahe,1546—1601)的工作成果密不可分。第谷是欧洲最后一位用肉眼观测天象的著名天文学家(世界上第一台望远镜是荷兰人利佩尔席(H. Lippershey,约 1570—1619)在 1607 年前后发明的),他辛勤观察达 30 年之久,积累了大量精确的资料。他了解哥白尼日心说的优越性,但是他又认为,日心说是不能被接受的,不但它与物理学原理相矛盾,而且有悖于《圣经》中的论断。于是他提出了一个折中的方案,在这个方案中,除地球与围绕着它的月球外,其他行星都绕太阳运转,太阳率领着众行星绕地球运转,地球静止不动。面对大量观测资料,这个折中方案遇到了极大的困难。

1596 年,第谷被《宇宙的奥秘》一书吸引,他对开普勒的天文知识和数学才能颇为欣赏,决定邀请他到布拉格的观象台从事研究工作,协助整理观察资料和编制星表。

1601年第谷去世,开普勒继承了第谷遗留下来的观测资料,从此,开普勒拥有了最丰富的宝藏。在第谷留下的资料中,关于火星轨道的数据占了颇为显著部分,开普勒发现,按照设计的圆轨道计算出来的火星位置与第谷的数据之间总有偏离,尽管其最大偏离只有8′弧度,但他并没有忽视这小小的误差,坚信第谷的观测是准确无误的,并从这个误差中敏锐地觉察到行星的轨道不是一个圆周,而且没有这样一个圆心——行星绕该点的运动是匀速的。用开普勒自己的说法:"由于这8′的偏离,引发了天文学的全部革新。"

开普勒大胆抛弃了束缚人们头脑两千多年来的天体做"匀速圆周运动"的观念,坚定地用第谷的数据确定行星的运行轨道。

由于第谷的观测数据是从运动着的地球上得出的,所以必须先弄清楚地球轨道的真实形状与其运行方式,以便确定在观测火星的时候地球在什么位置。为此,他充分利用了每组火星年的观测数据。从太阳、地球、火星处于一条直线的时刻开始描绘,经过一个火星年(公转周期687天),火星又回到同一位置,相对于恒星,天球可以分别绘出从太阳和火星到地球的两条视线,它们的交点就是地球在其轨道上的新的位置。经过若干组每相隔一个火星年的观测数据的处理,就可确定地球的轨道形状。开普勒发现地球的轨道几乎是一个圆周,太阳稍稍偏离圆心。根据每天太阳视位置的记录,就可完全确定地球在轨道上的位置和沿轨道的运动速率。进而开普勒再次运用了每隔一个火星年的观测数据,以确定火星的轨道。因为每经过一个火星年,火星总在同一个位置,而地球却处在自己轨道上的两个位置。从这两个位置绘出的指向火星的视线的交点必是火星轨道上的一点。利用若干组这样的数据,就可以确定火星的若干位置,从而获得火星的轨道曲线。

开普勒立即看出,火星的轨道是一种"卵形线"。又通过大量的复杂计算,他终于发现这个曲线就是古希腊数学家早已研究过的椭圆,进而又发现每个行星都沿椭圆轨道运行,太阳就在这些椭圆的一个焦点上,即行星运动第一定律——轨道定律。

开普勒又发现,地球和火星在离太阳近时运动得快,而在离太阳远时运动得慢,通过计算他得出,行星到太阳的连线(矢径)在单位时间内扫过的面积是不变的。虽然他仅仅计算了地球和火星在近日点和远日点的矢径扫过的面积,然而由于这个关系是如此美妙和简单,致使他坚信这个关系,无论对于哪个行星和轨道上的哪个部分,这都是真实的,即行星运动第二定律——面积定律。

在1609年出版的《新天文学》中,开普勒发表了上述两个定律。但是并未满足于此,他认为,只有找到各个行星运动的统一关系之后,才能够构造一个太阳系的整体模型,从而揭示出宇宙的和谐与一致。怀着这样的信念,他踏上破译上帝密码的漫漫征途。他花了大量时间计算与分析行星和太阳的距离 a 与行星公转周期 T 之间的关系。他以日地距离为单位,计算行星与太阳之间的距离,把当时已知的行星的距离 a 和公转周期 T 列成表,然后在一大堆数字中做各种各样的计算。经历无数次失败,作了大量繁杂的重复运算之后,他终于发现各个行星与太阳之间的关系,$a^3/T^2 =$ 常数;两个行星之间的关系,$a_1^3/T_1^2 = a_2^3/T_2^2$,即行星运动第三定律——周期定律。

这奇妙的指数"2"与"3"令开普勒欣喜万分,我们可以想象,他经历了 10 年在黑暗中的摸索探求,终于云开雾散,看到真理放射出万丈光芒时刻的那种喜出望外的心情。在 1619 年出版的《宇宙和谐论》中,开普勒发表了他关于行星运动三大定律的研究成果。在谈到第三定律时,他这样写道:"17 年来,我对第谷所做的刻苦研究与我当初认为是梦想的、目前研究的结果完全相符,顿时消除了我心中的巨大阴影。""我终于走向光明,认识到这一真理,远远超出我最美好的期望。"

行星运动三大定律后来为纪念开普勒而命名,这是他对人类科学发展的巨大贡献,也是对第谷留下的丰富宝藏辛勤开采得到的丰硕成果。第谷的观察整整持续了 30 年,他使用了当时最精密的仪器,有完整的记录和明确的对象与目标。这些特点使他的观察达到近代科学的标准,这种观察不同于随意的、间或为之的或妙手偶得的,它所提供的事实材料也不再是无联系的、散乱的事实堆砌。问题是必须把这种已经存在于这些事实中的联系或规律挖掘出来,明明白白地表达出来,但第谷没能做成,他不是理论家,缺乏理论思维;他也不是数学家,缺乏数学知识。他很善于收集资料,但不会去分析,诚如开普勒所言,第谷是一个"百万富翁",但不会运用这一笔巨大的财富。开普勒恰逢其时地出现了,他让这笔埋藏的财宝放射出耀眼的光芒。开普勒急需这样一批他自己无法通过观察得来的资料,而这批资料也急切地等待着慧眼识珠者的开发,第谷和开普勒可谓珠联璧合、相得益彰。相信哥白尼体系必然具有和谐数学美的坚定信念,为开普勒正确进行理论思维指明了方向;而娴熟地使用数学工具的能力,则使开普勒成功地抽象概括出了行星三大运动定律的数学公式。

开普勒的工作为牛顿发现万有引力定律打下了基础,而后者所揭示的宇宙动力学原因,是人类科学认识的一次重大综合和飞跃。

010 理论预测和科学必然——万有引力定律和海王星的发现

　　开普勒经过 17 年艰苦的分析运算把第谷 30 年观测到的几千个数据最终归纳成三条简洁和谐的运动定律,他应该为此感到自豪,只是当时他不清楚,这三大定律背后还隐藏着极其重大的"天机",蕴含着更为简洁、更为普遍、更为本质的万有引力定律,其中的奥秘直到 1685 年才由科学巨人牛顿破译出来。

牛顿

　　下一个问题是,什么原因使行星绕日运转? 在开普勒时代,有人对此的回答是小天使在后面拍打翅膀,推动着行星沿轨道飞行。伽利略发现了惯性定律,即不受任何作用的物体将按一定速度沿直线前进。再下一个问题是牛顿提出的,物体怎样才会不走直线? 他的回答是,以任何方式改变速度(大小、方向)都需要力。所以,小天使们不应在后面,而应该在侧面拍打翅膀,朝太阳的方向驱赶行星。换言之,使物体做圆周运动,需要有一个向心力。

　　牛顿发现"苹果落地"的故事被广为流传,这故事生动地记载了牛顿的亲友对他晚年谈话的回忆。在 1665 年,23 岁的牛顿为躲避瘟疫从剑桥大学三一学院退学回到故乡。当时他正在思考月球绕地球运行的问题,一日他在花园中思考重力的动力学问题时,苹果的偶然落地引起他的遐想:在我们能够攀登的最高建筑物的顶上和最高山巅上,都没有发现重力明显减弱,这个力必定延伸到比通常想象的远得多的地方。会不会远到月球上? 如果会,月球的运动必定受到它的影响,或许月球就是这个原因,才保持在它的轨道上的。然而,尽管在地表上的各种高度处重力没有明显减弱,但是很可能到了月球那么高时,这个力在强度上会与地面附近很不相同。牛顿是从直觉和猜测开始他关于引力的思考的。20 年后在他的划时代著作《自然哲学的数学原理》中,描述了从高山顶平抛一个铅球的思想实验。他设想,当抛射速度足够大时,铅球可能绕地球运动而不再落回地面。接着他指出,月球也可以由于重力或其他力的作用使其偏离直线形成绕地球的转动。牛顿通过一个靠近地面的"小月球"的运动的思想实验,论证了"使月球保持在它轨道上的力就是我们通常称为重力的那个力"。

牛顿根据向心力公式和开普勒定律推导了平方反比关系。他证明:由面积定律可以得出物体受中心力的作用;由轨道定律可以得出这个中心力是引力;由周期定律可以得出这个引力与半径的平方成反比。他还反过来证明了,在这种力的作用下,物体的轨道是圆锥曲线——椭圆、抛物线或双曲线,这就推广了开普勒的结论。

牛顿通过与磁力的类比,得出"这些指向物体的力应与这些物体的性质和质量有关",从而把质量引进万有引力定律。

牛顿通过"月-地检验",对平方反比关系的正确性提供了一个有力的证明。牛顿把他在月球方面得到的结果推广到行星的运动上,并进一步得出宇宙间一切物体之间都作用着引力的结论,这个引力与相互吸引的物体的质量成正比,与它们之间距离的平方成反比。他根据这个定律建立了天体力学的数学理论,从而把天体的运动和地面物体的运动纳入统一的力学理论,这在人类思想史上具有极其非凡的重大意义,打破了千百年来禁锢人们头脑的旧观念,指出天上人间服从共同的规律,世界是可以认识的,"上帝"也是可以读懂的。

预见并发现未知的行星,是引力理论巨大威力的最生动的证明,这就是"笔尖下的行星"——海王星的发现。

海王星的发现与天王星有关。天王星在被发现(1781 年)之前的 1690 年就已进入天文学家观察的视野,只是在这之前天文学家一直把它当作恒星。1821年,法国经度局要求鲍瓦尔德编制木星、土星和天王星的星历表。鲍瓦尔德利用建立在万有引力定律基础上的大行星摄动理论计算这几颗行星的位置,发现木星与土星的理论计算与观察实际符合得很好,然而对天王星来说,则很不理想,按 1781 年前后的观察资料推算的轨道是两个不同的椭圆。鲍瓦尔德不得已只好舍弃前面 90 年的观察资料,只用 1781—1821 年这 40 年的资料编制天王星的星历表。但他因此而生疑,是 1781 年前的观测不准,还是有什么别的原因改变了天王星的运行轨道呢? 到 1830 年以后,天王星星历表上计算的位置又与观测实际不相符合了(误差为 20″),并且相差越来越大,到 1845 年竟大到 2′之多。数据没问题,应该信任天文学家,那么是否有一个未知的行星在影响天王星的运行呢? 而有些人开始怀疑基于万有引力定律的大行星摄动理论的正确性。

有两位年轻的天文学家坚信万有引力理论是正确的,他们开始以行星摄动理论预测天王星轨道外那个未知行星的位置,他们是英国的亚当斯(John. C.

Adams,1819—1892)和法国的勒威耶(U. J. Le Verrier,1811—1877)。数学系的青年大学生亚当斯自 1844 年开始思考这个问题并试图以摄动理论反推未知行星的位置、轨道和质量,这是一项很困难的工作。已知二行星之间摄动,求某一运动轨道较方便;反之,从另一行星所受摄动来推算未知行星的位置、运行轨道和质量则很不易,以前从未有人做过这一工作。亚当斯在 1845 年首先算出这颗未知行星的轨道和质量,并将结果分别报告了剑桥大学天文台和格林尼治天文台的台长,但并没能引起他们的重视,报告一直被压着没发表,也没用天文观察加以证实。

1846 年,巴黎工艺学校天文学教师勒威耶也开始对这个问题进行研究,他是在巴黎天文台台长阿拉果(D. F. Arago,1786—1853)请求下寻找这个未知行星的。勒威耶首先订正了鲍瓦尔德天王星星历表中的误差,然后根据理论值和观测值,预测这颗未知行星位于比天王星距离远二倍处。他进一步根据开普勒第三定律,算出其周期,又根据一个被称为"波得定律"的经验公式推算了这颗行星的质量、位置和轨道。1846 年 9 月 18 日,他把计算结果寄给了柏林天文台的伽勒(J. G. Galle,1812—1910)。伽勒在收到信后立即进行观测,在第一夜的观测中就认出了那颗新行星,与预测位置相距不到 1°。海王星就这样在笔尖下被发现了。这一发现带有一定的机遇和偶然性,因为后来发现他们所用的波得公式并不对,即使如此,海王星的发现仍不失为牛顿万有引力定律最成功的例证。1930 年,董波(C. W. Tambaugh)根据海王星运动不规则性的记载发现了冥王星,可说是前一成就的历史回声。

万有引力定律在太阳系内获得极大成功。时至今日,在人类航天飞行中进行计算时所依据的还是这个定律。现代物理学中牛顿万有引力理论的新版本——爱因斯坦广义相对论,已成为现代天体物理学和宇宙学分析问题的基础,万有引力的普适性跨越了宇宙的边缘。万有引力是自然界四种基本作用力之一,它存在于任何二物之间,相对较弱,但作用距离可达"无限远"。曾有人问李政道,他作为学生刚接触物理学时,什么东西给他印象最深? 他毫不迟疑地回答,物理法则普适性的概念深深地打动了他。牛顿万有引力定律堪称是物理学中普适性的经典楷模,后世无数科学家对此顶礼膜拜,更激发了一代又一代有才华的青年学子对物理学强烈的研究兴趣。

从开普勒到牛顿,再到爱因斯坦,人类的科学巨匠们将蒙在重重面纱下的宇宙奥秘一层层揭示出来,如果真有上帝,他们又会怎么想呢?

011 物体究竟落在何处——惯性系和非惯性系(一)

物体下落简直是个说不完的话题,我们有必要继续讨论。

在伽利略所处的时代,人们反对哥白尼日心地动说的一个重要论据是这样的:一块石头自高塔自由落下,如果真如哥白尼所说地球绕太阳转动,在此期间高塔已向东移动了一段距离,从而石头应落在塔底以西同一距离,正如一个铅球从正在行驶的帆船桅杆顶部落下时,应落在桅杆脚后一段距离一样。

这个说法貌似正确,实则大谬。

首先只要做个实验,便会立刻见分晓。例如,我们可以在匀速直线行驶的火车车厢中做任何动作:倒杯热茶,与同伴玩投掷游戏,当然也包括自由下落一个物体……我们会看到各种动作与在地面上绝无二致;而如果把车厢的车窗遮住,看不到外面的物体,无论你进行什么实验都无法判断此时之车厢究竟是否在动。事实上,我们乘坐火车时常有这样的错觉:当列车停在站台,旁边相邻的列车起动开走时,你会觉得自己所在的列车在动,直到那趟列车开过了你才发现你所在的列车没动,仍在原地。

这正是伽利略在其伟大著作《两大世界体系的对话》中借谈话人萨尔维阿蒂之口,极其精彩地描述过的现象:"在匀速直线运动的船舱中,只要船的运动是均匀的,也不发生左右摆动,则人们观察到的现象将同船静止时的完全一样,人们跳向船尾不会比跳向船头来得远;从挂着的水瓶中滴下的水滴仍会滴在正下方的罐子里,蝴蝶和苍蝇继续随便地到处飞行,决不会向船尾集中,或者为赶上船而显出疲累的样子;燃烧着的香冒出的烟,也像云一样向上升起,而不向任何一边飘动……"

借助萨尔维阿蒂的大船得出了一条极为重要的真理,即:在船中发生的任何一种现象中,你是无法判断船的运动状态的,或者说在任何做匀速直线运动的船当中,这些现象都是完全相同的。

用现代物理学语言叙述,这萨尔维阿蒂的大船即惯性参考系,简称惯性系。以不同的匀速直线运动而不摆动的船都是惯性系。任何物理现象在所有惯性系中都是等价的、平权的。我们不可能判断哪个惯性系处于绝对静止而哪一个又是绝对运动的。

物体究竟落在何处?当我们在岸上看帆船上的铅球下落,其轨道应当是一条抛物线,因为铅球一直具有与帆船相同的水平速度,下落过程中速度将保持这个水平分量,若船做匀速直线运动,铅球水平方向应与之同步,最终落于桅杆脚下。但是,如果在铅球下落的过程中帆船的运动状态发生了变化,例如,船突然停下,则铅球应落在桅杆脚前;而如果船速突然加快,则铅球应落在桅杆脚后。这时在帆船上牛顿运动定律不再成立。这个相对于惯性系(地面)进行变速运动的参考系(帆船)是非惯性系。

如图 011-1 所示,在一个直线上向右以加速度 a 加速运动的车厢(非惯性系)里面有一张光滑的桌子,桌上放物 m,则我们在车厢中会看到 m 以加速度 a 向左运动,如图 011-1(b)所示。若用弹簧拉住此物,我们会看到弹簧拉长了,物体相对车厢是静止的。我们在车厢中如果要用牛顿运动定律来解释这个现象,必须设想有一惯性力 $f_{惯}=-ma$ 作用在物体上,使物体在图 011-1(a)中发生加速运动或在图 011-1(b)中能够处于力平衡而静止。这个惯性力 $f_{惯}$ 不是由物体之间的相互作用引起的,而是在非惯性系中能继续应用牛顿运动定律而引入的"假想力"。

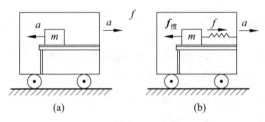

图 011-1　加速车厢内的惯性力

当我们讨论以上问题时,始终有一个默认的前提,即地球是惯性系,这在通常情况下是毫无疑问的,因为牛顿运动定律即是在地球上应用的。但严格来讲并非如此,不停自转的地球是个非惯性系,在研究地球上一些大尺度运动问题时,就不得不考虑非惯性因素的影响了。

首先有惯性离心力。如图 011-2 所示,转动圆盘上弹簧拉着物体 m 做圆周运动,在惯性系(地面)的观察者看来,物体受到弹簧拉力,这力即保持物体做圆周运动的向心力 $f=m\omega^2R$,但在圆盘上的观察者看来,物体受 f 作用而不运动,如果运用牛顿运动定律,则应该加一个惯性力 $f_{惯}=-f$ 作用在物体上,才能使其平衡,这个力 $f_{惯}$ 即惯性离心力。

这个惯性离心力的存在,使物体所受重力随纬度而变化。

物体的重力是用它作用于支撑物上的力来度量的,地面上纬度在数值上为

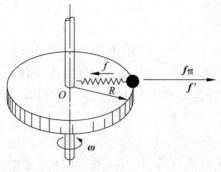

图 011-2　惯性离心力

θ 处的视重＝地球引力－自转产生的惯性离心力。

理论计算可知，$W_\theta = W_0(1 - \frac{1}{191}\cos^2\theta)$，式中，$W_0$ 为常量，即 mg。于是在两极处，$\theta = \pm\frac{\pi}{2}$，$\cos\theta = 0$，$W_\theta = W_0$，视重最大。在赤道处，$\theta = 0$，$\cos\theta = 1$，$W_\theta = W_0(1 - \frac{1}{191})$，视重最小。

若物体在两极称重为 1 t，则在赤道称重约为 0.9948 t，少了 5 kg 多。

历史上发生过这样的事：一个商人在北欧荷兰买进 5000 t 青鱼，装船运往非洲靠近赤道的索马里首都摩加迪沙，卸船时过秤，青鱼少了约 30 t。当时人们大惑不解，后来才知是地球纬度变化使然。

如果将这些鱼原样运回，到荷兰后称重依然是 5000 t。在转动不息的地球上，除了惯性离心力之外，若物体在相对地球发生运动时，还有可能受到另一个惯性力——科里奥利力。

012 继续深究落体——惯性系和非惯性系（二）

匀速转动的参考系是一个非惯性系，在这个参考系中，如果物体运动，还将受到一种叫作科里奥利力的惯性力。它是由法国物理学家科里奥利（G. Coriolis，1792—1843）于 1835 年提出的，因此得名。

科里奥利力分析起来比较复杂,我们就一种简单情况加以说明。

如图 012-1 所示,一个以角速度 $\boldsymbol{\omega}$ 沿逆时针方向转动的光滑水平大圆盘,沿同一径向的圆盘上坐着两个儿童,儿童 A 靠外,儿童 B 靠里,二人离转轴即圆心 O 的距离分别为 r_A 和 r_B。A 以相对于圆盘的速度 $\boldsymbol{v}$ 沿半径方向向 B 抛出一球。如果圆盘是静止的,则经过一段时间 $\Delta t = \dfrac{r_A - r_B}{s}$ 后,球会到达 B。但圆盘在转动,球离开 A 的手时,除了沿半径方向的速度 $\boldsymbol{v}$ 之外,还具有 A 点的圆周运动的线速度(沿切线方向)$\boldsymbol{v}_{tA}$,而 B 的线速度为 $\boldsymbol{v}_{tB}$,容易看出,由于 $r_B <$ r_A,则 $\boldsymbol{v}_{tB} < \boldsymbol{v}_{tA}$。小球参与两个分运动,于是经过时间 Δt 后,当 B 转动到 $\boldsymbol{v}_{tB}\Delta t$ 处时,小球应该到达 $\boldsymbol{v}_{tA}\Delta t$ 处,$\boldsymbol{v}_{tB}\Delta t < \boldsymbol{v}_{tA}\Delta t$,即小球到达 B 前方的某点 B′处,这是从盘外静止的惯性系中观察到的情形。

在圆盘上 B 看到小球是怎样运动的呢?他只看到 A 以初速 $\boldsymbol{v}$ 向他抛来一球,但球并不沿直线奔向他,而是向球运动的前方右侧偏离而他接不到小球。对这一观测结果他认为是球离开了 A 的手后,在具有沿半径方向初速度 $\boldsymbol{v}$ 的同时,还具有了垂直于这一方向即向右的加速度 a。当用牛顿第二定律解释此加速度产生的原因时,认为既然球出手后在圆盘的水平方向上并没有受到什么"真实力"的作用,那么一定是球受到了一个垂直于 $\boldsymbol{v}$ 而向右的惯性力 $\boldsymbol{F}_C$。这种在转动参考系中观察到的运动物体加速现象,称为科里奥利力效应,产生此效应的虚拟的惯性力即科里奥利力 $\boldsymbol{F}_C$。

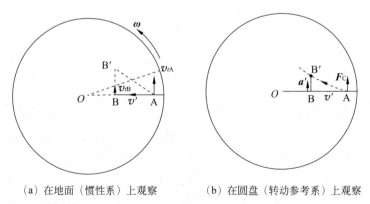

(a)在地面(惯性系)上观察   (b)在圆盘(转动参考系)上观察

图 012-1　科里奥利力效应

科里奥利力的方向特别引起我们的关注,在上例中圆盘沿逆时针转动,物体向内运动,科里奥利力指向物体运动的右方;当物体向外运动,科里奥利力方向应该相反,但依然指向其运动的右方。分析可知,如果圆盘沿顺时针方向转动,则科里奥利力应指向物体运动的左方。

不停自转的地球是个非惯性系——转动的参考系,在地面参考系中考查一些大尺度问题时,会看到科里奥利力带来的奇妙无比而又至关重要的一些现象。

一个明显的例子是强热带风暴的漩涡。强热带风暴是在热带低气压中心附近形成的,当外面的高气压空气向低气压中心挤近时,由于科里奥利力效应,气流的方向将偏向气流速度的右方,因而形成了从高空望去是沿逆时针方向的漩涡,南半球则正相反,漩涡沿顺时针方向,夏季天气预报卫星云图中常出现这漩涡式的强热带风暴图像(图 012-2)。

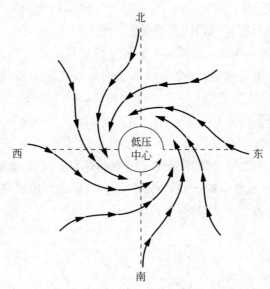

图 012-2　北半球强热带风暴的产生

法国物理学家傅科(J. B. L. Foucault,1819—1868)于 1851 年在巴黎万神殿的圆拱屋顶上悬挂了一个摆长约 67 m 的大单摆。这个证实地球自转的摆,故名傅科摆。他发现该摆在摆动时,其摆动平面沿顺时针方向每小时转过 $11°15'$ 的角度,图 012-3 中的曲线即摆球运动的轨迹,结果显示了这个转动就是科里奥利力效应的地球自转,摆平面相对地球自转沿反方向转动。北京天文馆展览大厅进门处也悬挂了一个傅科摆,摆长 10 m,摆动平面每小时沿顺时针方向转过 $9°40'$。

用科里奥利力还容易解释:在北半球,河流冲刷右岸比较严重,双轨铁路的右轨磨损较多。尤其是河流为南北方向流向时更明显。比如,沿晋陕两省边界

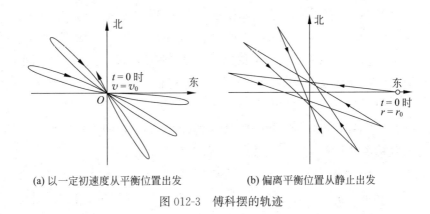

(a) 以一定初速度从平衡位置出发 (b) 偏离平衡位置从静止出发

图 012-3 傅科摆的轨迹

向南流的黄河两岸,靠近陕西省的西岸一般要显得陡峭;在南半球则正相反,此现象称为贝尔定律。

美国物理学家谢皮洛(Shapiro)还发现了一个有趣的现象:在北半球(美国),澡盆放水形成的漩涡必然沿逆时针方向转动,而在南半球(澳大利亚)恰好相反,漩涡沿顺时针转。这也得用科里奥利力解释。

回到我们的老话题,物体究竟落向何处?

地球自转由东向西,自高处自由下落的物体并不准确地沿竖直方向下落在垂直点,但是也不是如地心说的主张者所想象的那样落在偏西处,而结果恰好相反,由于科里奥利力效应,落体在北半球的落点要偏东。当然这一效应的影响不大,例如,从高 50 m 的塔顶自由下落的物体着地时不过偏东 5.4 mm。

 # 能量是什么——一个漫长而曲折的认识过程

在物理学中,有这样一个概念,它最重要,也最普遍;它时而清晰,时而模糊;它在各个领域都似乎是个主要角色,但又幽灵般游走于每门学科之间;它不仅让物理学家为之殚精竭虑,也牵动了许多化学家、工程师,甚至还有医生、律师对它深入研究;历史上杰出的哲学家、思想家,如黑格尔、恩格斯,对它进行了深入思考、大量论述,时至今日,仍有不少人渴望在此概念上获得重大突破,这个概念就是能量。

物理学家对能量的认识经历了一个极其漫长而曲折的过程。

伽利略在 1638 年出版的《关于两门新科学的谈话及数学证明》中讨论了自由落体运动和物体沿斜面的运动,提出了这样的假设:这些物体只要从同一高度下落,则到达末端时必有相同的速度,即"等末速度假设"。这个假设为后来揭示重力场的保守性,即在重力场作用下物体的机械能守恒开了启蒙性的先河。

但是"能量"始终与"力"的概念纠缠不清,人们在不同的意义上用"力"的概念描述力的各种效应。法国数学家、哲学家笛卡儿(R. Descartes,1596—1650)及其学派认为应该把 mv 作为"力"或物体的"运动量"的量度,而德国数学家、物理学家和哲学家莱布尼茨(G. Leibniz,1646—1716)在 1686 年对此进行了批判。他提出,应把 mv^2 作为运动量的真正量度,把 mv 称为"死力",而把 mv^2 称为"活力",还认为 mv 是相对静止的物体之间的力的量度,而宇宙中真正守恒的东西正是总的"活力"。莱布尼茨甚至发现了力和路程的乘积与"活力"的变化成正比,这实际已经是后来的动能定理了。英国物理学家托马斯·杨(Thomas Yong,1773—1829)于 1807 年最早提出了"能量"这一概念,但依然认为"应该用能量一词来表示物体的质量或重量与速度的平方的乘积"。"功"的概念起源于早期工业革命中工程师的需要,他们需要一个用来比较蒸汽机效率的办法。在实践中,大家逐渐同意用机器举起的物体重量(重力)与行程之积来量度机器的输出,并称之为功。从 1820 年起,在法国出版的一系列工程技术论著中,"功"逐渐被确立为一个重要的概念,特别在分析机器的运转中,"功"被看作为一个基本参数。1829 年,法国物理学家科里奥利坚决主张"活力"应该表示为 $\frac{1}{2}mv^2$,因为这样一来,它在数值上就会等于它所能做的功,因此,这逐渐明确了后来所说的动能的概念。

莱布尼茨还把它的"活力"守恒思想加以推广。他观察到石头以一定的初速度竖直上抛时,随高度升高而速度减小,到最高点时"活力"变为零;然后回落,"活力"又逐渐增大,最后又可恢复到原来的"活力"数值。对上抛过程中"活力"的减少,莱布尼茨仍坚持认为"活力"并未消失,而是以某种形式被储存起来了;当物体回落时,这储存的"活力"又被释放了出来。这种"活力"被储存起来的想法是后来势能概念的先声。

1738 年,瑞士物理学家丹尼尔·伯努利(Daniel Bernoulli,1700—1782)在他的《流体动力学》中引入了"势函数"这一概念,提出了"活力"的下降和位势的升高等同的原理。他把这一思想用于理想流体运动,得出了著名的伯努利方程。又经过了许多数学家、物理学家,如著名的欧勒(L. Euler,1707—1783)、拉普拉斯(P. Laplace,1749—1827)、拉格朗日(J. Lagrange,1736—1813)、泊松(S. Poisson,1781—1840)、格林(G. Green,1793—1841)等的工作,逐渐明确了"力函数"或"势函数"的概念。到 1834 年,由英国的哈密顿(W. Hamilton,1806—1865)作为公设提出的哈密顿原理,成为牛顿之后力学理论发展的一次最大的飞跃。他引入了"力函数"以表示只与相互作用着的粒子的位置有关的力,并且把后来所说的"势能"称之为"张力之和",把"动能"称为"活力之和"。到了 19 世纪 40 年代,"势"的概念在物理学中才得到了普遍的应用。

在认识能量本质的旅程中,对热的本质的认识也非常曲折。

热究竟是什么? 很久以来人们就有不同的猜测与争论,即热质说与热动说之争。亚里士多德提出宇宙是由土、水、气、火四种元素组成的,把热看成是先于物质元素的基本性质;而以德谟克利特(Democritus,约公元前 460—前 370)为代表的原子论者则认为,热的感觉是物质流引起的。他们把火看成是由最轻、最滑、最活泼的粒子组成的。这些不同的看法只是停留在思辨的、猜测的水平上,还不能做出科学的证明。

15 世纪以后,热的本质的问题又引起了注意。英国哲学家培根(F. Bacon,1561—1626),从摩擦生热等现象得出热是一种膨胀的、被约束的而在其斗争中作用于物体的较小粒子之上的运动。这种热动说影响了许多科学家,德国的波义耳(R. Boyle,1627—1691)指出,热是物体各部分发生的剧烈而杂乱的运动;笛卡儿把热看作是物质粒子的一种旋转运动。胡克、牛顿都认为热不是一种物质,而是组成物体的微粒的机械运动。但当时这些热动说尚缺乏足够的实验根据,还不能成为被普遍接受的科学理论。

18 世纪认为热是某种物质——热质说的观点却占了上风。法国科学家拉瓦锡(A. Lavoisier,1743—1794)和拉普拉斯等认为,热是由渗透到物体的空隙当中的"热质"构成的。拉瓦锡还将"热质"和"光"等列入无机界 23 种元素之中。拉瓦锡是个非常了不起的化学家,他证明了物质的燃烧和动物的呼吸都是有氧气参与的氧化作用,而否定了流行一时的燃素学说;但在热质说上却在他的对立面重蹈覆辙。1738 年,法国科学院曾悬赏关于热本性的论文,获奖的三个人都是热质说的拥护者。热质说能够简易地解释当时发现的大部分热学现象。例如:认为物体温度的变化是吸收或放出热质引起的;热传导是热质的流动;摩擦或碰撞生热现象是由于"潜热"被挤压出来以及物质的比热变小的结果。据此,瓦特(J. Watt,1736—1819)改进了蒸汽机,19 世纪傅里叶还据此建立了热传导理论；卡诺从热质传递的物理图像及热质守恒的规律得到了著名的卡诺定理。

随着物理学的发展，逐渐发现了许多与热质说相矛盾的事实，热质说受到了严重的挑战。

1798 年，英籍物理学家伦福德(C. Rumford, 1753—1814)在一篇题为《关于用摩擦产生热的来源的调研》论文中报道了他的机械功生热的实验。他曾在慕尼黑军工厂用数匹马带动一个钝钻头钻炮膛，并将炮筒浸在 60°F(约 15.6℃)的水中，他发现，经过一个小时后，水温升高了 47°F(约 8.3℃)，两个半小时后，水开始沸腾。伦福德看到的现象是，只要机械不停止做功，热就可以不断地产生。最后他提出了这样一种思想：热是物质运动的一种形式，是粒子振动的宏观表现。他相信，热质说与燃素说必将一起被埋葬在同一个坟墓中。

1799 年，英国科学家戴维(H. Davy, 1778—1829)进行了这样的实验：在一个与周围环境隔热的真空容器里，使两块冰互相摩擦熔解为水，而水的比热比冰还高。在这里"热质守恒"的关系不成立了。戴维分析后断言，既然这些实验表明，这几种方式不能产生热质，那么，热就不能当作物质，所以，热质是不存在的。于是进一步推断：热是物体微粒的运动或振动。

这许多实验与论证是令人信服的，为以后热质说的最终崩溃和热动说的确立提供了最早的论据。但是尽管如此，热质说在当时并未被推翻，一些验证性的实验也没有引起足够的重视，这个问题一直到 19 世纪中叶，才真正得到了解决。

至此，机械运动和热现象之间似乎发生了联系，它们是如何发生转换的，背后又隐藏着什么更深刻、更本质的东西呢？这还需要科学家不懈地努力追求，半个多世纪后方见分晓。

这背后隐藏着一个总量不变的东西，那就是能量。

最重要的守恒定律——漫谈热力学第一定律

18 世纪末到 19 世纪前半叶，自然科学上的一系列重大发现，广泛地揭示出各种自然现象之间的普遍联系和转化。

伦福德和戴维的实验实际上是进一步证实了由古代早已发现的摩擦生热现象所表明的机械运动向热的转化。17～18 世纪蒸汽机的发明和改进，为热向机械运动的转化提供了无可争辩的证明。

1780 年，意大利人伽伐尼发现了"动物电"和电流，1800 年，意大利人伏打发明了电池——"伏打电堆"，这是化学运动向电的转化。人们很快就利用伏打电流进行电解，又实现了电运动向化学运动的转化。

古人早已发现的摩擦生电现象，是机械运动转化为电的过程。17 世纪以来，人们据此现象制造了摩擦起电机以获得大量的电荷。1821 年，法拉第制成的"电磁旋转器"则是电流产生机械运动的过程。这样，机械运动和电运动之间的转化完成了循环。

热与电之间的转化，首先由德国物理学家塞贝克（T. J. Seebeck，1770—1831）于 1821 年实现。他将铜导线和铋导线连成一个闭合回路，用手握住一个结点使两个结点间出现了温差，发现导线上出现电流；用冷却一个结点的方法也可以产生同样的效应，这就是温差电现象。1834 年，法国的帕耳帖（J. C. A. Peltier，1785—1845）发现了它的逆效应，即当有电流通过时，结点处有温度变化。1841 年和 1842 年，焦耳和楞次分别发现了电流转化为热的著名定律，后来被称为焦耳-楞次定律。

19 世纪前半叶物理学最重大的成就当首推电、磁之间的联系和转化的发现。1820 年奥斯特关于电流磁效应的发现和 1831 年法拉第关于电磁感应现象的发现，使电与磁之间的相互转化完成了循环。法拉第还发明了第一台直流发电机，实现了机械运动向电磁运动的转化，1845 年法拉第又发现了磁致旋光现象，揭示了电、磁、光三者之间的联系。

各种运动形式相互联系和相互转化的发现使科学家预感到存在着一种"能"（当时更多的说法是一种"力"）。这种"能"在不同的情况下以机械能、化学能、热能、磁能甚至生物能等的形式出现，所有这些运动形式的任何两种之间都能发生转化。人们期望找到这种"能"的一个共同量，使这种"能"成为能够定量描述的概念。这就要求确定不同形式能量的数值当量或换算因子。

总之，到了 19 世纪 40 年代前后，欧洲科学界已经普遍孕育着一种思想氛围，即以一种联系的观点去观察自然现象。正是在这种情况下，以西欧为中心，从事七八种专业的十几位科学家，分别通过不同的途径，各自独立地发现了能量守恒定律，并算出了不同形式能量的换算因子，其中迈尔、亥姆霍兹和焦耳做出了最杰出的贡献。

德国医生罗伯特·迈尔(R. Mayer,1814—1878)最早从人体新陈代谢的研究中得出了这个重要的发现。1840 年,年仅 26 岁的迈尔在一艘从荷兰驶往东印度的船上当随船医生。船驶近爪哇,他在给生病的船员做放血治疗时,发现病人的静脉血比在欧洲时的颜色要红一些,由此引起他的深思。他想到热带地区人的静脉血之所以红一些,是由于其中含氧量较高的缘故,而氧气之所以多些,是由于人体在热带维持体温所需要的新陈代谢的速率比欧洲低,在红色的动脉中所消耗的氧也就较少的缘故。由此他进一步认识到,体力和体热都必定来源于食物中所含的化学能,如果动物体的能量的输入和支出是平衡的,那么所有这些形式的能量在量上必定是守恒的。1842 年,他把自己的发现写成了《论无机界的力》的论文,得出了"'力'就是不灭的、能转化的、无重量的客体"的结论,其中"力"在当时指的是"能量"。

1845 年,迈尔发表了《有机运动及其新陈代谢的联系》,在这篇论文中,他首先肯定了"力"的转化与守恒定律是支配宇宙的普遍规律,接着考察了五种不同形式的"力",即"运动的力""下落力""热""电"和"化学力",描述了运动转化的 25 种情况,做出了否定热质和其他无重流质的结论。迈尔在此还计算出热功当量的数值为 $J = 365$ (kg·m)/kcal,相当于 3.48 J/cal(cal,卡,热量的非法定计量单位)。所用计算方法实际上是后来热力学中迈尔公式 $C_p - C_v = R$ 的另一种形式。

迈尔最早提出能量守恒和转化定律的思想信念,但在当时他的工作不仅没有受到应有的评价和注意,反而遭到了粗暴的反对和侮辱性的中伤,迈尔在逆境中一直坚持奋斗,但命运多舛,儿子夭折,令他心力交瘁,1849 年企图跳楼自杀,却未能如愿,留下了终身残疾。与此同时,年轻的德国科学家亥姆霍兹(H. Helmholtz,1821—1894)从生理现象入手进行这一探索工作。他学医出身,后来成为著名的生理学家、物理学家和数学家。当他还是一名医科学生时,就对当时流行的关于生物机体中"存在着一种内在的生命力或活力"的学说产生了怀疑。他通过深入思考并认识到,这个学说"对每一个生物体都赋予了永动机的性质",然而他坚信永动机是不可能的。他问道:"如果永动机是不可能的,那么在自然界不同的力之间应该存在着什么样的关系呢? 而且这些关系实际上是否真正存在呢?"1847 年,亥姆霍兹自费出版了《论力的守恒》这一著名的著作。在该书中,他用"力"的守恒定律回答了上述问题。他具体研究了"力"的守恒定律在各种物理、化学过程中的应用,系统地证明了"力"的守恒定律"与自然科学中任何一个已知现象都不矛盾",他确信"这个定律的完全证实是物理学家不远的将来的基本任务之一"。

焦耳关于热功当量的测量，为能量守恒定律的确定奠定了坚实的实验基础。

焦耳(J. Joule，1818—1889)出生在英国曼彻斯特一个富有的酿酒商家庭，是一位业余科学家，很早就关心各种物理力的转化问题。1840—1841 年，他测量了电流通过电阻放出的热量，得出了 $Q=I^2Rt$，即以他的名字命名的焦耳定律。他设计了精巧的实验以测定热能和机械功之间的当量关系，共做了 13 组实验，得出了一个平均结果："能使 1 磅水(1 磅＝0.4536 千克)的水温升高 1℉的热量，等于把 838 磅重物提高 1 英尺(1 英尺＝0.3048 米)的机械功。"这个值相当于 476(kg·m)/kcal。1843 年 8 月他公布了这个结果，并宣布："由于创世主的意旨，自然界的全部动因是不灭的；因此有多少机械能被消耗掉，就有完全等量的热被得到。"焦耳测定热功当量的工作一直进行到 1878 年，先后采用不同的方法做了 400 多次实验，以精确的数据(比现在的公认值仅少 0.7%)为能量守恒定律提供了无可置疑的实验证明。

此外，英国律师格罗夫(W. Grove，1811—1896)于 1842 年从电的研究中、丹麦工程师柯尔丁(L. Colding，1815—1888)于 1843 年从摩擦生热的实验中，都分别得出了"力"的守恒的结论。

开尔文

但是对定律的表述还远不够清晰，"力"的双重意义始终含糊不清。1853 年，W. 汤姆孙(W. Thomson，1824—1907，即开尔文勋爵，Lord Kelvin)重新恢复了"能量"的概念，并给予了一个精确的定义——我们把给定状态中的物质系统的能量表示为：当它从这个给定状态无论以什么方式过渡到任意一个固定的零态时，本系统外所产生的用机械功单位来量度的各种作用的总和。他的同事，英国格拉斯哥大学的力学教授兰金(W. Rankine，1820—1872)首先把"力的守恒原理"改称为"能量守恒原理"。大约到了 1860 年，这个原理才得到普遍承认，不过这一重要原理的发现者都只是从量上强调了能量的"守恒"。1885 年，恩格斯首先指出了这种表述的不完善性，他把这个原理改述为"能量转化与守恒定律"，并称之为"伟大的运动基本规律"。这个定律不仅从量上，而且从质上揭示了自然界物质运动及其转化的守恒性。这个定律在热力学中的表现就是热力学第一定律。

能量守恒定律被称为 19 世纪自然科学三大发现之一，揭示了自然界各种运动状态的普遍性和统一性,找到了各种现象的一种公共量度——能量。它是自伽利略和牛顿之后科学朝向统一迈出的重要的一步,并成为全部自然科学的基石,任何一种科学理论,都必须经受住这个定律的检验,才有成立之可能。

当今天我们学习这条定律时,只是轻轻地翻过了几页书,而历史上从 17 世纪中叶"活力"的争论开始直到 19 世纪后半叶此定律的确立,人类的精英科学家为之付出了长达两百多年的不懈努力。

015 一切过程都有一定的方向性——漫谈热力学第二定律(一)

一杯开水,放在桌上,过段时间便冷却下来接近室温;一块冰,放在桌上,过段时间便会融化成水,然后也逐渐接近室温。前者相对高温而散热,而后者相对低温而吸收热量,这两个过程都是自动进行的,都满足热力学第一定律。

会不会有相反的过程存在呢? 室温下,一杯水放在桌上,过段时间自动沸腾起来;或者一杯水自动结成冰块。常识告诉我们,这是绝不可能发生的。但是这样的过程如果发生,也并不违反热力学第一定律。室温的水沸腾无非相当于当初冰块融化成水的过程继续进行,而室温水结冰无非相当于当初沸水变凉的过程继续进行。

你可以举出更多的例子。

一盆浆糊,滴入一点墨水,顺时针搅拌 100 圈,会发生什么现象? 然后逆时针再搅拌 100 圈,又会发生什么现象? 能否见到墨水重新聚集成一滴呢? 常识告诉我们,绝对不可能。浆糊和墨水只能是越发均匀起来。

有一幅漫画:一座木板搭建的小屋,有人掷一颗炸弹,假定没把木板炸碎,木板纷飞散落各处;那人又掷一颗炸弹,又见木板纷飞,结果……重新建立起与原来别无二致的一座小屋。真是个有奇思妙想的漫画,当然,这也正说明真实过程的不可能。

上述这些"绝不可能发生"的例子都没有破坏热力学第一定律,或者说不违反能量守恒定律,但显然都不可能发生。看来,热力学第一定律并未指明某一热力学过程能否发生,可能发生的方向,以及可能发生的程度和范围等。这些问题的最终解决,期待着新的定律——热力学第二定律。

热力学第二定律的起源要追溯到卡诺的热机理论。19世纪以来,蒸汽机在工业、交通运输中起到越来越重要的作用。但是,蒸汽机的效率很低,还不到5%,有95%以上的热量被白白浪费了。因此,在生产需要的推动下,一大批科学家和工程师开始从理论上研究热机的效率。法国年轻的军事工程师卡诺(Sadi Carnot,1796—1832)在1824年首先以普遍理论的形式研究了"由热得到运动的原理"。他采用"卡诺热机"的理想模型得到基本结论:热机必须工作于两个热源之间,其效率只取决于热源的温度差,而与工作物质无关,即卡诺定理。他的研究为热机理论的形成和发展做出了开拓性的贡献,为提高热机效率指明了方向。但由于卡诺信奉热质说,这使他当时不可能认识到热和功转化的内在的本质联系,因而忽视了实际热机中动力可以全部转化成热,而热却不可能全部转化为动力这个普遍存在的实际问题的重大意义。1830年,卡诺转向了热动说,并得到了基本正确的热功当量值。正当他准备向理论上的重大突破——热力学第二定律进军时,可怕的病魔——突患霍乱夺去了他的生命,科学天才夭折,年仅36岁。

在卡诺所做研究的基础上,1850—1851年,德国的克劳修斯和英国的W.汤姆孙(开尔文勋爵)等先后系统地提出了热力学第二定律。

1850年,克劳修斯(R.Clausius,1822—1888)发表了题为《论热的动力以及由此推出的关于热学本身的诸规律》的论文。克劳修斯把热量由高温物体转向低温物体而对外做功称为自发过程(正过程);反之,为非自发过程(负过程)。他把上述过程的方向特性表示成普遍的规律,即热力学第二定律:"热量不能独立地、不付代价地从低温物体转向高温物体。"换言之,热量总是自动地自高温物体转向低温物体,使二者温度相同而达到热平衡,而不能自动由低温物体转移到高温物体上去,使二物体的温度差越来越大。

这里需要强调的是"自动地",它是指在传热过程中不引起其他变化。因为实际上可以实现热量从低温物体传到高温物体,如电冰箱或空调,但是这些电器是要通过外界做功才能把热量自低温物体传向高温物体,即不是"自动地"发生这种传导。

W.汤姆孙几乎与克劳修斯同时进行了这一课题的研究。1851年,他提出了热力学第二定律的开尔文表述:"从单一热源吸收热量使之变为有用的功而不产生其他影响是不可能的。"即功变热的过程(如摩擦生热)是不可逆的。W.汤姆孙当时证明,他的这个表述与克劳修斯的表述是完全一致的。后来,德国物理化学家奥斯特瓦尔德(F.W.Ostwald,1853—1932)把这一原理表述为:

第二类永动机是不可能制成的。所谓第二类永动机,就是违反开尔文表述的热机,它能从单一热源吸收热量,使之完全变为有用的功而不产生其他影响。这种机器并不违反热力学第一定律,但显然,如果这种热机能制成,那么就可以利用空气或海洋作为热源,从它们那里不断吸取热量做功,而海洋的内能实际上取之不尽。

除上述克劳修斯表述和开尔文表述之外,我们还可以举出自然界存在的无数个不可逆过程。例如,焦耳的热功当量实验。在实验中,重物下降做功而使机器转动,叶片使水的温度升高;但是,我们不可能造出一个机器,在其循环工作中把一重物升高的同时使水冷却。又如,各种爆炸过程、气体扩散过程等都是不可逆过程。

正如可以证明热力学第二定律的克劳修斯表述和开尔文表述是完全等效的,我们还可以用各种复杂曲折的办法把任何两个不同的不可逆过程联系起来,通过论证一个过程的不可逆性,进而证明另一个过程的不可逆性。于是热力学第二定律就可以有多种不同的表述方式,但不管具体表述方式如何,热力学第二定律的实质在于指出:一切与热现象有关的实际宏观过程都是不可逆的。

于是本篇开头所举的各种例子,就可以用热力学第二定律回答:如果你看到了一个过程真实地发生了,那么它的逆过程是绝不会发生的。

读到这里产生了一个更重要的问题:这是为什么?为什么功全部变热可以,而热完全变功不可以呢?为什么热量自高温物体向低温物体传递可以,而相反则不能呢?……究竟什么样的方向是可能的呢?过程的方向性背后隐藏着什么更深层次的规律和原因呢?且看下文。

016 方向背后的规律——漫谈热力学第二定律(二)

热力学第二定律告诉我们:一切与热现象有关的宏观过程都是不可逆的。热现象有什么特点呢?热现象是与大量分子无规则的热运动相联系的。这里的"大量"是非常大的数。例如,1 mol 气体,在标准状态下大约为 22.4 L,有 6.02×10^{23} 个分子。对于这如此大量的对象,热力学第二定律意味着什么呢?我们看看它的统计意义。

分析气体的自由膨胀。如图 016-1 所示，用隔板将容器分成容积相等的 A、B 两部分，使 A 区充满气体，B 区保持真空。考虑气体中任一分子 a，隔板关闭，它只能在 A 区运动；隔板打开，它就在整个容器中运动。由于碰撞，它一会儿在 A 区，一会儿在 B 区。因此对单个分子，是有可能自动地回到 A 区的。因为它在 A、B 的机会均等，所以退回 A 区的概率是 1/2。

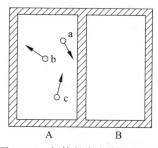

图 016-1　气体的自由膨胀示意图

若是两个分子 a、b，隔板打开，它们在容器中的分布有 2^2 种可能，如表 016-1 所示，a、b 都回到 A 区的可能性是存在的，概率为 $\dfrac{1}{4} = \dfrac{1}{2^2}$。

再看 3 个分子 a、b、c，分布如表 016-2 所示，共有 2^3 种可能，a、b、c 都回到 A 区的可能性也有，概率是 $\dfrac{1}{8} = \dfrac{1}{2^3}$。

表 016-1　两个分子的分布

位置	1	2	3	4
A 区	ab	a	b	
B 区		b	a	ab

表 016-2　3 个分子的分布

位置	1	2	3	4	5	6	7	8
A 区	abc	ab	ac	bc	a	b	c	
B 区		c	b	a	bc	ac	ab	abc

容易得出，若共有 N 个分子，以分子处于 A 区或 B 区来分类，则共有 2^N 种可能的分布，而全部分子都回到 A 区的概率是 $\dfrac{1}{2^N}$。

因此，若当 A 区充有 1 mol 气体时，打开隔板，气体自由膨胀后又全部退回到 A 区的概率应该是 $\dfrac{1}{2^{6.02 \times 10^{23}}}$。这个概率是如此之小（它比将一个大型图书馆的所有藏书中的所有单字或字母全部乱放在一起，然后随便一个个取来依次排列下去，而得到的结果恰与这图书馆中的所有原书完全一样的可能性还要小），从而这种可能只在理论上存在,而事实上是永远不会出现的。

由以上分析可以看出,如果我们以分子在 A 区或 B 区来分类,把每一种可能的分布称为一种微观的状态,则 N 个分子共有 2^N 个可能的、概率相等的微观状态,全部分子都集中在 A 区这样的宏观状态只是其中的一种可能,即 $\frac{1}{2^N}$,而基本上均匀分布的宏观状态却是包含了 2^N 个可能的微观状态的绝大部分。气体自由膨胀的不可逆性,实质上是反映了这个系统内部发生的过程总是由概率小的宏观状态向概率大的宏观状态进行的,由包含微观状态数目少的宏观状态向包含微观状态数目多的宏观状态进行的,而相反的过程在外界不发生任何影响的条件下是不可能实现的。这实际上是热力学第二定律的统计意义。

再看一下功变热的过程,这个过程就是机械能变为内能的过程。机械能表示所有分子都做同样的定向运动时所对应的能量,而内能则代表分子做无规则热运动时的能量。单纯的功→热,对应着规则运动→无规则运动,这是可能的;然而,对于大量分子的宏观系统而言,相反的过程发生的概率实际上已小至不可能。

前文中所举的例子,如墨水在浆糊中的搅拌,炸弹炸房子等,均表示初始状态只是极多可能状态之中的一种,并且通常为最不均匀的状态。显然,这些初始状态在实际中重现的机会永远不会有。

对于各种具体的不可逆过程,都可以找到一个特别的标准来判断过程的方向性。例如,判断热传导过程的方向性可将温度作为标准,判断扩散过程的方向性可将密度作为标准。那么,对于各种不可逆过程能否找到一个统一的判断方向性的标准呢?克劳修斯于 1865 年提出熵的概念。

在希腊语中,熵(entropy)的原意是发展。熵是一个状态函数,代表系统此时所处的状态是否稳定,是否容易改变,向哪个方向改变。如果一个系统的热力学温度为 T,系统吸收热量 ΔQ,则熵的增加为

$$\Delta S = \frac{\Delta Q}{\Delta T}$$

若 $\Delta S > 0$,则过程是可能的;若 $\Delta S < 0$,则过程是不可能的。这样,热力学第二定律就可以表述为熵增加原理:在孤立系统中发生的实际过程总是使该系统的熵增加,或自然过程朝着熵增加的方向变化。

熵增加原理揭示出自然过程的不可逆性,即自然过程对于时间方向的不对称性。不平衡状态可以自动地趋向平衡态,而平衡态却不能自动地转化为非平

衡态(例如,开水变凉,冰块融化即非平衡趋向平衡,可以自动实现;反之,室温下凉水变开水,或水变成冰块则不可能)。它也表明不同运动形式的转化在一个方向上存在着限制。例如,机械能可以完全转化为热,而热却不可能自动地完全转变为机械能。

热力学第二定律由于表明了与热运动形式联系着的能量转化的新的特点,即能量转化的方向和限度,从而成为独立于热力学第一定律之外的另一重要定律,它使自然过程中能量转化的表征更加全面,这在物理学理论的发展中无疑是一个重要的进步。

熵的概念的提出对 19 世纪科学思想做出了巨大贡献,正如比利时著名物理学家、诺贝尔化学奖得主普里高津(I. Prigogine, 1917—2003)所说:"自那以后,研究复杂系统的倾向就连续不断。人们的兴趣从物质转到了关系、联系和时间。"经典力学定律在时间上都是可逆的,无进化历史可言,即使遇到了一些不可逆现象,人们常认为是对初始条件不够了解所产生的错觉,应尽力排除。而热力学第二定律则首先把进化的概念引入了物理学。

19 世纪的两大科学理论——热力学理论和生物进化论都与自然界的演化有关。热力学第二定律指出物质的演化朝着熵增加、产生混乱的方向发展;达尔文进化论则指出生物的进化朝着产生有序的方向发展。这两个进化规律看起来是相互矛盾的。于是当时就有人质疑:"克劳修斯和达尔文不能都是对的。"达尔文在 1851 年就指出:"热力学第二定律不适用于生命物质,因为生物不是一台热机。"这样看来,无生命物质遵守热力学第二定律,而生物体则不遵守,二者演化方向相反,这似乎是生物世界与非生物世界的本质差别,是物理定律不能全部应用于生命领域的一个有力证据。后来的研究发现,热力学第二定律研究的是平衡态,处理的是孤立系统和自发过程,而生物体却是开放系统。1940 年,奥地利著名物理学家诺贝尔物理学奖得主薛定谔(E. Schrodinger, 1887—1961)指出,生命是靠从周围环境不断吸收负熵(即增加有序)而生存的,因此生物体是远离平衡态的,要研究生命就必须建立非平衡态热力学。20 世纪 70 年代,普里高津及其布鲁塞尔学派从定义非平衡系统的熵开始,初步完成了这项工作,此乃后话。

开尔文和克劳修斯还将热力学第二定律推广到整个宇宙而得出著名的宇宙"热寂说",对此我们将另行介绍。

熵的概念被提出之初,曾经受到有些人的质疑,一百多年过后,熵的概念被认为是最重要的科学概念之一,熵增加原理是最基本的规律。爱因斯坦就曾称："熵理论对于整个科学来说是第一法则。"后人把熵的理论从热力学推广到包括社会科学在内的许多领域,取得很多进展。

"熵"这个词的中文译名是我国老一辈物理学家胡刚复(1892—1966)教授确定的。1923 年 5 月 25 日,德国物理学家 R. 普朗克在南京东南大学做了题为"热力学第二定律及熵的观念"的报告,胡教授为普朗克翻译时,引入了"熵"这个词,因为熵这个概念太复杂,所以他从它是温度去除热量变化即求商数出发,把"商"字加"火"字旁,译成了"熵",也可称为妙手偶得。当年克劳修斯也曾造了很多新词,但只有德文的熵(entropie)这个词流传了下来,当然也足够了。

 017　最冷有多冷——漫谈热力学第三定律

自古以来,人们基于生活的需要,在炎热气候时希望降温,而在食物的保鲜等方面追求低温环境。然而,人们发现,实现低温比获得高温要难得多。尽管金属冶炼技术经历数千年的发展已炉火纯青,但降温方法还依然停滞在冬天冻冰、夏天扇风等极其原始的阶段。

现代制冷技术的原理基于液体蒸发为气体时会从周围环境中吸收热量的事实。因此,低温的获得与气体的液化密切相关。18 世纪末和 19 世纪初,通过降温和压缩的办法,已经实现了氨气、氯气等气体的液化。到 19 世纪二三十年代,通过法拉第等的工作,硫化氢、氯化氢、二氧化硫、乙炔、二氧化碳等气体相继实现了液化。到了 1854 年,除了氢、氧、氮等几种气体外,当时已知的其他气体都能被液化了。用增大压力的方法企图使氢、氧、氮这几种气体液化的一切实验的失败,使它们获得了"永久气体"的名称。

1869 年,英国化学家和物理学家安德鲁斯(T. Andrews,1813—1885)发现,当装有液态和气态二氧化碳的封闭玻璃管加热到 $88^\circ F$(约 $31.1^\circ C$)时,二氧化碳的液态和气态的分界面完全消失;当温度高于这个值时,无论怎样增大压力,二氧化碳也不能液化。安德鲁斯把这个温度称为二氧化碳的"临界温度",并设想每种气体都有自己的临界温度。1869 年他又提出,所谓"永久气体",都只是临界温度很低的气体,只要找到获得更低温度的方法,它们也是可以被液化的。

1852 年,焦耳和 W. 汤姆孙在研究气体的内能和体积变化时,发现充分预冷的高压气体通过多孔塞在低压空气绝热自由膨胀后,一般要发生温度变化,即焦耳-汤姆孙效应。焦耳-汤姆孙效应为获得低温提供了一个新的途径。

1877 年 12 月,在法国科学院的会议上,法国的铁器制造商凯勒泰特(L. Cailletet,1832—1905)和瑞士的皮克泰特(R. Pictet,1846—1904)分别宣布各自独立地液化了氧。他们分别采用不同方法,前者将冷却到 −29℃ 的氧加压到 300 个大气压,然后使其突然膨胀而降温,得到了凝聚成雾状的氧蒸气云;后者则是采用逐级降低温度的级联冷却法,获得液态的氧雾。

1875—1880 年,德国工程师林德(K. Linde,1842—1934)根据焦耳-汤姆孙效应,采用"循环对流冷却"的方法,制成了气体压缩式制冷机,发展了气体液化技术。1883 年,人们用这种方法大量液化了氧气和氮气。1898 年,英国化学家、物理学家杜瓦(J. Dewer,1842—1923)成功地实现了氢的液化。

这期间,荷兰物理学家昂内斯(H. K. Onnes,1853—1926)开始在这一领域的研究中发挥领导作用。他在莱顿建立的低温实验室,将氯甲烷降至 −90℃,将乙烯降至 −145℃,将氧气降至 −183℃,将氢气降至 −253℃,并于 1908 年成功液化了新发现的氦气,从而消除了最后一种"永久气体",并达到了 1.15 K(−272℃)的极低温度。

向越来越低的温度逼近,虽然愈加困难,但似乎还是有可能的。那么是否存在低温的极限呢? 早在 1702 年,法国物理学家阿蒙顿(G. Amontons,1663—1705)已经提到了"绝对零度"的概念。他基于空气在受热时体积和压强都随温度的增加而增加这一实验事实加以推导,在某个温度下空气的压力将等于零。根据他的计算,这个温度以后来提出的摄氏温标约为 −239℃,后来兰伯特(J. Lambert,1728—1777)重复了阿蒙顿的实验,更精确地计算出这个温度为 −270.3℃。他说:在这个"绝对的冷"的情况下,空气将紧密地"挤"在一起。他们的这个想法当时没有引起人们的重视,直到盖·吕萨克定律提出之后,绝对零度的存在才被物理学界普遍承认。

1898 年,W. 汤姆孙在确立热力学温标时,重新提出了绝对零度(0 K)是温度下限的观点。

1906 年,德国物理化学家能斯特(W. H. Nernst,1864—1941)在研究低温条件下物质的变化时,把热力学的原理应用到低温现象和化学反应过程中,发现了一个新的规律,这个规律被表述为:"当绝对温度趋于零时,凝聚态(固体和液体)的熵在等温过程中的改变趋于零。"德国著名物理学家普朗克(M. Planck,1858—1947)把这一定律改述为:"当绝对温度趋于零时,固体和液体的熵也趋于零。"这就消除了熵的常数取值的任意性。1912 年，能斯特又把这一规律表述为绝对零度不可能达到的原理："不可能使一个物体冷却到绝对温度的零度。"这就是热力学第三定律。

但是，人们为了追求更加接近绝对零度的低温，未曾停止脚步。20 世纪 50 年代以来，这方面的研究取得了持续性的发展，人们利用稀释制冷机、波梅兰丘克制冷效应和核（绝热）退磁等技术向毫开（mK）级低温进军。

稀释制冷机是根据下述事实制成的：在低于 0.8 K 的温度下，^{3}He 和 ^{4}He 两种液态氦的同位素不能以任何比例均匀混合，而要分离开来。1951 年，德国物理学家伦敦（H. London, 1907—1970）根据这一现象提出，如果用一真空系统使 ^{3}He 不停地循环，就能在低温下吸收热量而导致进一步降温。1975 年，实验室用这一方法已达到 3 mK（0.003 K）的低温。

1950 年，苏联的波梅兰丘克（Pomeranchuk）根据液态 ^{3}He 的下述反常效应，即当 ^{3}He 的温度低于某温度时，其液态要比固态更加有序化，液态 ^{3}He 的熵要比固态的熵值低，因此他提出，如果利用压缩的办法使液态 ^{3}He 变为固态使之更加无序化，则将产生制冷效应。1973 年实验室用此法已获得低于 0.001 K 的低温。

利用核磁矩绝热退磁的方法可得到 5×10^{-8} K 低温。1956 年牛津大学的实验小组把铜核自旋温度降到 10^{-5} K。1979 年芬兰赫尔辛基工业大学的一个实验小组的低温系统用一级稀释制冷和二级原子核绝热退磁，得到 5×10^{-8} K 的低温，后来又达到 3.3×10^{-8} K。目前利用激光冷却法可得到 2×10^{-8} K，这是最接近绝对零度的低温。

最低温度是 0 K，人类可以无限地接近它，但永远不可能达到。在这个过程中，低温物理学取得了显著发展并得到了广泛的应用，同时也在实验上不断验证热力学第三定律，满足了科学界对于这一领域的探索愿望与旺盛的好奇心。

018 太太和丈夫究竟谁错了——伽伐尼电流的发现

人类很早就发现了摩擦生电等电现象。大约在 1660 年，德国工程师格里凯（O. V. Guericke, 1602—1686）发明了第一台能产生大量电荷的摩擦起电机。之后人们用它进行了许多静电实验，到了 1746 年，荷兰莱顿大学的物理学家穆欣布罗克(P. V. Musschenbrock，1692—1761)发明了类似于现在的电容器的储电装置莱顿瓶，这为进一步深入研究电现象提供了新的实验手段，电路理论也蓬勃发展起来。直到 18 世纪后半叶，科学家对电的研究还只限于静电的范围。1780 年 11 月 6 日，电流被发现，揭开了人类进入电力时代的帷幕，掀开这大幕一角的不是物理学家，而是一位医生和他的太太。

那一天究竟发生了什么事呢？原来一位意大利解剖学和医学教授伽伐尼(L. Galvaani，1737—1798)想吃田鸡，他的太太用解剖小刀剥青蛙皮，当小刀失手掉在青蛙腿上，同时也碰到一个锌盘时，那只死青蛙的腿剧烈地抽搐了一下。这一突发情景使太太惊恐地叫嚷起来，叫声引起了伽伐尼的注意，他随即多次重复了这个实验。

在 1791 年，伽伐尼发表了一篇题为《论在肌肉运动中的电力》的论文，详细地介绍并分析了这一实验现象。为了探究实验的深层原因，伽伐尼在不同的条件下对这一现象进行了广泛地探索。他先是在不同的天气中用不同的金属重复这一实验，发现无论是晴天还是雨天都会产生相同的现象，他认为这是富兰克林用风筝实验所发现的"大气电"作用的结果。雷雨天大气中的电可以在蛙腿中储存起来，然后在晴天又释放出来。

这一结论对不对呢？他又在密闭的实验室中，用新解剖的青蛙腿重复这一实验，却排除了外来的"大气电"产生作用的可能性。他发现，只要用金属钩做实验，蛙腿就动，如果用玻璃、松香、石头或干木头代替金属进行实验时，就观察不到蛙腿的抽搐。本来在实验中有一个奇特的现象应该能给伽伐尼以启示，那就是每当他用不同的金属接触时，例如，用铜钩戳穿蛙腿而接触到铁板时，蛙腿的抽动就特别剧烈，可惜的是伽伐尼头脑中有一个先入为主的"生物电"的概念。在 18 世纪中叶，人们就认识到有一类热带鱼带电，如电鳗。每当捕捉它时，它都会突然用一种令人莫名其妙的可怕力量，袭击捕捉它的人。由于它十分类似于莱顿瓶的放电作用，于是就有人用电鳗给莱顿瓶充电。因此，伽伐尼就认为蛙腿的收缩是由于动物有电，它可以在金属的传导作用下从神经传到肌肉。这一解释后来被推翻，一位科学史家对此调侃说："一位聪明的主妇做了一个有趣的实验，但那不够聪明的丈夫却纠缠不清了。"

伽伐尼是一位非常杰出的科学家，也是一位非常优秀的实验家，但在关键之处，先入为主的观念使他失去了得出更重要、更本质的结论的机会。

这篇论文轰动一时，引起人们极大的兴趣，动物电的概念很容易被人们接受。一位生理学家这样写道："伽伐尼论文的发表，在物理学、生物学和医学界所激起的风暴,只有同时期在欧洲政治舞台上刮起的风暴(指法国大革命)才能与之相比。凡是有青蛙的地方,凡是可以弄到两根不同材料的金属的地方,人人都想亲眼看看断肢奇妙的复苏。"

意大利帕维亚(Pavia)大学的自然哲学教授伏打(A. Volta,1745—1827)是伽伐尼的朋友,他起初也接受了伽伐尼的观点,并称赞这是科学发展史上一次具有划时代意义的伟大发现。但在进一步的研究中,他很快把这一效应的物理因素放到了首要地位。他通过用不同的金属接触自己的舌头甚至眼皮进行实验,亲身感受告诉他这并不是肌肉和神经产生了电,恰恰相反,电流是由金属的接触产生的,青蛙腿只起到传导和指示电流的作用。1793 年 12 月,伏打在一封信中公开反对伽伐尼的观点,他主张用"金属电"或"接触电"代替"生物电"这个名称。伏打的这一观点,引发了他与伽伐尼的激烈争论。

真理越辩越明。在争论的过程中,伏打把金属称为第一类导体或干导体,把能够导电的液体称为第二类导体或湿导体。他用各种金属一一搭配的办法研究了它们互相接触时产生电的情况,提出了著名的伏打序列:铝、锌、锡、铅、铁、铜、银、金、铂、钯等,按此顺序中任意两种金属接触时,排列在前面的必带正电,而排列在后面的则带负电,不同材料的闭合回路浸在液体中则可产生电流。这种现象称为接触电现象。为了纪念自己的朋友,伏打把这种电流称为"伽伐尼电流"。

+ 银
锌
伏打 "电池"

+

-

伏打 "堆"
或电池组

图 018-1　伏打电堆

伏打既然有了关于产生电流的理论构想,他就不再把视线盯在曾经轰动天下的青蛙腿上了。他设计出了一个更为一般的、能够产生更强电流的装置,这就是伏打电堆。他把 30 块、40 块甚至多达 60 块的铜块与同样多的锡块或锌块连在一起,再在金属层间充满水(或盐水、碱水)。1800 年 3 月,他向伦敦皇家科学院呈上了这个装置的报告,他说"这些夹层插在一对对或一组组不同的金属对之间,交叉放置的顺序总是保持不变,这就是我的新仪器的全部结构"(图 018-1)。

伏打电堆的发明,为人们获得比较稳定的持续电流提供了一个参考,使电学从对静电的研究进入到对动电的研究,推动了电化学、电磁联系等一系列有极其重大意义的科学发现。

现在每个高中生都知道,伽伐尼恰好弄颠倒了实验结果,不同金属的接触处才是电源,而蛙腿只是一种通电的导体。这是伏打的功劳,是他敏锐而严谨的科学精神,以及在伽伐尼重要发现和多年研究的基础上,找到了事物的本质而做出的伟大发现。

但令人疑惑不解的是,中央电视台第 10 套节目在 2002 年 4 月播出的《生命故事》系列节目中,来自北京某大学的一位先生谈到动物体内的"生物电"时,依然用意大利医生"加尔万尼"的青蛙腿来说明"生物电"的存在,并且指出金属接触产生电流的看法是错误的。"伽伐尼"的译名早已成定式,应该不会是另有他人。自伽伐尼太太之后 220 多年过去,学科之间隔行似乎依然犹如隔山,我们简直有点闹糊涂了:太太和丈夫究竟谁错了?

生物电的主要基础是指细胞膜内外有电位差,即膜电位,它是生物体所呈现的一种电现象。脑电图和心电图是这一现象在临床诊断上的应用。

机遇偏爱有准备的头脑——电流磁效应的发现

天然磁现象可以追溯到上古时期。约公元 11 世纪,中国人发明了指南针,对人类文明做出了辉煌的贡献。但是 18 世纪之前,人们对磁现象的研究从未与电现象挂钩,二者独立进行。事实上,与电磁现象紧密联系的自然属性却时隐时现。18 世纪 30 年代以来,关于闪电改变钢铁物件磁性的现象已屡见报端。1751 年,富兰克林(B. Franklin,1706—1790)发现用莱顿瓶放电的方法可以使钢针磁化或退磁。19 世纪初,英国化学家戴维还观察到磁铁能够吸引或排斥电极的碳棒之间的弧光,并使弧光平动地旋转。但是,由于 1600 年出版的英国第一部物理科学巨著《论磁》中有电与磁之间不可能有任何关系的断言,阻碍了人们自觉地对这类现象做深入的研究。《论磁》由英国科学家威廉·吉尔伯特(W. Gilbert,1544—1603)所写,作者本人还是一位具有重大成就和声誉的医生。《论磁》是一部在大量实验事实基础上集当时有关电、磁学知识之大成的名作,其中有许多堪称经典的实验和作者所做的开创性的理论工作,对后来电磁学的发展有深刻的影响。自然地,其中也涵盖了因受限于当时科学水平而得出的片面的甚至是错误的结论。人们总是信任权威的,甚至像库仑这样的科学家也曾断言:电与磁是两种不同的实体,它们不可能相互作用或转化。

但电与磁的关系最终还是被丹麦物理学家奥斯特（H. Oersted, 1777—1851）"偶然"地发现了。

奥斯特是德国哲学家康德的信奉者，深受康德关于各种自然力相互转化的哲学思想的影响，所以他相信各种自然现象之间存在着内在联系。1803 年他就说过："我们的物理学将不再是关于运动、热、空气、光、电、磁，以及我们所知道的任何其他现象的零散的罗列，而我们将把整个宇宙容纳在一个体系中。"富兰克林的发现更使他坚信电与磁的转化不是不可能的，关键是要找到转化的具体条件。他在 1812 年发表的《关于化学力和电力的统一性的研究》的论文中，猜想导线中正电和负电的冲突会以波的形式展布于空间，并随着导线直径的逐渐缩小而相应转化为热、光和磁。他说："应该检验电是否以其最隐蔽的方式对磁体有所影响。"

1819 年冬天，这位科学界的有心人在哥本哈根大学开办了一个自然科学讲座，对象是精通哲学及具备相当物理知识的学者。1820 年 4 月的一个晚上，奥斯特讲演的题目是"热、电现象的相互关系"。和平时一样，他在课堂上准备了演示实验。他使用了一个伏打电堆，让电流通过一条直径很细的铂丝以使它发热而变红，在铂丝下放置了一个封闭在玻璃罩中的罗盘，他想观察一下在通电时罗盘会发生什么现象。一切准备就绪，但一起意外事故使他没能在课前试验，于是决定以后再说。然而在临下课时，他突发灵感，还是想尝试一下这个实验，结果发现通电后，罗盘指针突然转动到了与铂丝垂直的方向。小磁针的摆动并未引起听讲人的注意，却使奥斯特十分激动。

下课后，奥斯特继续进行实验，他一遍又一遍地打开与合上电源开关，观察磁针的摆动。他想：很可能这就是电和磁现象之间必然有的某种相互联系。在此后三个月的时间里，他先后做了 60 多个实验，把磁针放在不同的位置考察电流对磁针的作用方向；又把磁针放在距导线不同距离，考察电流对磁针作用的强弱；还把玻璃、金属、木头、石头、瓦片、树脂、水等分别放在磁针与导线之间，考察这些非磁性物质带来的影响。

1820 年 7 月 21 日，奥斯特发表了题为《电的冲突对磁针的作用的一些实验》的论文，论文内容只有 4 页纸，十分简洁地报告了他的实验。他认为，在通电导线周围产生了一种横向的环绕电流的"电冲突"，它可以越过非磁性物体，但却被磁性物体所阻碍，从而推动磁性物体发生偏转，这就是电流的磁效应。这一天被作为划时代的日子载入史册，它揭开了电磁学时代的序幕。法拉第曾说，这一发现打开了一个科学领域的大门，那里过去是一片漆黑，如今充满了光明。

后来有人说奥斯特"偶然地看到磁针的偏转,发现电流的磁效应",也有一定道理。但法国生物学家、近代微生物学的奠基人巴斯德(L. Pasteur,1822—1895)有一句著名的格言:"在观察领域,机遇只偏爱那种有准备的头脑。"电流磁效应被奥斯特发现具有一定偶然性,但偶然性中也包含着某种必然性。奥斯特看到这一现象十分激动,而本节开头所举的许多例子也说明了电流的磁效应,但并未引起人们的深究。而只有奥斯特带着有准备的头脑敲开了未知科学的大门。

奥斯特的发现震动了欧洲科学界,并把不少人吸引到这个新开辟的领域。其中,我们熟悉的法国物理学家安培(A. Ampere,1775—1836)做出了特别重要的贡献。例如,中学物理中介绍的关于磁针转动方向与电流方向之间关系的右手螺旋定则,其一个特殊应用的定则就叫安培定则;通电导线在磁场中所受作用力——安培力;安培分子电流假说;等等。短短几年内,安培取得了大量成果。1827 年,安培出版了《电动力学原理概论》,总结了有关动电的研究成果,对创立电动力学做出了奠基性的贡献。应该说,安培拥有一个"更有准备"的头脑,生逢其时,才能在奥斯特发现的基础上做出这样系统性的工作成果。

机遇偏爱有准备的头脑,与此相反的则是如恩格斯所说的"当真理碰到鼻尖上的时候,还是没有得到真理"。这种事无论哪个科学家遇上,大概都会抱憾终生。我们即将看到的是,面对着有更重大意义的实验成果,当面相逢不相识的竟也会是——安培。请看下文。

⬤020 "初生的婴儿有什么用"——法拉第电磁感应定律

奥斯特 1820 年关于电流的磁效应的发现,揭开了电与磁联系的研究工作的序幕,具有深刻的物理学素养的人自然会引发这样的思考:这一现象的逆效应是否存在? 即能不能用磁体使导线中产生电流? 许多人十分投入地研究这一问题。法国物理学家安培在 1821 年就着手于这方面的探索。他将一个多匝线圈固定在竖直平面上,在这个线圈内部的同一竖直平面上悬挂一个可以转动的闭合线圈。他设想,当固定线圈中通以强电流时,悬挂的闭合线圈中也会产生某种电流从而产生磁性;这时如果用一个强磁铁接近它,就会使它转动起来。今天我们看来,这个实验毫无疑问是成功的,但其转动的发生或者说悬挂闭合线圈中感应电流的产生只在固定线圈中电流通或断的一瞬间。安培当时只在稳态情况下进行实验,所以未能证实他的设想。1822 年,他又反复重做这个实验,同样没有发现这种效应的暂态性。

类似的事发生在瑞士日内瓦年轻的物理学家科拉顿(J. Colladon,1802—1892)的身上。他在 1823 年曾试图用一块磁铁在螺线管中移动使线圈中产生感应电流。为了排除磁铁移动对灵敏电流计的影响,他用很长的导线把连接于螺线管的电流计放在另一个房间内,他在两个房间里跑来跑去进行实验和观察。结果可想而知,电流计指针动了而他不可能看见,如果当时有个助手,历史就必须重写了。

法拉第

1821 年,一个偶然的机会,英国化学家法拉第(M. Faraday,1791—1867)被吸引到电学研究的领域。当时,他的朋友理查德·菲利浦(Richard Phillips)在《哲学杂志》作编辑,他邀请法拉第写一篇文章,评述自奥斯特的发现公布以来,电磁理论和实验研究的进展,把虚构的东西和真实的内容、无根据的臆测和合理的假设区分开。法拉第勉强答应写一个简短的历史回顾,因为当时他的注意力正集中在化学问题上,对电磁问题比较陌生。但当他调查研究由电流产生磁力的奇特性质时,这种性质一下子唤起了他极大的科学热情。1821 年 9 月,他为验证奥斯特现象设计了一个精巧的装置,第一次实现了电磁运动向机械运动的转换,实现了电流的作用产生持续的机械运动。

这一实验的成功大大鼓舞了法拉第在电磁领域继续深入探索的信心,并引导他联想到奥斯特发现的逆效应是否存在的问题。在 1822 年的日记里,他写下了一个闪光的设想:"由磁产生电。"为了证实这一设想,法拉第用去了整整十年光阴。

十年间法拉第在冶炼不锈钢、改良光学玻璃、研究气体液化等方面都取得很大成功,但磁生电的课题却进展甚慢,一次次的实验都以失败而告终,回头看,大多是这一现象的暂态性的缘故。

1831 年夏天,当他再一次将目光放到这一课题时,终于取得了突破性进展。

法拉第从美国物理学家亨利(J. Henry,1799—1878)用强电磁铁所做的实验中受到启发,在一个软铁圆环上绕上两个彼此绝缘的线圈 A、B。B 用导线连接成闭合回路,在导线下面放置一个与之平行的小磁针 M,A 和一个电池组 E 相连接(图 020-1)。法拉第原来设想,通以强电流

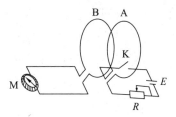

图 020-1　法拉第的电磁试验

的线圈 A 将成为一个电磁铁,产生强大的"张力",这"张力"将通过铁环中的粒子传递到另一侧,作用线圈 B 使其中产生电流。他的想法原本是由一条通电导线的磁场作用在另一条导线中产生电流。1831 年 8 月 29 日,法拉第在进行这项实验时,偶然发现,当开关 K 闭合,有电流通过 A 的瞬间,小磁针发生了偏转,随即复位;当开关断开,电流被切断的瞬间,小磁针又发生了偏转。法拉第敏锐地想到了这就是自己近十年探求的结果,但还没有明确地领悟到这一现象的暂态性的本质。

　　面对着初步的成功,法拉第立刻想到,实验中什么是最核心的东西呢? 铁环与线圈 A 是不是产生该效应的必要条件? 他很快用实验找到了答案。10 月 17 日,他用如图 020-2 所示的一个圆纸筒上绕了多层线圈,将一个圆柱形磁棒迅速插入线圈时,线圈所连的电流计指针发生了偏转;抽出磁棒时,指针又动,但偏转方向与前相反,每次重复进出时,这种偏转都会出现。

　　法拉第实现了"磁生电"的设想,并且弄明白了这种转化的暂态性,他把 1831 年 10 月 17 日作为验证奥斯特现象逆效应的确切日期。1831 年 11 月 24 日,法拉第在向英国皇家学会提交的一个报告中,把这一逆效应定名为"电磁感应",并且系统地概括总结了产生感应电流的五种类型。

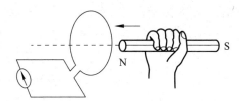

图 020-2　导体回路与磁体的相对运动产生电磁感应现象

　　同一时期,亨利也在研究这个问题,并且据说在 1830 年 8 月就已经观察到上述电磁感应现象。但由于恰好处于大学暑假期间,开学又须投入繁重的日常教学之中,他对实验一时无暇顾及,直到 1832 年 6 月他得知法拉第的工作后,重新进行实验,在 7 月匆匆发表了一篇论文,叙述了以前自己的工作,但为时已

晚。后来亨利在电磁感应方面做出了重要贡献,发现了自感和互感现象。电感的单位(H)以他的名字命名。

电磁感应现象的发现具有极其重大的划时代的历史意义,它为人类大规模利用电能,继而进入电气化时代奠定了理论基础。当人类进入 21 世纪,即进入公元第 3 个千年时,总结千年来科技进步,许多科学家推举电的应用为第 2 个千年的首选,细想深思,确是真知灼见。没有电力的大规模应用,何来今日世界之气象万千。但在当时,电磁感应现象还只是极少数科学家在实验室中研究探讨的一个课题而已。

在法拉第发现电磁感应现象不久的一次上层社会集会的宴会上,一位贵族太太曾向他发问:"您这个发现有什么用处呢?"法拉第略加思考,幽默地回答说:"尊敬的夫人,您说,初生的婴儿有什么用呢?"

正是这个"婴儿",只用了几十年时间,便长成一个力大无比的"巨人",改变了人类历史,改变了全世界。

021 经典物理学的第三次伟大综合——麦克斯韦电磁场理论

经典物理学有过两次伟大综合,在人类认识世界的科学历程中具有极其重大而深刻的意义。

第一次伟大综合是牛顿力学的建立。牛顿力学把宇宙间一切宏观物体的机械运动用几个力学定律和守恒定律统一起来了。尤其是根据牛顿三定律和万有引力定律建立了天体力学的数学理论,从而把天体的运动和地面物体的运动纳入到统一的力学理论中,这是人类科学认识的一次重大综合和飞跃。

第二次伟大综合是能量守恒定律的建立。这条定律揭示了力、热、电、磁、光和化学等各种自然现象的统一性。对于以上各种各样自然现象及自然过程,当时人们孤立、分散地在假定各种各样的"质"和"力"的框架内分别去寻求解释,这条定律的建立一举解决了最根本的问题,找到了本质上的不变量。

19 世纪 50 年代,电磁学取得了极其丰硕的成果。法拉第出版了三卷本巨著《电的实验研究》,除了集当时电磁学知识之大成以外,他还明确提出了力线和场的概念,对传统的科学观念具有重大的突破意义。

　　法拉第是 19 世纪电磁学领域中当之无愧的伟大的实验物理学家。他具有高超的实验技巧和丰富的想象力,但由于出身贫寒,作为铁匠之子,只受到一点读、写、算的初步教育,13 岁时成为书店学徒,之后全靠艰苦自学。由于他的数学基础总是不够好,导致他的成果和创见都是用直观的形式表达的,不能赋予理论一种明澈优美的数学形式。杰出的青年物理学家麦克斯韦(J. Maxwell,1831—1879)在法拉第工作的基础上最终完成了电磁理论。麦克斯韦的电磁理论是 19 世纪自然科学中最辉煌的成就之一。但是,在完成这一成就的过程中,麦克斯韦并没有进行任何直接的实验工作,他所凭借的是理论思维,有受益于法拉第的启发,也有爱因斯坦所说的"构造性的思辨"。他与法拉第研究风格迥然不同:法拉第是直观——实验式的,麦克斯韦却是抽象——理论式的。

　　麦克斯韦以《论法拉第的力线》(1855 年)、《论物理的力线》(1861 年)、《电磁场的动力学理论》(1865 年)三篇论文奠定了电磁场数学理论的基础。

麦克斯韦

　　在第一篇论文中,24 岁的麦克斯韦用数学推论和物理类比相结合的方法,以精确的数学语言来表述法拉第的力线概念,用自己的方式统一了已知的电学和磁学定律。

　　由于父亲病危,麦克斯韦暂时中断了这一研究工作。1860 年回到伦敦,他立即带着这篇文章拜访了年近七旬的法拉第。法拉第读过论文后大为惊奇,说:"我不认为自己的学说一定是真理,但你是真正理解它的人。"

　　紧接着麦克斯韦发表了《论物理的力线》。这时,他已经突破了法拉第的电磁概念,从理论上创造性地提出了两个极为重要的假设:位移电流和涡旋电场;构造了新的电磁以太模型,导出了电磁波的波动方程,并预言了电磁波的存在。

　　1865 年,麦克斯韦完成了《电磁场的动力学理论》。他采用场论的观点,用动力学的方法全面概括了电磁场的运动特征,建立了一组联系电荷、电流和电场、磁场的基本微分方程,即著名的麦克斯韦方程组。他还明确论述了光现象和电磁现象的同一性,奠定了光的电磁理论基础。

　　在 1868 年发表的短论《关于光的电磁理论》中,麦克斯韦系统地创立了光的电磁波学说,把原来互相独立的电、磁和光学三个物理学部分结合,这成为在经典物理学上实现的又一次伟大综合。

麦克斯韦的电磁场理论以场作为基本变量,使接触作用观念在物理学中深深扎下了根,引起了理论基础的根本性变革。麦克斯韦方程组经简约后在美学上充分显示出了完美的对称性性质:电场和磁场的对称性,时间和空间的对称性。这是第一个经典场论,是现代规范场论的先导。

麦克斯韦电磁理论是一个宏大的、丰富的、多方面的物理学理论,深刻地揭示了电场和磁场各自不同的物理性质,揭示了变化的电场和磁场相互依存的关系及统一的本性。它用一组微分方程完美地描述了电磁运动的基本规律,预言了电磁波的存在、横向振动性质及传播速度,建立了光的电磁理论。正如爱因斯坦所言,麦克斯韦理论是"物理学自牛顿以来的一次最深刻和最富有成效的变革"。

但在当时,麦克斯韦电磁理论所包含的深刻和新颖的思想还难以被物理学家接受,还需要强有力的实验证据支持他的理论。麦克斯韦生前并没有看到自己的理论得到证实。1879 年,48 岁的科学巨人因癌症英年早逝。就在这一年春天,他还在努力宣传自己的电磁理论。在剑桥大学空旷的阶梯教室里只在头排坐着两名学生听讲,病弱的麦克斯韦面对这两名听众宣讲着自己的理论,仿佛面对着全世界。这两名听众之一的弗莱明(J. A. Fleming,1849—1945)就是后来真空二极管的发明者。1879 年 11 月 5 日,麦克斯韦的声音永远消逝了。不到十年,赫兹(H. Hertz,1857—1894,又一个英年早逝的天才)用实验证明了电磁波的存在,麦克斯韦的声音没有消失,赫兹实验宣告人类进入了无线电时代,这个声音将永远回响在整个宇宙空间。

022 光是什么——光的本性认识的争论

不管答案是什么,能够提出这个问题意味着这是人类一种科学精神的反映。你可能注意到许多光学现象,你甚至有了一些光学仪器,但你想过这个根本问题没有?这一点至关重要,虽然看起来好像没有用处,但那种探本寻源、刨根问底的不可遏止的兴趣,恰恰体现了科学的终极关怀,并最终证明了其无可估量的实用价值。

对光的本性这一古老之谜的认识要追溯到古希腊时期。古希腊时期杰出的原子论者德谟克里特（Democritus，公元前460—公元前370）最早提出光是物质微粒的观点，认为视觉是由物体射出的微粒进入眼睛而引起的。而古希腊另一位杰出的思想家亚里士多德认为，视觉是在眼睛和可见物体之间的中间介质运动的结果，这种中间介质有让光通过的可能性，即它是透明的，光则把这种可能性变为现实。所以，没有中间介质就没有视觉，在这个理论中包含着后来的光的波动说的思想。

科学发展到17世纪，这期间在光学仪器的制造方面有两大成就，即望远镜和显微镜的发明。这两种重要的光学仪器特别是望远镜在天文、航海、战争中的重要应用，促进了光学理论的发展，推动了光的折射定律的研究。而对于这些定律的解释，依然有波动说和微粒说两大观点。

法国哲学家、物理学家、数学家笛卡儿在推导折射定律时，曾用以太中的压力来说明光的传播过程。他把人们对物体的视觉比喻为盲人利用手杖来感知物体的存在；他把光的颜色设想为起源于以太粒子不同的转动速度，转动快的引起红色感觉，较慢对应于黄色，而最慢的是绿色和蓝色。他的主张的核心是强调介质的影响，以"作用"的传播为出发点，特别是以接触作用或近距作用为出发点，笛卡儿所持的是波动说的观点。

另一个持波动说观点的是英国物理学家胡克（R. Hooke，1635—1703）。他在《显微制图》一书中明确提出光是一种振动。他认为，物体之所以发光，一定是一些部分处在或多或少的运动之中。在分析光的传播时，他提到光速的大小是有限的，并认为"在一种均匀介质中，这一运动在各个方向都以相等的速度传播"，因此发光体的每一个振动形成一个球面向四周扩展，犹如石子投入水中所成之波，而射线与波面交成直角。胡克还把波面的思想用于对光的折射现象的研究，提出薄膜颜色的成因是由于两个界面反射，折射后所形成的强弱不同、超前与落后不一致的两束光的叠合。

坚持光的波动说，并在前人的工作基础上进一步发展的是荷兰物理学家惠更斯（Christian Huygens，1629—1695）。他的观点集中反映在1690年出版的《光论》一书中。他从光的产生、传播和它所引起的作用角度说明光是一种运动。他发现，光束在传播过程中互相交叉但不彼此妨碍。这一点便是他主张波动说的主要理由。

在讨论光的传播时，惠更斯以光速的有限性论证了光是介质的一部分依次地向其他部分传播的一种运动，且和声波、水波一样是球面波。他还提出了后来以他的名字命名的"惠更斯原理"。此原理把振动介质的每一个质点都看成一个中心,在其周围形成一个波,这就给出了一个绘制波前和波面的方法。这种方法可以巧妙地描绘出光在传播过程中的各种状态。在解释反射、折射和双折射现象时,惠更斯原理的应用获得了成功。

但是惠更斯的学说还存在根本性的缺陷。他认为光波和声波一样是一种纵波,显然这是错误的,因而他无法解释光的偏振现象;又因为他的所谓波动,实际上只是一种脉冲而不是一个波列,也就没有建立起波动过程的周期性概念。因此,用他的理论无法解释颜色的起源。另外,惠更斯对从波动论推导出光在均匀介质中的直线传播虽然竭尽其力,却不能令人满意。这些缺陷遭到以牛顿为首的物理学家的反对,致使其光的波动说被忽视了一个多世纪。

牛顿对光的本性的看法倾向于微粒说。在 1704 年出版的《光学》一书中,他对于波动说不能很好地解释光的直线传播和偏振现象提出了质疑,并因此持反对态度。他认为,光线可能是由很小的球形物体所组成的,并据此解释了光的直线传播及反射、折射定律。

应该指出,牛顿并非完全否认光的波动性。他认为,当光投射到一个物体上时,可能激起物体中以太粒子的振动,类似于投石入水的效果。他甚至设想可能正是由于这种波依次地赶过光线而引起干涉现象。

牛顿环是牛顿的一项重要发现。他从中提出并确立了光的周期性。在对这一现象进行解释时,他实际上已触及了波长的概念。

牛顿本人对光的本性的看法,虽包含着波动性的观念,但更倾向于微粒说的观点。然而,牛顿的支持者和推崇者却把他推举为微粒说的领袖。在整个 18 世纪的 100 年中,由于牛顿在科学界的权威地位,使得微粒说在光学中也一直占有统治地位,直至 19 世纪初叶一系列新的光学现象的出现,这一情况才发生了根本性的改变。

023　继续认识光——波动说的胜利

从 17 世纪中叶起,人们就发现了自然界存在着与光的直线传播现象不完全符合的事实,这就是光的波动性的表现。

意大利物理学家格里马第(Francesco Grimaldi,1618—1663)首先观察到在暗室里光路中障碍物(直棒、圆孔等)所形成的衍射现象。

胡克和牛顿也发现毛发的影、屏幕的边缘和楔子等存在衍射现象,双缝干涉现象也是格里马第首先发现的,他也将这现象与投石入水类比。

光的双折射现象是丹麦哥本哈根的巴塞利努斯(E. Bartholinas,1625—1698)发现的。当一束光通过冰洲石后,出现光束分开的现象,惠更斯甚至发现这两束光是偏振的。

但是这一切在 18 世纪并未得到广泛关注。直到 1800 年,随着 19 世纪新世纪的到来,波动光学迎来了全面复兴。

英国物理学家托马斯·杨(Thomas Young,1773—1829)迈出了向胜利进军的坚实步伐。1800 年,他向英国皇家学会提出了《关于光和声的实验和问题》的论文,他根据自己的实验,对光的微粒说提出质疑,对惠更斯的波动说进行辩护,并提出了"干涉"的概念和相干条件。

托马斯·杨在 1801 年发表的一篇报告中,提出了自己发现的干涉原理,并解释了"牛顿环"现象,首次明确地提出了波长、光程的概念和相干光等名词。

1803 年,托马斯·杨在《物理光学的实验和计算》一文中,首次提出了干涉和衍射的联系,并从实验中得出了一个重要的结论:当光从更密的介质反射时会发生半波损失。

托马斯·杨做了一个观察干涉现象的实验,即杨氏双缝干涉实验。这已成为演示光的干涉现象的经典实验。

托马斯·杨完美地解释了光的干涉实验,提出了干涉原理,并且测定了光的波长,对光的波动理论做出了重要贡献。但在很长时间里,他卓越的研究工作并没有被科学界承认,甚至受到恶意攻击,他的论文和结论被诬为"没有任何价值""荒唐"和"不合逻辑的"。这个自牛顿以来在物理光学方面做出最重要成果的天才,被他的同胞评头品足一番后埋没了 20 年。直至菲涅耳提出波动理论后,托马斯·杨才得到本应属于他的荣誉。

菲涅耳(Augustin Jean Fresnel,1788—1827)是法国业余物理学家,他在灯塔照明改组委员会工作,科研经费只能靠自己不多的收入。

从 1815 年开始,菲涅耳发表了一系列论文,独立地得出了光的干涉和衍射方面的规律,完善了惠更斯的理论(即今天的惠更斯-菲涅耳原理),并得到了实验和计算的验证,为波动光学提供了令人信服的证据。

1818 年,法国科学院提出了两个征文竞赛题目:一是利用精确的实验确定光线的衍射效应;二是根据实验,用数学归纳法推出光通过物体附近时的运动情况。在法国物理学家阿拉果(Erancois Jean Arago,1786—1853)和安培的鼓励和支持下,菲涅耳向科学院提交了应征论文。他的论文结合了惠更斯的包络面作图法和杨氏双缝干涉实验原理,建立了菲涅耳的作图形式的衍射理论(1815 年已发表了数学积分形式的衍射理论)。他用半波带法定量地计算圆板、圆孔等形状的障碍物产生的衍射图样。菲涅耳把自己的理论和实验说明提交给评审委员会。参加这个委员会的有:波动说的热心支持者阿拉果;微粒说的支持者拉普拉斯、比奥(J. Biot,1774—1862)和泊松;持中立态度的盖-吕萨克(Gay-Lussac,1778—1850)。菲涅耳的波动说遭到微粒说支持者的反对。在委员会的会议上,泊松指出,根据菲涅耳的理论,应当能看到一种奇怪的现象:如果在光束的传播路径上,放置一块不透明的圆板,由于光在圆板边缘的衍射,在离圆板一定距离的地方,圆板阴影的中央应当出现一个亮斑。这在当时来说简直是不可思议的,所以泊松宣布,他据此驳倒了波动说。菲涅耳和阿拉果接受了这个挑战,立即用实验检验了这个理论预言,非常精彩地证实了这一结论,阴影的中心确实出现了一个亮斑。这个亮斑被后人称为泊松亮斑。在杨氏双缝干涉实验、泊松亮斑等实验事实的铁证面前,光的微粒说开始崩溃。但是通向真理的道路总是曲折的,旧的问题解决了,又有新的问题诞生。当托马斯·杨、菲涅耳、阿拉果等成功地解释了光的干涉和衍射现象时,还有一个难题在等待着他们——光的偏振和偏振光的干涉问题。

024 光是什么波——偏振、横波、电磁波

早在 1669 年,丹麦学者巴塞利努斯从冰岛得到一块透明的晶体,即冰洲石(又称方解石)。他发现透过这种晶体观察物体时能成二像,他假设光穿过这一晶体时定以两种不同角度折射,从而产生两个像。然而,当时没有人能解释这个奇特的现象。

1808 年年底的一个黄昏,在巴黎卢森堡宫殿外,法国物理学家马吕斯(E. Malus,1775—1812)用冰洲石晶体看落日在玻璃上的反射现象时,惊奇地发现只呈现了一个太阳的像。马吕斯想到这可能是反射造成的。当天夜晚他观察了蜡烛在水面上的反射,发现当光束与水面约成 36°角反射时,晶体中的一个像

就消失了;在其他角度下,两个像的强度一般不同,且随着晶体转动,强度会发生变化。他还发现,其中一束光的传播遵循折射定律,称为寻常光(o 光);另一束光则不遵循折射定律,称为非寻常光(e 光)。对 o 光和 e 光的反射进行深入研究后可知,若一条光线反射了,则另一条光就会进入这个介质。马吕斯由此引入了"光的偏振"这个术语。

对于这些发现,持微粒说的马吕斯非常高兴,认为这击中了波动(纵波)说的要害,并有利于证实把光粒子看作有不同"侧面"的微粒说。这一观点被微粒说的支持者认为是对光的微粒说的"真理性的数学证明"。然而,托马斯·杨对这一切有清醒的认识。他在 1811 年就此问题写信给马吕斯,信中说道:"你的实验证明了我所采用的理论的不足,但是这些实验并没有证明它是错的。"

然而,越来越多的实验事实给光是纵波的观点造成了很大的困扰。终于在六年后,托马斯·杨觉察出问题可能发生在纵波上。他在 1817 年年初写给阿拉果的信中说:"如果光的振动不是像声波那样沿运动方向做纵向振动,而是像水波或拉紧的琴弦那样垂直于运动方向做横向振动,那么问题或许可以得到解决。"阿拉果立即将托马斯·杨的新想法告诉了菲涅耳,菲涅耳当时已经独立地领悟到了这个思想,这使他更加坚定信心,他随即基于横向振动的假设,解释了包括偏振光的干涉在内的一系列重要的且长期困扰人们的实验现象,真是一通百通。

但是,新的光的波动学说也引起了关于以太性质的许多问题。

"以太"(ether,源自希腊语"发光"一词)是古希腊哲学家亚里士多德在当时已有的组成世界的基质(火、气、水和土)之外又增加的一个基质,发光的天体被认为由"以太"构成。

当太阳光照射到地球时,人们很早就认识到光可以通过真空传播,当牛顿创立万有引力定律时也碰到同一问题,这种引力所起的作用是如何通过真空传播的呢?牛顿当时猜想,真空也许并非真正一无所有,而是由某种比普通物质更细小的物质组成的。为了表示对亚里士多德的尊敬,这种真空中的物质被称为"以太"。"以太"实际上是光传播所需的弹性介质。而这就又带来了一系列问题,这也是菲涅耳迟迟不能接受光的横波假设的原因之一。他指出:纵波可以通过气体介质传播,而横波只能在固体物质中传播。但很难设想一种能传播横波的固态以太,能让天体自由通过。托马斯·杨在谈到菲涅耳关于光波系统是由垂直于传播方向的两个相互垂直的振动组成的假设时写道:"菲涅耳先生的这个假设,至少应当被认为是非常聪明的。利用这个假设可以进行相当满意的计算。可是这个假设又带来一个新问题,其后果确实是可怕的。到目前为止,人们都认为只有固体才具有横向弹性,这意味着:充满一切空间并能穿透几乎一切物质的光以太,不仅应当是弹性的,并且应当是绝对坚硬的。"

"以太"问题虽然令人困惑而痛苦,但好在如果认定事实就是如此或者按下不表的话,对于其他问题则无大碍,所以菲涅耳的学说的成功打开了牛顿物理学的第一个重大缺口,为波动理论奠定了牢固的基础,菲涅耳也因此被人们称为"物理光学的缔造者"。

随后,电磁学的一系列发现揭示了光与电磁的内在联系,证实了光是电磁波。1845 年,法拉第发现偏振光的偏振面在强磁场中会发生偏转,磁场越强,偏转角越大,即磁致旋光效应。

1856 年韦伯(W. Weber,1804—1891)和柯尔劳斯(R. Kohlrausch,1809—1858)在莱比锡进行的电学实验发现,电荷的电磁单位和静电单位的比值等于光在真空中的传播速度,即 3×10^8 m·s^{-1}。这惊人的结果进一步揭示了电磁现象和光现象之间的联系,这是对光的电磁理论具有根本性意义的一个重要发现。

在 1865 年和 1868 年,麦克斯韦在《电磁场的动力学理论》和《关于光的电磁理论》这两篇论文中,从理论上系统地建立了麦克斯韦电磁场方程组,把原来相独立的电、磁、光三个重要的物理学领域结合起来,实现了物理学的第三次伟大综合。至此,光的波动说取得了近乎完美的胜利,但就在证明电磁波存在的实验中,发现了一个重要的光学现象,又向波动说提出了严重的挑战,这就是光电效应。但是这个问题的解决,已不是经典物理学之内的事了。直至 20 多年后,在 20 世纪中,由新的物理学理论解决了这一问题。

三、近代物理曙光微现

025 即将喷发的火山口——19 世纪与 20 世纪之交的物理学

17 世纪,牛顿在伽利略、开普勒工作的基础上,建立了完整的经典力学理论,开创了现代意义上的物理学。从 18 世纪到 19 世纪,在大量实验的基础上,物理学的各个分支学科都得到了很大发展:卡诺、焦耳、开尔文、克劳修斯等建立了宏观热力学理论,克劳修斯、麦克斯韦、玻耳兹曼等建立了热现象的气体动理论;库仑、奥斯特、安培、法拉第、麦克斯韦等建立了电磁学理论;托马斯·杨、菲涅耳等建立了波动光学理论。到 19 世纪末,经典物理的框架已经十分完美,显示出一种形式上的完整,被誉为"一座庄严雄伟的建筑和动人心弦的美丽殿堂",但这也使人们产生了一种错觉,认为物理学的发展已完成,对物理世界的解释已达终点,宇宙万物必然按照由精美的数学方程所表达的物理定律永远运动下去。

面对物理学所取得的如此辉煌的成就,不少物理学家除了赞叹,还发出志得意满和无所作为的感慨。德国著名物理学家基尔霍夫(G. Kirchhoff,1824—1887)曾经表示:"物理学将无所作为了,至多只能在已知规律的公式的小数点后面加几个数字罢了。"作为 20 世纪量子物理学的奠基人之一的普朗克曾向他的老师、著名科学家约利(P. von Jolly)请教,进大学后学什么,是否还选择物理学? 他的老师非常诚恳地教导他:"物理学将会很快地具备自己终极的稳定形式。虽然在这个或那个角落里,还可能发觉到或消除掉一粒尘土或一个小气泡,但作为整体的体系却足够牢固可靠了,理论物理学已明显地接近几何学几百年前已经具有的那种完善程度。"幸亏这位未来的科学大师没有按他的话去理解,否则这样的物理学也许还真会多"完美"若干年。

这中间最有代表性的是 1900 年,在刚刚跨入 20 世纪的第一天,英国著名物理学家 W. 汤姆孙在一篇展望 20 世纪物理学的"新年献词"中指出:"在已经建成的科学大厦中,后辈物理学家只要做一些零碎的修补工作就行了。"他同时还敏锐地发现:"但是在物理学晴朗天空的远处,还有两朵小小的、令人不安的乌云。"这两朵乌云,指的是当时物理学无法解释的两个实验,一个是热辐射实验,另一个是迈克耳孙-莫雷实验。

事实证明,开尔文不愧为科学大师,正是这两朵小小的乌云,孕育着惊天动地的暴风骤雨。当物理学的发展进入 20 世纪,短短数年,首个实验孕育出量子力学,而第二个实验则催生了相对论。这两种理论正是构成近代物理学新摩天大厦的两大支柱,小小乌云转眼成为刮向旧科学大厦的革命风暴,开尔文一定始料不及。但事实上,在高潮到来之前,已经有三个重大的事件,它们揭开了近代物理学微观世界的序幕,即电子、X射线和放射性现象的发现。这三件事后来被证实具有根本的意义,被人们称为世纪之交物理学的三大发现。

百年之后的今天,当我们回顾那些历史时刻时,当时物理学所面临的形势,岂止像"山雨欲来风满楼",更像坐在即将喷发的火山口上,隆隆雷声,滚滚地火,没多久便爆发了一场伟大而深刻的科学革命,引领了现代物理学的诞生,更使人类的社会生活发生了翻天覆地的、不同于历史上任一时期的变化。而在当时居然有那么多大科学家认为物理学已经到达终极,这在物理学的发展史,乃至人类的思想史上,是否具有深刻的教益呢?

026 三大发现的序幕——阴极射线

19世纪中叶,电磁学无论在实验和理论方面都取得了空前的进展,麦克斯韦已经建立了电磁理论的宏伟大厦,但是这个大厦的最底部的根基依然模糊不清,那就是:电究竟是什么?

人们对电的本质的认识起源于对液体和气体导电现象的深入研究。

早在1833年,法拉第就发现了电解定律。尽管法拉第本人奉行电的流体说,即当时人们普遍认为电流是一种没有机械重量的流质,但这个定律本身却是基本电荷存在的有力证据。1874年,斯通尼(G. J. Stoney,1826—1911)根据法拉第电解定律,主张把电解中的一个氢离子所带的电荷作为一个"基本电荷",并认为任何电荷都是由一些"基本电荷"组成的。1890年,斯通尼首先引入了"电子"的概念来表示负的基本电荷的载体。

然而,当时人们还并不清楚电的物质基础究竟为何物,人们对电子的认识主要是来自对气体放电的深入探索。

低压放电现象早在17世纪就被人观察到了,但在18世纪人们也只是观察到部分真空闪闪发光(荧光)的现象,并没有更多的发现。19世纪,为了解决新的电光源问题,真空技术得到发展,气体放电的研究具备了条件。

德国波恩大学有个仪器制造方面的能工巧匠名为盖斯勒（H. Geissler，1814—1879），他在 1855 年根据托里拆利管原理制造了一个真空泵，1858 年他用这个泵将里面装有阴极和阳极的玻璃管抽成高度真空（10^{-4} atm），在极板上用电池通电，管中很稀薄的气体在两极之间出现了放电现象和辉光，这个玻璃管因此被命名为盖斯勒管。该校的物理学教授普吕克（J. Plücker，1801—1868）由此受到启发，他将磁铁靠近真空管进行实验。1859 年，他在报告中说，在放电管阴极附近的管壁上产生的荧光，在磁铁的影响下，荧光光斑的位置会发生移动。1869 年，普吕克的学生希托夫（J. Hittorf，1824—1914）进一步提高了管内的真空度（10^{-5} atm），并在两极间放置障碍物进行试验，在产生荧光的管壁上会出现障碍物的清晰的影子，这说明这种射线是直线传播的。

1876 年，德国物理学家哥德斯坦（E. Goldstein，1850—1930）用各种材料做成各种形状、大小的阴极进行实验，证实这种射线是从阴极表面垂直发出的，射线的性质与材料无关。他把这种射线命名为阴极射线。他认为阴极射线和紫外线没有本质区别，是"以太"的某种振动。然而在 1871 年，英国物理学家瓦莱（C. Varley，1828—1883）根据此射线由于磁场而偏转的事实，提出阴极射线是由带负电的"粒子"所组成的。

1879 年，英国物理学家克鲁克斯（W. Crooks，1832—1919）制作了更高真空度（10^{-6} atm）的"克鲁克斯管"，并用它做了一系列实验，首次明确批驳了阴极射线是"以太"振动的观点，支持并发展了瓦莱的带电微粒说。他在真空管的阴极和与它相对的壁之间，放置一个用云母片做成的"马耳他十字架"，通电后在玻璃壁上可观察到边界清晰的十字架的阴影。他把一块磁铁移近真空管，十字架阴影就会发生移动。他还在真空管中安上一水平玻璃轨道，并在轨道上放置一个插有云母翼片的风轮，当用阴极射线照射时，轮子就会转动。克鲁克斯根据这些事实认为，阴极射线是由带负电的"分子流"组成的，是管中残留气体分子碰到阴极上，从阴极得到了负电荷而形成的"分子流"。他称这种带电的"分子流"为物质的第四态。

这个观点发表后，在社会上引起了轰动，甚至伦敦街头的很多商店的门口也装上了内有旋转的小叶轮的真空管以招徕顾客，今日霓虹灯就是从这种放电管发展而来的。

"阴极射线到底是什么？"这个问题引起了科学家们的极大兴趣，于是在这个问题上展开了一场旷日持久的大争论。有意思的是，这场争论几乎是以国界划分的。以赫兹为首的多数德国物理学家（亥姆霍兹除外）都认为阴极射线是一种电磁波,是类似于紫外辐射的"以太的某种表现";以克鲁克斯为主的大多数英国、法国物理学家则坚持认为阴极射线是带电的粒子流,开尔文、J.J.汤姆孙等都支持粒子说。这一争论持续了近 20 年,促使人们进行了许多很有意义的实验,直接引发了世纪之交物理学的三大发现。

027 新时代的曙光——电子的发现

对阴极射线的本性做出正确解答的是英国剑桥大学卡文迪许(Cavendish)实验室的教授 J.J.汤姆孙。他从 1890 年起,就带领自己的学生研究阴极射线。克鲁克斯的思想对他有所影响。他认为带电微粒说可能更接近真实,于是决定通过实验进行周密研究,为微粒说提供确凿证据。为此,他更精确地重复并改进了前人的实验,然后自己设计并进行了许多富有创新性的实验。

首先,他直接测量了阴极射线携带的电荷。他将连接到静电计的电荷接收器安装在真空管的一侧,发现没有电荷进入接收器,如果用磁场使射线偏折,当磁场强度达到某一值时,接收器接收到的电荷猛增,这说明电荷确是来自阴极射线的。

赫兹曾经在阴极射线管中加入垂直于阴极射线发射方向的电场,没有看到阴极射线的任何偏转,于是赫兹从此将它作为阴极射线不带电的证据,而更加坚持以太说。J.J.汤姆孙重复了赫兹的实验,始终也得不到任何偏转。后来经过仔细观察,他注意到在刚加上电压的瞬间,射线束轻轻摆动了一下。他马上意识到,这是由于残余气体分子在电场的作用下发生了电离,正负离子把电极上的电压抵消掉了,显然这是由于真空度不够高导致的。于是他在实验室工作人员的协助下努力改善真空条件,并且降低极间电压,终于获得了稳定的静电偏转。这是驳斥以太说的重要证据。

这两个实验还只是证明了阴极射线是由带负电的微粒子所组成的,并没有超出前人的发现范围,更没有发现它不是由分子或原子组成的,而是由更小的微粒组成的。后来的实验的特点是不但测出组成阴极射线微粒的比荷(e/m,即粒子电荷量与质量之比)与气体的种类无关,而且还测得了比荷比电解液中的氢离子的比荷要大得多,从而证明它由比原子小很多的带负电微粒所组成。

J. J. 汤姆孙用两种彼此不相关的实验方法测量了阴极射线的比荷。他采用的第一种方法是测偏转角法。C 发出的阴极射线通过 A、B 间,一定强度的电场使其向一方偏转;D、E 间所加的垂直磁场使射线向相反方向偏转,调节磁场强度使光斑回到原来位置,通过测算可求出 e/m(图 027-1)。

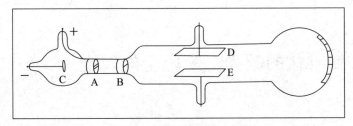

图 027-1　J. J. 汤姆孙测阴极射线比荷的实验装置

第二种方法是能量法,测量阳极的温升,因为阴极发射的射线撞击到阳极,会引起阳极温升。J. J. 汤姆孙把热电偶接到阳极,测量它的温度变化。根据温升和阳极的热容量计算粒子的动能,再由阴极射线在磁场中偏转的曲率半径,推算出阴极射线的 e/m。

两种方法测得的结果相近,比荷 $e/m \approx 10^{11}$ C/kg。

J. J. 汤姆孙还给放电管分别充以空气、氢和二氧化碳等各种气体,并以铅和铁等不同金属作电极进行实验,所得 e/m 值都大致相同。于是,他得出结论:阴极射线是由同样的带电"微粒"所组成的。

为了证明基本电荷的存在,在测定比荷 e/m 之后,还要测出 e 值。对 e 值最有说服力的测定是由美国科学家密立根(Robert Millikan, 1868—1953)在 1908—1917 年间通过著名的油滴实验得出的,他以严谨的科学态度和追求精确的测量而受到人们的赞誉。1909 年,密立根油滴实验证明一切带电体都只能带有 e 的整数倍的电荷量,而一个阴极射线粒子所带的电荷量($-e$)是负电荷的最小单位,e/m 是不变的,e 也不变,这表明阴极射线粒子的质量 m 也是确定的。

1899 年,J. J. 汤姆孙采用斯通尼的"电子"一词来表示他的"微粒","电子"原是斯通尼在 1890 年提出用来表示电的自然单位的。

电子被发现了。

电子的发现否定了原子不可分的观念,正如 J. J. 汤姆孙所说,从前认为不可分的原子,现在由于有更小的粒子从里面跑出来而被分开。电子是第一种被发现的微观粒子,电子的发现对了解原子结构起了极为重要的作用。J. J. 汤姆孙由于发现电子而荣获 1906 年诺贝尔物理学奖,他被誉为"一位最先打开通向基本粒子物理学大门的人"。电子的发现在科学技术上引起了电子时代的来临。1904 年,弗莱明发明了电子真空二极管,1907 年,德·福雷斯特(L. de Forest,1873—1961)发明了真空三极管。真空管的发明,使电力、通信、控制和自动化生产发展迅速。而后,集成电路、大规模集成电路的发明与应用,使人类飞速进入了微电子时代。

028 能穿透物体的神光——X 射线的发现

X 射线的发现也是起源于对阴极射线的研究。

德国维尔茨堡大学的物理学家伦琴(W. Röntgen,1845—1923)是一位治学严谨、造诣高深的实验工作者,他对阴极射线产生了浓厚的兴趣。1895 年 11 月 8 日,他像往常一样来到实验室工作,一个偶然事件吸引了他的注意。当时,房间一片漆黑,所用的克鲁克斯放电管也用黑纸包严,实验时,他突然发现在 1 m 远的小桌上有一块涂有亚铂氰化钡的荧光屏发出了微弱的荧光。这一现象使他十分惊奇,继续实验:把屏反转过来,使没涂荧光材料的一面朝着管子,屏仍然发出荧光;将屏逐渐移远,即使移到远离管子 2 m 以外,仍有荧光,只是稍弱而已。那时已经查明,阴极射线在空气中只能穿过几厘米,而现在在远离管子 2 m 之外的屏上仍有荧光,伦琴确信这种现象是无法用阴极射线来解释的,他肯定自己发现了一种新的射线。为了进一步研究这种新射线的性质,他连续六个星期吃住在实验室,夜以继日地用各种方法反复进行实验。他发现,这种射线能穿透千页的书、2~3 cm 厚的木板、12 cm 厚的橡胶板、15 mm 厚的铝板,等等。这表明这种人眼看不见的射线具有很强的穿透能力,但对于不同物质的穿透程度是不同的。1.5 mm 厚的铅片几乎就能完全把这种射线挡住。当他进一步用铅片进行实验时,又意外地发现了自己手的骨骼的图像,这使他大为震撼,甚至感到毛骨悚然。

伦琴是一名具有极其严谨科学精神的物理学家,这段时间的反常行为引起了妻子对他的关心。在追问之下,他回答说:"起初,当我惊奇地发现这种穿透性的射线时,我必须一遍又一遍地重复实验,必须使自己相信这些射线绝对是真实存在的。除这个奇怪的现象之外,我不理会其他任何事情。然而,它是个事实还是幻影?我被怀疑和希望撕裂了。"妻子对他的苦恼深表理解。1895 年 12 月 22 日傍晚,伦琴让她去实验室看看,并且把她的左手放在一张未曝光的照相底片的匣子上,用阴极射线照射她的手 15 min。之后伦琴将这张底片显影,这是历史上第一张 X 光片,伦琴夫人的左手骨骼清晰可见,结婚戒指戴在无名指上(图 028-1)。

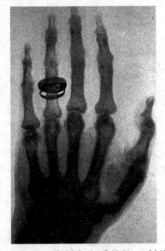

图 028-1 伦琴夫人手骨的 X 射线照片,黑球形的为戒指

1895 年 12 月 28 日,伦琴将他一个多月悉心研究的新的成果写在《论一种新的射线》的论文里,递交给维尔茨堡物理学医学学会。文章记述了实验的装置及方法,并初步总结出新射线具有以下性质:

新射线来自被阴极射线击中的固体,固体元素越重,产生出来的新射线就越强;

新射线是直线传播的,不被棱镜反射和折射,也不被磁场偏转;

新射线对所有物体几乎都是透明的;

新射线可使荧光物质发光,使照相底片感光,能显示出装在盒子里的砝码、猎枪的弹膛和人手指骨的轮廓。

伦琴把这一新射线称为 X 射线,因为他当时确实无法确定这一新射线的本质。后来人们都称之为"伦琴射线",但他本人却从来不这样做,依然很谦虚地称之为 X 射线。

几乎是顷刻之间,X 射线的实验报道引起了世界范围的轰动。医生们兴奋地认为有了了解骨骼、内脏结构和病情的更新的、更直接的方法。科学家们敏锐地感知到这是绝不同于经典物理的东西,它的出现为了解微观世界提供了帮助。平民们将其当成了茶余饭后的谈话奇闻,惊呼发现了科幻片中才能有的"死光"。许多物理学家和实验机构都转向研究 X 射线,仅在 1896 年,关于 X 射线的研究论文就发表了 1000 多篇。在 X 射线发现三个月后,维也纳医院开始用 X 射线对人体进行拍照;半年后,英国出版发行了第一本研究 X 射线的专业杂志——《X 射线临床摄影资料》。

一个物理学上的重大发现如此迅速地家喻户晓并且推广应用到实际中是非常罕见的,首个原因便是它神奇的穿透性。这个性质无论从其巨大的实用价值还是满足公众的好奇心的角度来说,都可以说是前无古人的,但 X 射线给我们带来的科学的发展和深刻的启示还远不止此。

029 X 射线的深远影响——诺贝尔奖的摇篮

伦琴发现 X 射线有一定的偶然性,但是他之所以能极其敏锐地抓住这一机遇,是与他一贯严谨的工作作风、认真客观的科学态度密不可分的。他的确有超人之处,因为在他之前已经有好几位科学家与 X 射线失之交臂。

1895 年前,许多物理学家都知道底片不能存放在阴极射线装置旁边,否则有可能变黑。例如,英国牛津有一位物理学家叫斯密思(F. Smith)发现,保存在盒子中的底片变黑了,这个盒子就放在克鲁克斯管附近。他只叫助手把底片放到别处保存,并没有认真查找原因。

1887 年,在伦琴发现 X 射线的前八年,克鲁克斯也曾发现类似现象。他把变黑的底片退还厂家,认为是底片质量有问题。

1890 年 2 月 22 日,美国宾夕法尼亚大学的古茨彼德(A. Goodspeed)也有过同样经历,甚至还拍摄到了物体的 X 射线图像,但他没有在意,随手把底片扔到废纸堆中。六年后,得知伦琴的发现,古茨彼德才想起这件事,重新加以研究。

1894 年,J. J. 汤姆孙在测量阴极射线的速度时,有过对 X 射线的记录,也许是没有时间专门加以研究,他只在论文中提到,放电管在 12 英尺(约 3.66 m)远处的玻璃管上也发现荧光。

德国研究阴极射线的权威学者勒纳德(P. Lenard,1862—1947)在研究不同物质对阴极射线的吸收时,肯定也遇到了 X 射线,他后来还与伦琴争夺 X 射线的发现权。他在 1905 年由于对阴极射线的研究获诺贝尔物理学奖的演说词中说:"我曾做过好几次观测,当时解释不了,准备以后研究。不幸没有及时开始。"事实上,即使勒纳德及时开始研究,也难以做出正确的结论,因为直到伦琴宣布发现一种新射线以后,他还坚持认为 X 射线不过是速度无限大的一种阴极射线。而伦琴自发现之初就明确加以区分,认为 X 射线是本质上与阴极射线不同的一种新射线。

物理学研究微观世界可以说始于 X 射线的发现。自 X 射线被发现以后，一系列具有重要意义的新发现便接踵而至。1901 年，伦琴当之无愧地成为第一个诺贝尔物理学奖得主。

当打开 20 世纪诺贝尔得奖者名录时，我们会看到一长串与 X 射线有关的获奖者的名单，特别引人注目。

1912 年，德国物理学家劳厄(M. von Laue，1879—1960)用晶体作光栅，得到 X 射线衍射图，证明 X 射线是一种波长很短的电磁波，同时证明了晶体具有空间点阵，劳厄因此获得了 1914 年诺贝尔物理学奖。

1915 年，诺贝尔物理学奖授予英国物理学家布拉格父子(W. H. Bragg，1862—1942；W. L. Bragg，1890—1971)，表彰他们在劳厄工作的基础上，提出了可以用来精确测定晶体原子结构的布拉格公式。

1906 年，英国物理学家巴克拉(C. G. Barkla，1877—1944)发现，当 X 射线被金属散射时，其穿透本领随金属的不同而不同，表明每种金属都有自己的"特征 X 射线"，用它可以确定元素在周期表上的排位，巴克拉由此获得 1917 年诺贝尔物理学奖。

1913 年，英国年轻的物理学家莫塞莱(H. Mosely，1887—1915)得出了各种金属的特征 X 射线的波长，并发现一个重要规律：各种元素的波长按其在周期表中的排列而递减，用此规律可以准确地确定各元素的原子序数，并且发现它们恰好与核电荷数相同，他的发现对认识原子内部结构和元素周期规律具有重大意义。遗憾的是，他英年早逝，未能获得诺贝尔奖。

瑞典物理学家西格本(K. Siegbann，1886—1978)进一步发现一系列新的 X 射线，并精确测定了各种元素的 X 射线谱，建立了射线光谱学。他的工作对于揭开原子内电子壳层结构有重要作用，他也因此而荣获 1924 年诺贝尔物理学奖。

X 射线不仅用于窥探物质的结构，而且用于医学诊断，揭示生命的奥秘。1953—1959 年，小布拉格的两位助手佩鲁茨和肯德罗用改进的 X 射线分析法测定了肌红蛋白及血红蛋白的分子结构，由此获得 1962 年诺贝尔化学奖。1962 年诺贝尔生理学或医学奖授予英国生物物理学家克里克、威尔金斯、美国生物学家沃森，表彰他们发现 DNA 的双螺旋结构，这是 20 世纪生物学的最伟大的成就，他们依靠的也是 X 射线分析法。

因使用 X 射线分析法研究蛋白质、核糖核酸、青霉素、维生素等生物大分子及有机高分子结构而获诺贝尔化学奖、生理学或医学奖的科学家多达数十位。

可以说，没有 X 射线分析法就不可能探测生命的奥秘。

20 世纪 60 年代，南非出生的美国物理学家科马克（A. Cormark）和英国电气工程师亨斯菲尔德（G. Hounsfield）提出用计算机控制 X 射线断层扫描原理，并发明 X 射线断层扫描仪（XCT），使医生能看到人体内脏、器官横断面图像，从而准确诊断病症，他们二人共享了 1979 年诺贝尔生理学或医学奖。

X 射线在军事、经济、工业、社会等各方面的应用也极其广泛，如导弹制导、产品质检、机场安检……。

谁能想到这一切都发轫于伦琴夫人左手那张佩戴结婚戒指的图像。

030 又有一种新射线——天然放射性的发现

X 射线的发现立即引起物理学家的极大兴趣，很多人放下原来所做的工作转向去研究它，很快导致了一项更为重要、意义更加深远的发现——天然放射性现象。

1895 年年底，伦琴将他的第一篇描述 X 射线的论文《论一种新的射线》和一些用 X 射线拍摄的照片分别寄送给各国知名学者。其中有一位是法国的庞加莱（H. Poincaré，1854—1912，彭加勒）。他是著名的数学家、物理学家和天文学家，时任法国科学院院士，对物理学的基础研究和新进展非常关心。法国科学院每周有一个例会，科学家在会上报告各自的成果并进行讨论。1896 年 1 月 20 日庞加莱参加了这天的例会，他带去了伦琴寄给他的论文和图像，展示给参会者。这让在场的物理学家亨利·贝可勒尔（Henri A. Becquerel，1852—1908）大受启发，他问这种射线是怎样产生的？庞加莱回答说，也许是从阴极对面发荧光的那部分管壁发出的，荧光和 X 射线可能是出于同一机理。第二天，贝可勒尔开始研究有哪些荧光物质能产生 X 射线，他做了一些实验却没有得出什么结果。正当他准备放弃实验时，1 月 30 日，《大众科学杂志》上发表了庞加莱的一篇关于 X 射线的文章，文中又一次提到荧光和 X 射线可能同时产生的看法。这鼓舞了贝可勒尔再次进行实验。他选择了一种铀盐——硫酸钾铀酰做实验材料。他用两张厚黑纸包住底片，纸包上放一层磷光物质——铀盐，放在日光下曝晒几小时，然后把底片取出进行冲洗，发现了"磷光物质在底片上的黑色轮廓"。他又在磷光物质和纸之间放一块玻璃,继续进行实验,也得到同样的结果。于是,贝可勒尔在 2 月 24 日向科学院报告说:"磷光物质发出能穿透不透光的纸的辐射。"会后,他继续进行实验,正巧遇到一连几个阴天,他只好把准备的铀盐和底片一起放进抽屉。3 月 1 日,他本想预先检查一下底片质量是否完好再进行实验,经冲洗后,发现底片已明显感光,有一个很深的黑色铀盐的影子。面对这一情况,他很快得出结论,这种使底片感光的射线与磷光无任何因果关系,而是铀盐本身发出了一种神秘的射线。第二天,他在科学院举行的例会上公布了这一重大发现。

贝可勒尔意识到,这一发现非常重要,说明原来以为荧光和磷光与 X 射线属于同一机理的设想是不对的,他立即放弃了这种想法,转而试验各种因素,如铀盐的状态(晶体还是溶液)、温度、放电等对这种辐射的影响,证明确与磷光效应无关。他发现,纯金属铀的辐射比铀化合物强许多倍。他还发现,铀盐的这种辐射不仅能使底片感光,还能使气体电离变成导体。这个现象为他人继续研究放射性提供了一种新的方法。

贝可勒尔在搞清楚了铀盐辐射的性质后,于同年 5 月 18 日在科学院的例会上再次报告,宣布这种贯穿辐射是自发现象,只要有铀这种元素存在,就会产生贯穿辐射。以后,这种辐射被人们称为贝可勒尔射线,以区别于当时人们普遍称为伦琴射线的 X 射线。

贝可勒尔发现放射性虽然没有像伦琴发现 X 射线那样轰动一时,意义却更为深远,因为这是人类第一次接触到核现象。

贝可勒尔的发现被后人视为科学发现的偶然性的重要例证。但他本人却不以为然,他认为在他的实验室里发现放射性是"完全合乎逻辑的"。这是因为贝可勒尔具有特殊有利的条件,他出身于研究磷光的三代世家。祖父安东尼·贝可勒尔(Antonie Becquerel,1788—1878)是巴黎自然历史博物馆的物理教授,广泛研究过矿物学、化学及磷光;父亲爱德蒙·贝可勒尔(Edmond Becqerel,1820—1891)继承父业,是欧洲著名的固体磷光专家。在他家的实验室里拥有包括铀盐的各种荧光和磷光物质,长年进行各种试验。19 世纪后半叶,铀盐广泛用于照相术、染色、上釉。由于铀盐会发出特别明亮的磷光,爱德蒙·贝可勒尔曾特地对它进行了研究。1891 年,父亲去世,这些工作都由贝可勒尔继承。家学渊源,薪火相传,前辈们注意收集实验资料,尊重客观事实的科学精神使贝可勒尔不放过任一细节,并以惊人的速度迅速找到正确的结论。这难道能用偶然来解释吗?

031 元素也变化——天然放射性的本质

　　天然放射性现象的发现打开了一个新天地,吸引了许多物理学家投身于这个未知且神秘的领域。

　　1897 年,来自波兰的玛丽·居里(Marie Curie,1867—1934)即居里夫人选择"放射性物质研究"作为自己博士论文的题目。她测量了铀的辐射强度,发现铀的辐射强度与铀的含量成正比,而与其他因素无关。1898 年,玛丽·居里和施密特(G. Schmidt,1856—1949)发现钍也具有这种辐射能力,她建议把这种辐射能力叫作"放射性"。后来,她又发现沥青铀矿中的放射性比已测得的铀的放射性强得多,于是她大胆假定沥青铀矿中存在一种比铀放射性强得多的未知元素。她的丈夫——

居里夫人

法国著名物理学家皮埃尔·居里(Pierre Curie,1859—1906)立即意识到这一工作的重要性,放下了自己对晶体的研究工作,与她一起分析新元素。夫妇二人在异常简陋的工棚里,经过繁重而艰巨的劳动,用巧妙的分析方法,于 1898 年 7 月首先找到了比纯铀的放射性强几百倍的钋(polonium,这个名称是居里夫人为纪念她的祖国波兰而命名的)。同年 12 月,他们分离出了与钡伴存的新的放射性元素镭。为了消除当时有些科学家的怀疑,居里夫妇又经过近 4 年的艰苦工作,通过"部分结晶法",从 8 t 沥青铀矿残渣中用人工方法提炼出 0.12 g 氯化镭,并测得了镭的相对原子量为 225(现今认为 226),其放射性比铀强 200 万倍。之后又花了 3 年时间,纯金属镭也被提炼成功。

　　1903 年,贝可勒尔和居里夫妇因在发现天然放射性现象方面所做出的重大贡献而共同获得这一年的诺贝尔物理学奖。

　　尽管有新的放射性元素被发现,但辐射本身的性质并不清楚,一位来自新西兰的 J. J. 汤姆孙在剑桥大学卡文迪许实验室的研究生——卢瑟福(Ernest Rutherford,1871—1937),从贝可勒尔射线中分离出两种性质不同的射线:一种是带正电的射线,一种是带负电的射线。卢瑟福把它们分别命名为 α 射线和 β 射线。1899 年,法国物理学家维拉德(Paul Villard,1860—1934)发现,在放射性物质中还有一种在磁场中不会偏折、具有极强的贯穿力的第三种射线。后来卢瑟福称这种能穿过薄铅箔的射线为 γ 射线。

1902 年 11 月,卢瑟福第一次对镭辐射进行了全面的初步分类。他写道:放射性物质,如镭,放出三种不同类型的辐射:

(1) α 射线,很容易被薄层物质吸收;

(2) β 射线,由高速的负电粒子组成,很像真空管中的阴极射线;

(3) γ 射线,在磁场中不受偏折,具有极强的贯穿力。

卢瑟福用了许多巧妙的实验方法,终于在 6 年之后,搞清楚了 3 种射线的实质:α 射线是带两个正电荷的氦核($_2^4$He);β 射线是高速电子流;γ 射线是自原子核内放出来的电磁波,它实际上是一束能量极高的光子流,它的波长比 X 射线还要短,穿透能力比 X 射线还强。

确定 α 射线的本质对认识放射性元素的衰变规律具有重要的意义,以此可以对衰变规律做出全面解释。而放射性衰变规律是大量实验事实的总结,是核物理学早期发展的重要基石之一。

衰变规律的重要内容是原子在发射 α 粒子后,原子在周期表中下降两格(相对原子量减小)。例如,$_{88}^{226}$Ra $\rightarrow$ $_{86}^{226}$Rn $+$ $_2^4$He,镭衰变为氡。而发射 β 粒子的衰变使原子上升一格,相对原子量不变。例如,$_{91}^{234}$Pa $\rightarrow$ $_{92}^{234}$U $+$ $_{-1}^{0}$e,镤衰变为铀。

过去大家熟知,无论发生什么样的化学变化都不会引起原子性质的根本变化,而现在原子经过 α 衰变或 β 衰变后却完全变了,变成另一种原子。这个事实使经典的元素不变的观念受到了巨大的冲击,这实质上意味着经典物质结构的理论有可能被打开一个巨大的缺口,里面似乎别有洞天。

032 第一朵乌云——迈克耳孙-莫雷实验的"零结果"

19 世纪中叶以来,光的波动学说取得了一个又一个的胜利,随着麦克斯韦电磁场理论的建立,物理学界普遍认为以太是电、磁、光现象的共同载体,即电磁波或光是靠以太作为介质传播的。

光或电磁波是横波,而且传播速度极大。当时为了解释光或电磁现象,就必须认为以太是具有非常强的恢复力的弹性介质,而为了解释天体运动不受阻碍的事实，又必须认为以太极其稀薄，质量极轻，万物能从中毫无阻碍地穿透。以太的这些性质令人难以置信，总感觉十分牵强。

根据麦克斯韦电磁理论，光速为 c，然而它是相对什么而言的呢？既然光是靠以太这种介质传播的，则 c 似乎是相对于以太的速度，那么按照经典速度合成法则，在不同的惯性系中的观察者测得的光速应该不总等于 c。这样，人们就可以通过在不同的实验室里（如地球或相对于地球运动的物体）观测光速的差异，以判断此实验室相对于以太的运动状态，即通过观测"以太风"确定以太的存在。

在 19 世纪，曾有许多科学家设计了各种实验来观测"以太漂移"，然而直到 1879 年还没有任何一个实验能测出这个漂移速度。

1879 年 3 月，麦克斯韦写信给美国航海历书局的托德（C. P. Todd），信中询问地球运行于不同轨道时所观测到的木卫蚀有没有足够的精度确定地球的绝对运动，他在信的末尾提到："地面上一切观测光速的方法，由于光总是沿着同样的路径返回，地球相对于以太的速度是测不出来的；只有地球速度 v 和光速之比的平方，才会影响往返的时间，但这是一个极小的量，无法观测到。"这就是说，是否存在"以太漂移"的问题，在 v/c 的一阶范围内进行观测是不能确定的，须测量出 v^2/c^2 才能确定。当时可以利用的最大速度就是地球在轨道绕日运动的速度，$v/c \approx 10^{-4}$，$v^2/c^2 \approx 10^{-8}$，所以，许多人对这个观测表示束手无策。

这封信被在那里工作的迈克耳孙（Albert Michelson，1852—1931）看到后，引起了他的强烈兴趣，他立即开始思考实现这一观测的方法，并决定用干涉技术来研究和解决这一难题。

1880 年，迈克耳孙在柏林大学用他自己发明并且后来以他的名字命名的干涉仪进行了探索以太漂移的实验。这个干涉仪利用半透明的镀银玻璃片，巧妙地将一束入射光分成相互垂直的两束光，经另外两块镜面反射，再汇聚到望远镜中产生干涉条纹。如果地球相对于静止的以太运动，那么在地球上向不同方向发射的光对于地球将有不同的速度，改变光的转换方向，干涉条纹就会发生移动。在实验中，迈克耳孙将他的干涉仪转过 90°，即使干涉仪的两臂交替处于与地球运动方向相平行和相垂直的方向，根据计算干涉图像应该转动 0.4 个条纹。可是，实验结果表明，条纹移动比预期的小得多，而且与地球的运动并没有固定的相位关系。于是，迈克耳孙断言："结果只能解释为干涉条纹没有位移。可见，静止以太的假定是不对的。"

迈克耳孙回到美国后，又和化学家莫雷（Edward W. Morley，1838—1923）

一起改进了实验装置,这次干涉仪更加精密,甚至可以测量出植物在 1 s 内的生长量,测量精度达到头发丝直径的几千分之一(图 032-1)。如果静止以太是存在的,预期可得到 0.4 个条纹的移动。1887 年 7 月,他们完成了测量,仍然是"零结果"! 从那时到 1930 年,又有 10 多位科学家在不同的季节、不同的地点重复进行实验,他们不断地提高实验的精度来探测地球相对于以太的运动,得到的都是"零结果"。20 世纪 60 年代,还有人分别用微波和激光器以极高的精度做了类似的实验,依然是"零结果"。

迈克耳孙-莫雷实验的"零结果"使 19 世纪末的物理学家感到极大的困惑,他们面临这样一个两难选择,要么认为地球没有运动,回到地心说,这样的大倒退显然是不行的;要么接受"零结果",承认根本就没有以太这种东西,不过这直接动摇了牛顿力学的根基,放弃以太等于放弃牛顿力学的绝对空间的概念。

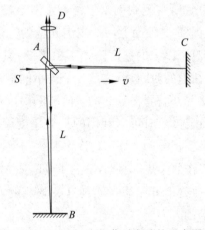

图 032-1　迈克耳孙-莫雷实验的示意图

"零结果"使许多有远见卓识的物理学家意识到,只有在理论上大胆背离经典物理学的传统观念,才有希望做出成功的解释。这中间有爱尔兰的裴兹杰拉德(G. Fitzgerald,1851—1901)、荷兰的洛伦兹(H. Lorentz,1853—1928)、法国的庞加莱等提出许多解决的办法,他们实际上已经走到了新物理学的边缘。

1905 年,伯尔尼瑞士联邦专利局的一位名叫爱因斯坦(Albert Einstein,1879—1955)的 26 岁的小职员,发表了一篇题为《论动体的电动力学》的论文,文中宣布:"以太是多余的。"一个崭新的时空理论——相对论就此诞生。第一朵乌云带来了物理学革命的疾风暴雨。迈克耳孙也由于他的极其精密的干涉仪于 1907 年获得诺贝尔物理学奖,成为美国获此殊荣的第一人。

第二朵乌云——黑体辐射的"紫外灾难"

1800年,天文学家赫歇尔(F. W. Herschel,1738—1822)在用滤色片观察太阳光透射过的热效应时发现,在红外区有一种产生明显热效应的辐射,由此他得出了光谱线中存在不可见射线(指红外线)的结论。第二年,里特(J. Ritter,1776—1810)发现了紫外线辐射。以后,许多物理学家对热辐射的性质、辐射能量与辐射源的关系、辐射能量随波长的分布曲线等进行了多方面研究,认识到光谱、热辐射、光辐射是统一的。研究热辐射的理想模型是1860年基尔霍夫提出的绝对黑体。所谓绝对黑体,是指在任何温度下能全部吸收外来电磁辐射而无反射和透射的理想物体绝对黑体简称黑体。

这些与实际生活中的经验是相当的。我们看到的物体的颜色与该物体所吸收的色光有关。如果一种物体能吸收日光中除红光以外的其他色光,它便显示红色;一种物体如能吸收一切色光,便显示黑色;一种物体把一切色光都反射回去,什么也不吸收,我们看它就是白色的。

在通常温度下,一般物体都不能发射可见光,这时它的颜色取决于外界的光照射,当物体的温度升高后,物体就能自动发光,这时,原来黑色的物体现在变得最亮、辐射最强了。黑体所发出的热辐射也比任何其他物体要强。

1879年,斯特藩(J. Stefan,1835—1893)根据前人的实验结果总结出一条经验规律:黑体表面单位面积上在单位时间内发射出的总能量与它的热力学温度的4次方成正比,即斯特藩-波耳兹曼定律,其公式为

$$E = \sigma T^4$$

式中,σ称为斯特藩-玻耳兹曼常量。1884年,玻耳兹曼根据电磁学和热力学理论,利用统计方法的结果,从理论上导出这一公式。

1893年,维恩(W. Wien,1864—1928)用多普勒效应和上述斯特藩-玻耳兹曼定律,推导出维恩位移定律,即

$$\lambda_m \cdot T = 常数$$

它表明,黑体辐射能量强度最大的波长λ_m与热力学温度T成反比。

热辐射的规律在现代科学技术上的应用非常广泛,它是高温测量、红外遥感、红外追踪等技术的物理基础。如果实验测出了黑体辐射的峰值波长λ_m,就可根据上式算出其温度,太阳的表面温度就是用这一方法测定的。

1895 年,维恩首先指出,黑体可以用一个带有小孔的辐射空腔(图 033-1)实现。第二年,卢默尔(O. Lummer,1860—1925)和普林斯海姆(E. Pringsheim,1859—1917)实现了辐射空腔,为物理学家准确而定量地测量黑体辐射单色发射本领提供了重要手段。

图 033-2 是黑体的单色发射本领与 λ、T 关系的实验曲线。为了从理论上导出符合实验曲线的函数式 $e_0 = f(\lambda, T)$。19 世纪,许多物理学家在经典物理学的基础上付出了相当大的努力,但是他们都失败了,理论公式和实验结果不相符合,其中最典型的是维恩公式和瑞利-金斯公式。

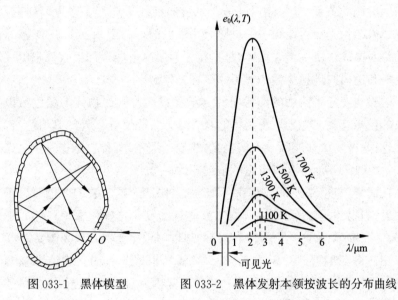

图 033-1　黑体模型　　图 033-2　黑体发射本领按波长的分布曲线

1. 维恩公式

1896 年,维恩通过半理论半经验的方法,得到一个黑体辐射的理论公式为

$$e_0(\lambda, T) = c_2 \lambda^{-5} e^{-c_3/\lambda T}$$

维恩公式在短波方面与实验结果符合得很好,但是在长波方面则系统性地低于实验值。

2. 瑞利-金斯公式

1900 年,著名的英国物理学家瑞利(Lord Rayleigh,1842—1919)和金斯(J. H. Jeans,1877—1946)根据经典物理中能量按自由度均分原则导出了黑体辐射

的理论公式,即

$$e_0(\lambda, T) = c_1 \lambda^{-4} T$$

这一公式在波长很长的情况下与实验曲线比较相近,但在短波紫外光区,e_0 将趋于无穷大,完全与实验曲线不符。对于由经典物理学解决热辐射问题导致的这一结果,埃伦菲斯特(P. Ehrenfest,1880—1933)形象地称之为"紫外灾难"(图 033-3)。

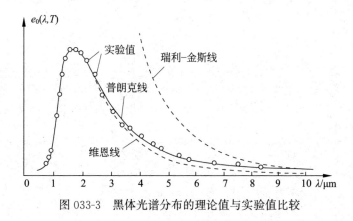

图 033-3　黑体光谱分布的理论值与实验值比较

由于瑞利-金斯公式是根据经典物理学的连续性原理推导的,且推导过程思路清晰明确,方法也无懈可击,所以这一定律的失败说明将经典物理学理论应用于热辐射问题上的失败并不是局部的失败,而是预示着整个经典物理面临的严重困难。因此,开尔文将这个失败比作经典物理学晴空中的又一朵"乌云"是很恰当的。后来的事实证明,"紫外灾难"引发了物理学的一场深刻的革命。

四、现代物理两大支柱

034 创立过程——狭义相对论漫谈之一

为了解释迈克耳孙-莫雷实验关于"以太漂移"的"零结果"，许多杰出的物理学家纷纷提出了希望能够自圆其说的假说。

1889 年，爱尔兰物理学家菲兹杰拉德提出了"长度收缩"假说。认为物体在静止的"以太"中运动时，在运动方向上，物体的长度会发生"收缩"：

$$l = l_0 \sqrt{1 - v^2/c^2}$$

式中，l 为物体运动时长度；l_0 为物体静止时长度；c 为真空中光速；v 为物体相对"以太"的运动速度。

1892 年，荷兰著名理论物理学家洛伦兹也独立地提出了"收缩"假说，他还提出了著名的"洛伦兹变换"，事实上这已经跨入了相对论的门槛。但他在"绝对静止的以太"的前提下，采取东修西补的办法，提出了 11 个特殊假设，致使概念繁琐、理论庞杂，不能自圆其说。

法国著名科学家庞加莱在解释"零结果"和探索新力学的进程中提出许多极有远见的论断，做了许多重要的贡献。1899 年，他提出了光速不变公设的必要性。1904 年，他提出了相对性原理，并且将洛伦兹变换整理成现在的形式，但是遗憾的是，由于他最终没有摆脱绝对时空的束缚，没有看出摒弃以太的必要性，因而没能取得理论上根本性的突破。

正当洛伦兹和庞加莱对新力学的探求取得一系列引人瞩目的成就时，1905 年 9 月，德国《物理年鉴》发表了一篇划时代的论文——《论动体的电动力学》。文章的作者是伯尔尼瑞士专利局的一名年轻的技术员，名叫阿尔伯特·爱因斯坦。

爱因斯坦是德国犹太人。1900 年毕业于瑞士苏黎世工业大学，1901 年入瑞士国籍。大学毕业两年后才在伯尔尼瑞士专利局找到一份技术员的工作。1905 年对于爱因斯坦本人和世界科学界都是丰收的日子。

爱因斯坦

在短短几个月内,爱因斯坦写成并发表了《关于光的产生和转化的一个启发性观点》《论动体的电动力学》《物体的惯性同它所含能量有关吗?》《分子体积的新的测定方法》《热的分子运动论所要求的静液体中悬浮粒子的运动》五篇论文,在光的本性、分子运动、力学和电动力学等方面取得了有历史意义的成就。其中《论动体的电动力学》一文更具有划时代的意义。文中首次提出了崭新的时间空间理论,一举解决了光速的不变性与速度合成法则之间的矛盾,以及电磁理论中的不对称等难题。爱因斯坦把这个理论称为相对性理论,简称相对论,后来又叫狭义相对论。J.J.汤姆孙曾评价说:"相对论是人类思想史上伟大的成就之一……它不是发现了一个孤岛,而是发现了科学思想的新大陆。"

1922 年,爱因斯坦在日本京都大学做了著名的讲演"我是怎样创立相对论的",可以帮助我们追溯他所走过的曲折而漫长的求索之路,看看科学巨人的思想足迹。

首先是对以太的思考,爱因斯坦对此经历了很长的过程。他说:"我最早考虑这个问题时,并不怀疑以太的存在,也不怀疑地球穿过以太运动。"甚至他还设想用热电偶做一个实验,比较沿不同方向的两束光线所放出的热量。但是当他得知迈克耳孙-莫雷实验的"零结果"后,很快得出结论,"如果我们承认这个'零结果'是事实,那么地球相对于以太运动的想法就是错的。这是引导我走向狭义相对论的第一步"。爱因斯坦后来则明确提出"最明显的一条路应该是认为并没有以太这样的东西"。

其次是关于光速的思考。爱因斯坦回忆说,他从 16 岁(1895 年)起就开始思索这样一个问题:"如果我以光速追随光波将会看见什么? 假如看到的是一个在空间振荡着而又静止不前的电磁场,则与麦克斯韦方程不符,与直接经验和实验事实也不符;但假如看到的是一条以一定速度而行进的光,则违反速度的合成法则。"

1904 年,爱因斯坦阅读了洛伦兹 1895 年的著作,从洛伦兹的工作中,引出了光速不变的概念。他说:"当时,我坚信麦克斯韦-洛伦兹电动力学方程式是正确的。而且,由这些方程式在运动物体参考系中成立的假设引出了光速不变的概念,但光速不变却与速度合成法则相矛盾。"为解决这个矛盾,他整整用了一年时间,突破口是对于传统时空概念的深入思考。"我曾问自己,我发现相对论的特殊原因是什么呢? 处于这样的情况,正常成年人是不会为时间伤脑筋的,相反地我的智力发展比较晚,成年后还想弄清时间和空间问题,当然,这就比儿童想得深些。"爱因斯坦说,"在放弃了许多没有效果的尝试之后,我终于认识到时间是值得怀疑的。"1905年春天,光速不变和速度加法定则之间的矛盾终于得到解决。爱因斯坦说:"我的解决办法是,分析时间这个概念,时间不能绝对定义,时间与速度之间有不可分割的关系,使用这个新概念,我第一次完满地解决了整个困难。"接下来的五个星期,爱因斯坦完成了他的狭义相对论。

035 基本公设——狭义相对论漫谈之二

相对论是现代物理学的重要基石,它的创立是20世纪自然科学最伟大的成就之一,对物理学、天文学乃至哲学思想都有深远影响。在爱因斯坦的有关论文中,这样伟大的理论的出发点却出奇的简单,似乎没有什么新奇内容,但从最简单的出发点出发,通过严密的逻辑推理可得出大量的、可被实验检验的奇妙结论和预言,这真是人类思想史上的一个奇迹。

被爱因斯坦称为两条公设的内容如下:

(1) 相对性原理:物理体系的状态及其变化的定律,与描述这些状态时所参考的坐标系究竟是两个在互相匀速移动着的坐标系中的哪一个并无关系。

(2) 光速不变原理:任何光线在任何惯性系中都是以确定的速度 v 运动着的,不管这道光线是由静止的还是运动的物体发射出来的。

爱因斯坦的相对性原理与伽利略的思想基本一致,即"所有的惯性系都是平权的。在它们之中所有的物理规律都一样"。当然伽利略相对性原理所讨论的不可能包括电磁学(包括光学)现象,而基本上只讨论了牛顿力学的现象。爱因斯坦提出的相对性原理则希望把一切物理规律都包括进去。

光速不变原理是爱因斯坦在看到牛顿力学及电磁学(特别是与光有关的现象)中暴露出的诸多矛盾之后,经过多年的思考才提出的。这个原理可以更简洁地叙述为:"在所有的惯性系中测量到的真空光速 c 都一样。"提出这个假设是非常大胆的,事实上,相对论中一系列违反"常识"的结论由此而生。

这两条基本公设,表面上看是互相矛盾的。

第一条公设说,所有匀速运动都是相对的;第二条公设说,光的运动例外,它是绝对的。

因此,爱因斯坦的挚友、物理学家埃伦菲斯特(就是指出"紫外灾难"的那位)指出还隐藏着第三条公设,即前两个公设是不矛盾的。

要使这两条公设自洽(即互不矛盾),就必须抛弃经典的绝对时间、绝对空间的概念。爱因斯坦选择了时间概念作为突破口,他在论文中,用光信号对钟的方法,制定了"同时性"的操作性定义,并论证了"同时性"概念的相对性,结论是:"我们不能给予同时性概念以任何绝对的意义,从一个坐标系看来是同时的,而从另一个相对于这个坐标系运动着的坐标系来看,它们就不能再被认为是同时的事件了。"

对于同时的相对性,我们可以通过实验简单地加以说明。实验发生在高速运动的列车车厢中,这列车被称为"爱因斯坦列车"(图 035-1)。

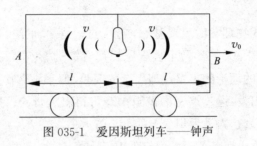

图 035-1 爱因斯坦列车——钟声

在非相对论的情况下,对于"两件事同时发生"容易理解。如图 035-1 所示,车厢中有一个时钟,它在某一时刻发出一个声音,经过 Δt 时间后同时到达车厢的两端 A、B,也就是说"车厢两端接收到声音"在车厢上看是同时发生的;在地面上看,向前发出的声波速度快些,为 $v+v_0$,但声波到车厢前端 B 点的距离也长,为 $l+v_0\Delta t$,所用时间为 $\dfrac{l+v_0\Delta t}{v+v_0}$,考虑到 $l=v\Delta t$,于是所用时间为 Δt,同样地,声波到达车厢后端 A 点的时间也是 Δt。同时性在相对运动的不同参考系是一样的。

但是在相对论情况下,结果发生了变化。如图 035-2 所示,还是那个车厢,中间有一个光源,相对车厢静止,光向周围以相同的速度 c 传播,经过 Δt 后,光同时到达车厢两端的 A 点和 B 点。根据光速不变原理,在地面上看,光仍然以相同的速度 c 向周围传播,并在同样的时间内传播同样的距离,由于车厢在运动,所以光波发出后到达前端 B 点的距离大于到后端 A 点的距离,因此 A 点将先于 B 点接收到光信号。这就是说,在车厢上看是同时发生的两件事,在地面上看并不同时发生,有了先后顺序,"同时性"有了相对性,它决定于选用哪个参考系。当参考系变化时,不同时的事可能变成同时,同时的事件也可能变成不同时。

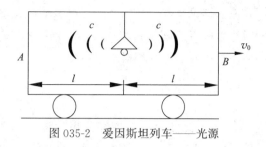

图 035-2　爱因斯坦列车——光源

036 相对的时空——狭义相对论漫谈之三

聪明的读者也许立刻会产生疑问,如果"同时"是相对的,那么事情的先后次序是否也是相对的呢? 如果是,那么会不会在某个参考系中能看到一个人的死亡早于他的诞生,一列火车的到达早于它的出发呢?

爱因斯坦的狭义相对论告诉我们,由于有了真空中光速 c 不变且是极限速度的公设,保证了因果关系永远是成立的,保证了我们在任何参考系中不会看到任何"倒因为果"的荒诞现象,也就是说有物理联系的两个事件的次序是绝对的,而没有物理联系的两个事件的次序是相对的。

狭义相对论的时空观引发了人类时空观念的一次深刻的大革命。

牛顿的绝对时空观把空间看成是与"外界任何事物无关的""永远是相同的和不动的"空架子;把时间看成是与"任何其他外界事物无关地流逝着"的河流;空间间隔和时间间隔是绝对不变的,与参考系的选择无关。

例如,一个人看到自己的时钟走过 1 min,他想当然地认为世界上所有的时钟也都同样地走过 1 min,而不管是在哪一种运动状态的时钟。这是时间间隔的绝对性。

类似地,一把直尺的长度,如果从某个参考系测量它是 1 m,他想当然认为在任何参考系中来测量它,同样为 1 m。这是空间间隔的绝对性。

这两种绝对性,在牛顿时空观里起着根基的作用,并且往往是想当然的,但在相对论中都变成了相对的。爱因斯坦的伟大之处也正在于此,最不可能变的东西发生了变化。

我们直接用相对论的结论来看一些问题。先来看时间延缓（钟慢）效应。

假设在一列相对于地面以速度 v 行驶的火车上发生的一个事件用时 Δt_0，同样的一个事件在地面上用时 Δt，由相对论可推出：

$$\Delta t = \frac{\Delta t_0}{\sqrt{1 - v^2/c^2}}$$

式中，c 为真空中光速。此式表明，运动的时钟走得慢些，运动速度越快，时钟走得越慢。中国神话传说中有"天上一日，地上一年"的说法，按照相对论，理论上完全可能实现，只要乘坐以 $0.999\ 962\ 47c$，即非常接近光速的宇宙飞船飞行，则宇航员的一日，在地球上的人们看来就相当于一年。换言之，当我们看到这个宇航员长了 1 岁时，我们已经老了 365 岁。

也许有人会问，为什么我们在乘坐飞机、火车的时候从来没有感觉到时间延缓效应呢？答案非常简单：你乘坐的飞机、火车的速度相对于光速来说太小了。例如，三倍于声速的超声速飞机，$v = 1000$ m/s，由上式可得 $\Delta t = 1.000\ 000\ 000\ 005\Delta t_0$，两者相差 5×10^{-12}，一个人如果不间断地乘坐这样速度的飞机飞行 100 年，时间也只延长了 0.015 s。

再来看长度缩短（尺缩）效应。

还是在那列火车上，有一把长度为 l_0（在车上测量）的尺子，在地面上假设这把尺子的长度为 l，由相对论推出：

$$l = l_0 \sqrt{1 - v^2/c^2}$$

此式表明，运动物体的长度会收缩，速度越快，收缩越多。

在高能物理领域，钟慢和尺缩的相对论效应得到大量的实验证实。例如，有一种叫作 μ 子的粒子，是一种不稳定的粒子。在静止参考系中观察，它平均经过 2×10^{-6} s 就衰变为电子和中微子。宇宙线在大气上层产生的 μ 子速度极大，可达 $v = 2.994 \times 10^8$ m/s $= 0.998c$。如果没有钟慢效应，它们从产生到衰变的一段时间里平均走过的距离只有 (2.994×10^8) m/s $\times (2 \times 10^{-6})$ s $= 600$ m，这样，μ 子就不可能达到地面的实验室，但实际上 μ 子可穿透大气超过 9000 m。用钟慢效应来解释，在地面看 μ 子的寿命为

$$\Delta t = \frac{\Delta t_0}{\sqrt{1 - v^2/c^2}} = \frac{2 \times 10^{-6}\ \text{s}}{\sqrt{1 - 0.998^2}} = 3.16 \times 10^{-5}\ \text{s}$$

这样，μ 子在这段时间内通过的距离为 (2.994×10^8) m/s $\times (3.16 \times 10^5)$ s $= 9500$ m，与实验观测结果基本一致。

有意思的是，用尺缩效应也可以解释上述现象。

μ子以 $v=0.998c$ 的速度垂直入射到大气层,由实验得知它衰变前通过的大气层厚度为 9500 m,在 μ 子本身的参考系看来,这层大气有多厚呢? 因为对于 μ 子来说,大气层也是以速度 v 向它运动的,其厚度为

$$l = l_0 \sqrt{1 - v^2/c^2} = 9500 \text{ m} \times \sqrt{1 - 0.998^2} = 600 \text{ m}$$

这正是我们预料的结果。

037 质量和能量——狭义相对论漫谈之四

爱因斯坦在发表《论动体的电动力学》之后 3 个月,即 1905 年 9 月,又发表了另一篇也可看作 20 世纪十分重要的物理学文献之一的论文《物体的惯性同它所含能量有关吗?》。

在这篇文章中,爱因斯坦提出了非常惊人并且有极其深远意义的关于物质质量和能量的概念。他自己也这样认为"狭义相对论导致具有普遍性的最重要的结论是关于质量的概念",这也正是他用相对论时空观改造牛顿力学的最重要之处。

在经典力学中,惯性质量是不变量,并且质量和能量是两个互相独立的概念,质量守恒和能量守恒也是两条互相独立的定律。在相对论中,这一切都发生了根本的变化。

首先质量是可变的

$$m = \frac{m_0}{\sqrt{1 - v^2/c^2}}$$

式中,m_0 是在物体与其相对静止的参考系中所测得的质量,即其静止质量,而在相对于物体以速度 v 运动的惯性系中测量,质量增大了。速度越快,质量增大越多,当物体运动的速度等于光速 c 时,如果其静止质量 $m_0 \neq 0$,则其质量 m 变成无穷大。因此,爱因斯坦说:"超光速的速度——像我们以前的结果一样——没有存在的可能。"

质量随速度变大的理论被许多实验事实精确地证明。

1897 年电子被发现,1901 年考夫曼(W. Kaufmann,1871—1947)就从放射性镭释放出来的高速电子(β 射线)中,发现了电子的质量随速度改变的现象。

但是当爱因斯坦的公式提出来后,其与考夫曼的实验结果不相符合。1906 年,考夫曼曾说:"测量结果与爱因斯坦的基本假定不相容。"1907 年,爱因斯坦在《关于相对论原理和由此得出的结论》一文中,对考夫曼的实验误差提出质疑。1908 年,布雪勒(A. Bucherer,1863—1927)进行了比考夫曼的实验精确度更高的实验,结果与爱因斯坦的公式相符。他在给爱因斯坦的信中说:"我经过多次仔细的实验,判定相对论原理毫无问题。"在 20 世纪 70 年代所做的高能电子与光子比快慢的实验中,当电子能量达到 2×10^{10} eV 时,它的速度 v 离极限值 c 不超过 3×10^{-10},此时测得其质量已达静止时的四万倍了!

在此基础上,经过后来的总结,爱因斯坦在 1907 年提出了一个被后人称为"改变世界的方程"——质能方程:

$$E = mc^2$$

质量和能量关系式的发现是相对论理论最重要的成果之一,是人类的智慧所发现的自然界一个最深层的秘密。

由质能公式我们可以看到,即使当物体静止时,它的能量 E 也不为零,而是 $E_{静} = m_0 c^2$,这个能量称为静能。在牛顿力学中,只认识到动能、势能等形式的能量,而不知道还有静能形式的能量。

静能是极大的,物体的静能一般要比它的化学能大亿倍以上。如果我们能开发出这种潜在于静止物体之中的活力,那么能量的源泉可以说是取之不尽的。随着原子核物理学的发展,今天人类已经知道了一些开发静能的途径。例如,核反应堆。世界各国正在加紧研究的受控热核反应,也是一条开发静能的重要途径。

需要指出的是,把爱因斯坦质能公式与核能等同起来是一种误解。爱因斯坦的结论是根据时空性质推导出来的,所以适用于所有过程,核物理根本没有进入他的推理。质能公式不仅与核能有关,而且也可应用于一切熟知的现象之中。事实上,在燃烧一块木头时,如果我们精确称量木头、灰烬、烟雾和其他反应过程的副产品时,就会发现,有一小部分质量消失了,转变为能量,不过这部分质量非常微小,极不容易发现。

爱因斯坦的发现还解答了一个长期悬而未决的问题。在 19 世纪,物理学家一直为恒星为何能长期燃烧而困惑。现在明白了,恒星之火是以它的巨大质量为燃料的,而地球上能量的来源只是其中的一点点。

$E = mc^2$,这个公式简洁而优美,却包含着自然界的根本奥秘和人类的永恒希望。

038 崭新的引力理论——广义相对论漫谈之一

爱因斯坦建立狭义相对论以后并没有止步于此。他认为狭义相对论还有许多问题没有解决。例如，为什么惯性坐标系在物理学中比其他坐标系更优越？为什么惯性质量随能量变化？为什么一切物体在引力场中下落都具有相同的加速度？

狭义相对论是基于惯性系（即牛顿惯性定律成立的参考系）的两个基本原理建立的，然而在这个宇宙中并不存在一个真正的惯性系。地球在自转，自转引起的加速度为 3.4×10^{-2} m/s²，地球还在绕太阳公转，公转引起的加速度为 3.0×10^{-10} m/s²。由于引力存在的普遍性，宇宙中的物质若不相互相对转动，那么迟早会被吸引到一起（除非存在其他抗拒引力的因素），因此要保持宇宙物质间的稳定，它们必定要相互相对转动以抗衡引力作用，即有向心加速度。这意味着，宇宙中不存在一个严格意义上的惯性系，只能存在近似的惯性系，因此有必要建立一个在非惯性系中也成立的理论。

在狭义相对论建立之前，人们觉得存在一个特殊的惯性系（"以太"参考系），在此惯性系下电磁理论成立。狭义相对论的建立排除了这种特殊地位的惯性系。爱因斯坦坚信世界的统一性，认为惯性系也不应具有特殊的地位，因此他在 1916 年建立了以广义相对性原理和等效原理为基础的广义相对论。

早在伽利略时代，人们就掌握了这样一个基本事实，即一切物体在自由下落时具有相同的加速度，由牛顿第二定律和万有引力定律，有

$$m_{惯} \cdot a = m_{引} \cdot \frac{GM}{R^2}$$

式中，$m_{惯}$ 和 $m_{引}$ 分别为物体的惯性质量和引力质量；M 和 R 为地球的引力质量和半径；G 为引力常量，由上式可得

$$\frac{m_{引}}{m_{惯}} = \frac{R^2}{GM} \cdot a$$

既然 a 都相等，只要选取适当的单位，"自然"有：$m_{引} = m_{惯}$。

匈牙利物理学家厄缶（B. Eödvös, 1848—1919），从 1889 年开始，用了近 30 年时间反复验证 $m_{引} = m_{惯}$，他用的是极其灵敏的扭秤，确定二者偏差不超过 10^{-8}。类似的实验直到 20 世纪晚期仍有人在做，由于实验精度大大提高，其结

果表明二者的确相等。

这个事实,几百年来一直被人们当成一个基本事实接受,大家并不认为其中存在什么理论需要探讨,所以也从未有人提出过任何理论解释的尝试。爱因斯坦是第一个从加速度的等同性看到某种重要启示的人,这个事实,后来成了广义相对论的重要依据。

爱因斯坦 1922 年回忆创建广义相对论的过程时说:"有一天,突破口突然找到了。当时我正坐在伯尔尼专利局办公室里,脑子里突然闪现了一个念头,即如果一个人正在自由下落,他绝不会感到他有重量。我吃了一惊,这个简单的思想实验给我的印象太深了,它把我引向了引力理论。我继续想下去,下落的人正在做加速运动,可是在这个加速参考系中,他有什么感觉? 他如何判断面前所发生的事情?"

1933 年,在《广义相对论的来源》一文中,爱因斯坦写道:"在引力场中一切物体都具有同一加速度,这条定律也可以表述为惯性质量与引力质量相等的定律,它当时就使我认识到它的全部重要性。我为它的存在感到极为惊奇,并猜想其中必定有一把可以更加深入地了解惯性和引力的钥匙。"

爱因斯坦在设法了解重力和加速度,即均匀引力场和匀加速参考系之间的关系时,设想了一个著名的思想实验——电梯实验。一个人站在静止的电梯中,会受到重力,这时若有一串钥匙掉出,它将以重力加速度 g 自由下落,我们认为原因是地球的引力。设想所乘的电梯挂在加速"向上"飞行的航天器进入太空,那里万有引力几乎为零,而航天器的加速度恰好等于 g,这时你松开手中的钥匙串,它也必将加速"向下落去",因为根据惯性定律,钥匙在不受外力作用的情况下,将做匀速直线运动,然而地板却向它加速"飞来",若电梯完全封闭,你将以为是钥匙在自由下落。也就是说,无论你是在地面上处于静止的电梯中,还是在外层空间正在以 g 加速的航天器中,你的感觉是一样的,你不能区分加速体系与引力的效应。

爱因斯坦由此得出他的广义相对论的第一个基本原理——等效原理:匀加速参考系与均匀引力场中静止的参考系等效。

等效原理的确立,否定了惯性系的特殊优越地位,这样就使相对性原理的进一步推广成为一种逻辑的必然。要使这个世界是可认识的,必定要求所有的自然规律都应满足这推广了的相对性原理,即第二个基本原理——广义相对性原理:自然规律对于任何参考系而言都应具有相同的数学形式。

爱因斯坦从上述两个基本原理出发,建立起了广义相对论,用了整整十年时间,其中一个重要原因是阐述引力需要引入新的数学工具——黎曼几何,比起传统的数学工具来说,这要复杂得多。

 # 039 说说引力场方程——广义相对论漫谈之二

自从提出等效原理和广义相对性原理,爱因斯坦认识到在加速运动的参考系中,需要一个新引力场,这为建立广义相对论奠定了思想基础,但离广义相对论理论体系的建立,还有很大的距离。其中主要是数学问题,需要突破许多传统的科学观念。

首先,要弄清物理世界与几何学的关系。爱因斯坦认为:"二者是密切相连的,几何学有着数学科学的特点,因为由公理推导出定理,首先是纯粹的逻辑问题;但它又是物理科学,因为它的公理本身就包含着关于自然界客体的论断,这些论断的正确性只有通过实验才可以证明。"爱因斯坦坚持这一观点并应用于广义相对论,从而第一次提出了时空度规与引力相联系的思想,并将几何学与引力论融合成为一个整体的广义相对论,他认为"没有这种观点,实际上就不可能达到广义相对论"。

其次,要找到合适的数学工具满足广义相对论的数学要求,爱因斯坦带着这个问题,于1912年去找他的老同学——苏黎世工业大学的数学教授格罗斯曼(M. Grossmann,1878—1936),这立即引起了格罗斯曼的强烈兴趣。在格罗斯曼的帮助下,爱因斯坦找到了这种适用的数学工具,这就是半个多世纪前由德国数学家高斯(C. F. Gauss,1777—1855)和黎曼(B. Riemann,1826—1866)建立的曲面几何学,以及后来里奇(G. Ricci,1853—1925)和他的学生勒维-契维塔(T. Levi-Civite,1873—1941)发展起来的张量分析。

用了七年多的时间,经过多次的失败与探索,到了1915年年底,爱因斯坦终于找到了自己认为满意的引力场方程。最后的结果是这样的:

$$R_{\mu\nu} = -8\pi G\left(T_{\mu\nu} - \frac{1}{2}g_{\mu\nu}T\right)$$

式中,G 为万有引力常量;$g_{\mu\nu}$ 为度规张量;$R_{\mu\nu}$ 为里奇张量,是描写时空几何性质的量;$T_{\mu\nu}$ 为物质的能量动量张量;T 为 $T_{\mu\nu}$ 的标量,它是描写物理性质的物理量；$\frac{1}{2}\boldsymbol{g}_{\mu\nu}$ 这一项是为了保证在狭义相对论中已得到满足的能量、动量、张量守恒定律。

爱因斯坦建立广义相对论之后，得到了许多奇妙的结论。

他首先设计了一个理想旋转圆盘，如图 039-1 所示。

结论一：引力大处，时钟走得慢。

设想在外层空间中的圆盘绕垂直盘面的中心轴高速旋转，圆盘上除中心 O 点以外的任何一点，都会感受到一个离心力 $m\omega^2 r$ 的作用。盘上各点相对盘静止，它们仅感受到一个离开圆心的"引力"作用。根据等效原理，除 O 点无引力外，其他各点离 O 越远，"引力"越大。在 A 点附近，取一小区域，由于在此小区域内狭义相对论仍成立，因此速度大的点，时钟走得慢。这表明引力大的点，时钟走得慢。地球表面引力比月球大，因此地球表面的时钟（包括生物钟、物理钟）比在月球走得慢。这意味着一个人在不考虑其他所有因素的情况下，在地球生活的寿命比在月球要长 10^{-9}，假如一个人在月球上的寿命是 100 岁，他在地球上要多活 3 s，真是微乎其微。

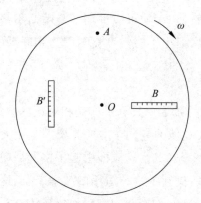

图 039-1　爱因斯坦理想旋转圆盘

结论二：引力导致空间弯曲。

依然如图 039-1 所示，尺 B 沿圆盘径向放置，尺 B' 沿切向放置。由于尺 B 垂直于运动方向，没有相对速度，因此长度不变。而 B' 平行于运动方向，根据狭义相对论的结论，长度要收缩。于是我们发现，圆盘的半径不收缩，而任一圆环的周长都会收缩，并且半径越大的圆环（离盘心 O 越远），由于速度越大，收缩的比例也就越大。因此，原本平直的圆盘在高速转动后，会弯曲成帽子状。根据等效原理，这就表示引力会导致空间弯曲，引力越大，空间弯曲越厉害。

时空弯曲是客观真实存在的事实,是大范围效应。例如,在局部看来是平行的南北方向的两条经线,到了极点(南极或北极)就会相交。这意味着,在一个大苹果表面沿"平行线"爬行的虫子,最终相遇了。1919 年,爱因斯坦 9 岁的儿子爱德华问他:"爸爸,你到底为什么这样出名?"爱因斯坦笑了起来,对儿子解释说:"你看见没有,当失去视觉的甲虫沿着球面爬行时,它没发现它爬过的路径是弯的,而我有幸地发现了这一点。"

 # 040 实验验证(1)——广义相对论漫谈之三

在广义相对论建立之初,爱因斯坦提出了三项实验检验:水星近日点的进动、光线在引力场中的弯曲、光谱线的引力红移。其中,只有水星近日点进动是当时已经确认的事实,其余两项是后来才陆续得到证实的。20 世纪 60 年代以后,又有人提出观测雷达回波延迟、引力波等方案。

1. 水星近日点进动

万有引力定律对天体运动的解释获得极大的成功,但对于一些行星运行的长期微小变化,仍然不能做出很好的解释,如水星近日点的进动。

天文观测证实,水星近日点相对于空间某固定方位不断缓慢地变化,它每绕日运动一周,其轨道长轴方向要转过一个角度,这个现象称为水星近日点进动(图 040-1)。根据 1947 年天文观察的数值,这种进动每百年转过 $5599.74'' \pm 0.41''$。人们利用牛顿力学计算得到,由于非惯性效应产生的进动为 $5025.62'' \pm 0.50''$,由于其他行星引力摄动的进动为 $531.54'' \pm 0.68''$。这样,还剩有 $42.58'' \pm 0.94''$ 的进动得不到解释。

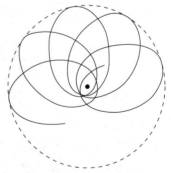

图 040-1　水星椭圆轨道的进动

爱因斯坦根据广义相对论,把行星绕日运动当作在太阳引力场(弯曲空间)中的短程运动,计算出结果为每百年 $43.03''$,与观测数据基本符合(1975 年测得为 $41.4'' \pm 0.9''$)。爱因斯坦高兴地宣布:"我找到了这种最彻底和最完全的相对论的一个重要证明。"

2.光线在引力场中的偏转

早在 1801 年,德国物理学家索尔德纳(J. von Soldner,1776—1883)根据牛顿的微粒说,曾计算出光微粒经过太阳附近,受到太阳引力作用的偏转角为 0.78″。后来,这一结论由于光的波动说的胜利而被人遗忘。

爱因斯坦 1911 年在《关于引力对光传播的影响》的论文中,运用等效原理,对远处恒星光线绕过太阳附近时的弯曲效应进行了计算,由于他当时还未建立起引力场满足的方程,计算结果是 0.83″。他向科学界建议:"由于在日全食时,可以看到太阳附近天空的恒星,理论上这一结果可以用经验进行比较……迫切希望天文学家检验引力场对光传播的影响。"1914 年,德国天文学家弗伦德里希(E. Freundlich,1885—1964)曾带领一个观察队赴俄国的克里木半岛,打算在 8 月发生日全食时进行观察以检验之。恰好这年 8 月 1 日爆发了第一次世界大战,致使这次观察未能进行。这对于相对论结论的检验反倒成了好事。因为爱因斯坦 1911 年的计算值为 0.83″,实为正确值的一半。他在 1916 年由广义相对论的引力方程算出的数值为 1.75″,他解释说:"这个偏转一半是由于太阳的引力场造成的,另一半是太阳导致的空间几何形变(空间'弯曲')造成的。"(图 040-2)

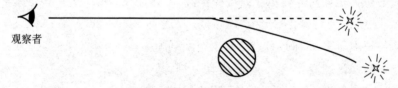

观察者

图 040-2　当太阳出现在星体与地球之间时,星光就会发生弯曲

这个结果立即引起了人们极大的兴趣。1918 年,战争还在继续,英国皇家学会和天文学会为在 1919 年 5 月 29 日发生的日食进行观测做准备。他们克服种种困难,派出了两个远征观测队:一个到巴西的索布腊尔,一个到西非几内亚湾的普林西比岛。著名天文学家爱丁顿(A. Eddington,1882—1944)亲自率领赴西非的观测队。他回忆当时的测量情况说:"存在着三种可能,如果一点偏转都没有,那就意味着光线不受引力作用;假如出现'半偏转',那就意味着光线如牛顿所假设的那样受引力作用;要是得到全偏转,那就证实了爱因斯坦的理论而非牛顿定律。""日食之后三天,在运算进行到最后几行时,我知道爱因斯坦

的理论经受住了考验,科学思想的新观点胜利了。"1919 年 11 月 6 日,公布了两处的观测结果。普林西比岛的结果为 $1.61''\pm0.30''$,索布腊尔的结果为 $1.98''\pm0.12''$。天文观测证实了广义相对论的理论预言。

 实验验证(2)——广义相对论漫谈之四

前两个检验广义相对论的实验:水星近日点进动和光线在引力场中的偏转,在建立广义相对论引力理论后不久即得到了令人满意的证实,而后的检验实验,相比之下实现起来则困难得多。

1. 光谱线的引力红移

这个效应说,当光在引力场中传播时,它的频率或波长会发生变化。一个在太阳表面的氢原子发射的光,到达地球时,我们将发现它的频率比地球上氢原子发射的光频率要低一点,即发生了红移(在可见光中,红光频率最低,所以常把频率降低的现象叫作红移;反之叫作紫移,指频率升高)。这是因为太阳表面上的引力场比地球上的强,如果有人在太阳表面去接收从地球上发出的光,他会发现频率都要变高,即发生了紫移。

总之,当光从引力场强大的地方传播到引力场弱的地方时,观察者在引力场弱的地方观察到光的频率都要变低些,即波长要变大些,发生红移;在相反的情况下,频率要变高些,波长要变小些,发生紫移。

实际上这个偏移的量非常小。例如,对太阳而言,频率的偏移量只有百万分之二,即 2×10^{-6},地球表面的值则更小。天文学家在 1919 年及 1923 年曾经试图观测太阳上氢和铁的谱线偏移量,但由于没得到重复观测结果,未能得出结论。1924 年,美国天文学家亚当斯(W. Adams,1876—1956)通过对天狼星的密度很大的伴星的观测得到相对频移为 6.6×10^{-5},这个数值同理论预言值 5.6×10^{-5} 基本相符。更好的测量结果在 1960 年,哈佛大学的天文学家发现,铁的 γ 射线在太阳上的频谱宽度只有 5×10^{-13} 数量级,而测量的量只为此宽度的 1%,结果测得比地球上铁的 γ 射线的频谱宽度偏移了 5.1×10^{-15} 数量级,与相对论计算的 4.9×10^{-15} 数量级只差约 4%,符合程度很好。

1958 年，德国青年物理学家穆斯堡尔（R. L. Mössbauer，1929—2011）发现了所谓"穆斯堡尔效应"。这是核物理中一种分辨率极高的精密测量技术，利用 γ 射线的无反冲共振吸收效应，能测量极其微小的频率差。这是广义相对论三个"判决性"实验中唯一可以在地面实验室进行的实验。

1960 年，庞德（Pound）等在一座 22.6 m 高塔的底部放一个 ^{57}Co 的 γ 光源，在塔顶放一个 ^{57}Fe 的接收器。这种穆斯堡尔实验装置的频率稳定性可以高达 10^{-12}。这时当 ^{57}Co 所发射的 γ 射线到达顶部时，将发生一微小的红移。他们的测量结果与理论预言非常一致。

2. 雷达回波的延迟

在爱因斯坦建立广义相对论后的 50 年间，基本上只有以上这"三大验证"。直到 1964 年，美国物理学家谢皮洛（还记得他吗？发现澡盆漩涡方向的那位）等才提出了"第四验证"——雷达回波的延迟，经过数年努力获得成功。

谢皮洛从地球上利用雷达发射一束电磁波脉冲，这些电磁波到达其他行星后，将发生反射，再回到地球，被雷达接收。我们可以测出来回一次的时间，并对比两种不同的情况：一种是电波来回的路程远离太阳，这时太阳的影响可以不计；另一种是电波来回的路程要经过太阳附近，受到引力场的作用。后一种情况的回波要比前者延迟一些，这就是太阳引力场造成的传播时间的加长，叫作雷达回波的延迟。例如，地球与水星之间的雷达回波最大延迟时间可达 240 μs。为了避免由于行星表面的复杂因素的影响，也有人用人造天体作为雷达信号的反射靶进行实验。

在 20 世纪六七十年代用射电天文望远镜测地球与水星、金星间信号延迟，观测值与理论值的相对误差在 10% 之内；通过人造卫星（水手 6 号、水手 7 号）所做的实验得出，观测值＝理论值。

在否定了牛顿的时空和引力理论之后，要设计出能解释"四大验证"的方案可能会有其他的理论出现。但是在各种方案中，广义相对论处于优越的地位。苏联著名物理学家、诺贝尔奖得主朗道（Л. Ландау，1908—1968）说过："在现有的物理理论中，它也许是最优美的。突出之处是爱因斯坦用纯推导的方法建立了这个理论，以后才被天文观测所证实。"

042 "最少的电"是多少——基本电荷的测定

在电子被发现之后,科学家们的下一个目标就是要确定电子的电荷量。它首先是由 J. J. 汤姆孙和他的研究生汤森德(J. Townsend)、威尔逊(C. T. R. Wilson,1869—1959)等在卡文迪许实验室的一系列实验中测量的。一个重要的测量方法是威尔逊发明的。威尔逊发现,在湿润空气中的离子,通过尘埃微粒起作用,可以引起水滴生长。这一现象导致了威尔逊云室的发明。在云室里,当潮湿的空气突然膨胀时,运动着的带电离子就产生一条条可以看得见的水珠径迹。事实上,水滴可以围绕单个离子形成小水珠,测量了这些水珠的质荷比之后再测出水珠的质量,就可以测出离子的电荷值,从而计算出电子的电荷量。

他们几人所用的测量方法大同小异,所得电子电荷量的结果也都在 1.1×10^{-19} C 左右。无论精确性如何,至少有一点不能令人满意,他们都是从多个离子的测量中,做了统计平均之后而计算出电子的电荷值的。

在芝加哥大学任教的美国物理学家密立根(Robert A. Millikan,1868—1953)在 1908 年和 1909 年发表了几篇论文,也是通过测水滴得出电子电荷的,只是量值比汤姆孙等的结果多 15%～30%。1909 年 8 月,密立根出席了美国科学促进会在加拿大温尼伯市召开的年会。在这次会议上,数学物理分会的主席卢瑟福提到了电子电荷实验,并且赞扬了密立根的工作。不过,卢瑟福不无遗憾地说,还没有哪种电学或光学方法能直接测得单个电子的电荷,就像测 α 粒子那样。卢瑟福的一席话,使密立根很激动。他更确切地得知自己的研究项目是物理学最前沿的课题,也是亟待解决的问题。就在从加拿大返回芝加哥的火车上,他突发灵感,想到了一个根本性的改进,用油滴取代水滴。

密立根一回到芝加哥,立刻着手实现他在归途中的设想。他不用从潮湿空气中凝结的水滴,而采用矿物油滴(所谓"最高级的钟表油"),将其用喷雾器喷入特制的空气电容器。这样就减少了液滴表面的蒸发,因此在实验过程中能保持液滴的质量不变。更重要的是,改用油滴实验后,密立根发现此时他能观察单个油滴而不是一团云雾。当垂直电场接通和去掉时,能跟踪油滴的运动,观察它飘上飘下往复多次的情形。对于油滴接连不断地上升和下降,每次都可以从其上下的速度推算出油滴的电荷值。

通过多次重复油滴实验,密立根得到电子电荷的平均值是 $1.592×10^{-19}$ C,实验上的不确定度约为 $3×10^{-3}$。这比当时电子电荷的所有直接测量值或间接测量值都精确得多(目前最精确的值是 $1.602\,176\,6×10^{-19}$ C)。更重要的是,这种跟踪油滴多次上升和下降的测量方法,使人能观察到油滴获得或失去数目极少的电子,有时甚至是 1 个。汤姆孙等的测量,实际上只能确定水汽云雾中液滴的离子电荷的平均值,这就留下了一种可能性,即单个离子或单个电子的电荷值可以处在相当大的一个范围内。而在密立根的实验里,排除了这种大范围的可能性。每当油滴获得或失去电荷时,在百分之一左右的精度内它总是同一基本电荷的整数倍。有了电子的电荷值之后,就可以计算其他原子参量。例如,从已知的电子的质荷比(约为 $0.568×10^{-11}$ kg/C),可以算出电子的质量(约为 $9×10^{-31}$ kg)。密立根的历史功绩,就在于以巧妙的方法和确凿的数据证实了基本电荷的存在,揭示了电荷量子化的概念。也就是说,有一个最小的电荷量,其余所有的电荷都是它的整数倍。这个极其重要的概念,经过现代物理学的严格检验,被证明是完全正确的。

密立根的另一项重要工作是对光电效应的研究,这也是个第一流的实验工作。他通过测量光电效应中发射的电子的能量,证实了爱因斯坦为解释这一效应而提出的光量子理论,即证实了光是一份一份地以量子形式出现的,每个量子的能量正比于光的频率。光量子理论从此时起,才被物理学界所承认。

密立根因此荣获 1923 年诺贝尔物理学奖,他的油滴实验也成为物理学十分重要的实验之一。

043 能量居然不连续——古怪的量子

19 世纪与 20 世纪之交物理学的第二朵乌云——黑体辐射的"紫外灾难",暴露出经典物理学理论的重大缺陷,重大缺陷的出现往往意味着即将有重大突破。

在这个问题上最先取得的突破是由德国著名物理学家普朗克于 1900 年作出的。

柏林大学理论物理学教授普朗克为了给陷入困境的黑体辐射理论找一条

出路,以无比的毅力和忘我的激情投入这项研究,经历了一次又一次的失败后,终于有了收获。

普朗克

1900 年 10 月,普朗克根据实验资料和理论推导中积累的经验,凑出来一个辐射公式。这个公式不但与实验曲线高度符合,而且能把维恩公式和瑞利-金斯公式衔接起来。当波长较短时,它回到维恩公式;当波长较长时,它可以近似得到瑞利-金斯公式,而且避免了"紫外灾难"。

普朗克公式写成现在的形式就是

$$\rho(\nu, T) = \frac{8\pi h\nu^3}{c^3} \cdot \frac{1}{e^{h\nu/kT} - 1}$$

普朗克虽然很快就向德国物理学会报告了这个公式,但他无法向人们解释公式的物理意义,说不清公式中一些量值究竟是怎么回事。普朗克想从物理学一些基本理论推导他的公式,但怎么也推不出来。普朗克试着从公式角度出发往回反推,反推到最后,他终于发现了一个不同寻常的东西。原来,在他的公式中隐含着一个古怪的假设,即量子化假设,它要求黑体辐射的能量不能取连续的值,且必须是一份一份的,每一份都是某个最小能量单元的整数倍。普朗克将这种最小能量单元称为能量子,简称量子。他发现,辐射能量子的能量与辐射频率 ν 成正比。即

$$\varepsilon = h\nu$$

式中,h 为比例常量,即普朗克常量。经过紧张的八周工作之后,在德国物理学会的圣诞会(1900 年 12 月 24 日)上,普朗克宣读了题为《关于正常光谱的能量分布定律》的论文。

在论文中普朗克强调指出:"我们采取这种看法——并且这是整个计算中最主要的一点——认为 E(组成黑体腔壁的谐振子的能量)是由一些为数完全确定的、有限而又相等的能量子组成的,而对于这个有限而又相等的部分,我们应用了自然常量 $h = 6.55 \times 10^{-27}$ erg·s(erg,尔格,也是个能量单位,已废除。1 erg = 10^{-7} J)。"

这一天——1900 年 12 月 24 日,被认为是量子论的诞生之日。

普朗克的能量量子化假设,不仅是对经典物理学的改造,也是一次革命,因为它大胆地抛弃了经典物理学中的能量连续变化的旧观念。只有利用了这一假设,才能对微观世界所特有的跳跃式的变化规律在理论上给以阐明的可能

性。后来的事实证明,随着普朗克量子概念的提出,物理学理论发生了巨大的变革,从而揭示了微观世界的奇特本质。

然而无论如何,这个量子化假设使普朗克本人也大为惊讶。光和热的能量居然不是理所当然地像水一样连续流淌(当然事实上这个观念也有问题),而是像连珠炮间断地发射。普朗克也深深地感到事情非同小可。有一次在柏林郊外散步时,他情不自禁地对年仅六岁的儿子埃尔温说,如果世界真像他想的那样,那么,他的发现会同牛顿的发现一样重要。

但是,这一崭新的能量量子化的概念过于标新立异,当时几乎所有的物理学家仅仅接受了普朗克的辐射公式,而不接受这个理论基础,反对者也甚众。普朗克本人也为采取这个"完全是孤注一掷的行动"长期感到惴惴不安,他多次试图退回到经典物理学的"力学量是连续变化的"这一旧概念。1910 年,普朗克曾丢弃了辐射的吸收过程中必须量子化的假设;到了 1914 年,普朗克彻底沉不住气了,将辐射的发射过程必须是量子的假设也丢弃了。

科学界对量子假说和普朗克公式并不十分重视。1908 年,德国的《自然科学和技术史手册》(第二版)中详尽地列举了 1900 年全世界 120 项重大发现、发明,然而没有提到普朗克的名字。回头看,这真是"拣了一堆芝麻而唯独没看见西瓜"。

首先认识到量子概念的重要性并对其发展起了巨大作用的是年轻的爱因斯坦。

044 又问光是什么——波粒二象性

我们记得,19 世纪末至 20 世纪初,大量的科学事实及麦克斯韦等的辉煌理论给光的波动说奠定了坚实的基础,只有一个现象用波动说却无法解释,这就是光电效应。

光电效应是赫兹在 1887 年最早发现的。值得一提的是,这一效应是赫兹在做证实麦克斯韦理论的火花放电实验中发现的,而这一发现又成了后来作为突破麦克斯韦电磁理论的一个重要证据。当赫兹在进行火花放电实验时,他无意中注意到,如果接受电磁波的电极之一受到紫外线照射,火花放电就变得容易发生。当电子被发现后,在 1902 年 P. 勒纳德证实了这是由于紫外光的照射使电子从金属表面逸出而造成的。

勒纳德对这一现象进行了系统的实验研究,发现与黑体辐射实验一样,这一实验现象也无法用经典物理理论解释。

从经典的光的电磁波理论来看,应该得出这样三个结论:

(1) 只要光足够强,任何波长或频率的光都能打出电子来;

(2) 光照射大约 1 ms 后才能打出电子;

(3) 被打出的电子的能量只与光的强度有关而与波长无关。

但是,这三个结论都与实验观察的结果大相径庭。实验发现:

(1) 只有波长小于一定值的光(如紫外光)才有可能打出电子,否则光强再大也不行;

(2) 只要所用光波长合适,一经照射即能打出电子,所用时间很短,小于 10^{-9} s;

(3) 被打出的电子的动能只随光的波长而改变,与光的强度无关。

这些实验规律被爱因斯坦利用他所提出的光量子假设极其清晰地说明了。

在 1905 年发表的《关于光的产生和转化的一个试探性观点》的论文中,爱因斯坦认为,光是由粒子组成的,以光速运动并具有能量和动量的粒子就是光子,或者叫光量子。根据他在同一年发表的狭义相对论,以光速运动的物体,静止质量为零,所以光子是没有静止质量的。射向金属表面的光,实质上就是具有能量为 $\varepsilon = h\nu$ 的光子流,h 是普朗克常量,ν 是光的频率。如果照射光的频率过低,即光子流中每个光子的能量较小,当它照射到金属表面时,电子吸收了这一光子,所能增加的能量 $\varepsilon = h\nu$ 仍然小于电子脱离金属表面所需要的逸出功,电子就不能脱离金属表面,当然不能产生光电效应。如果照射光的频率增高到能使电子吸收其能量后足以克服逸出功而脱离金属表面,即产生光电效应。此时照射光的能量 $h\nu$ 转换成电子脱离金属表面的逸出功 $W_{逸}$ 和电子的动能 $\frac{1}{2}mv^2$,即 $h\nu = W_{逸} + \frac{1}{2}mv^2$,称为爱因斯坦的光电方程。

在爱因斯坦的描述下,我们可以得到这样一种印象:光似乎是"光子雨",光的颜色(频率)反映出"雨"的力量(能量)。雨雾茫茫,宛如烟波;雨珠点点,恰似颗粒。看来光具有波粒二象性,它既是波,又是粒子。

爱因斯坦的光量子假说,不是简单地回到牛顿的微粒说,也没有否定波动说。他在 1909 年说过:"在理论物理的下一阶段,将会出现一种关于光的理论,这一理论可以看作是波动说和微粒说的融合,我们关于光的本性和光的结构的看法有一个深刻的改变将是不可避免的了。"

爱因斯坦第一次提出了光的波粒二象性的概念,这也首次深刻地揭示了微观客体的波动性和粒子性的对立统一。

光量子理论虽然很清晰、成功地解释了光电效应,但当时它并没有得到物理学家的普遍承认。人们认为这种改头换面的粒子说与麦克斯韦电磁理论相抵触,是奇谈怪论。连普朗克都认为"这太过分了"。1913 年普朗克等在提名爱因斯坦为普鲁士科学院会员时,高度评价爱因斯坦的成就,同时又说:"有时,他可能在他的思索中失去目标,如他的光量子假设……"

密立根最初也不相信光的量子理论。他从 1905 年开始进行"光电效应"实验,本想用实验否定光的量子理论。到了 1914 年,密立根设计了非常精确且可靠的实验,其结果非常漂亮地验证了爱因斯坦光电效应方程,求出普朗克常量 h 的值,且与普朗克 1900 年从黑体辐射公式求出的值极其符合。1915 年密立根宣布:"结果和我所有的预期完全相反。"

有了密立根的精确可靠的实验,爱因斯坦的理论便建立在了"比金字塔还要牢固、还要持久的基础之上"。爱因斯坦"由于他在理论物理方面的贡献和发现了光电效应定律"获得 1921 年诺贝尔物理学奖。

045 最伟大的物理学家——爱因斯坦

2000 年年初,美国物理研究所的《物理世界》杂志举行了一次评选活动,在 100 名著名物理学家中评选 10 名"最伟大的物理学家"。爱因斯坦首当其选,排名第一,以下依次为牛顿、麦克斯韦、玻尔、海森伯、伽利略、费恩曼、狄拉克、薛定谔和卢瑟福。

爱因斯坦不愧是"伟大"之中的"伟大"。在物理学发展历史上最重要、最深刻的革命时期,他生逢其时,时势造英雄,英雄亦造时势,在充分汲取前人科学研究的积极成果的基础上,他以惊人的洞察力、巨大的创造性、深邃的思想和杰出的研究方法,在他涉及的物理学的各个领域都做出了巨大的贡献,科学史家谓之"当代物理学中几乎没有什么概念不是源于他的著作的"。

1879 年 3 月 14 日,爱因斯坦出生于德国乌尔姆的一个犹太人家庭。他小时候并不是一个聪颖过人的孩子,甚至直到三岁,说话还不太利落,有一段时期还对学校教育表现出极大的厌恶。他 1900 年毕业于瑞士苏黎世联邦工业大学,1901 年入瑞士国籍,毕业两年后才在伯尔尼瑞士专利局找到技术员的工作。但就在那里,真金终于大放光芒,他于 1905 年的几个月间,一连发表了几篇极其重要的论文。

爱因斯坦的第一篇论文是关于分子的热运动——布朗运动的,这篇论文不仅从理论上将其完全解决,还提出了测定分子大小的新方法。当时关于分子的存在及其热运动,还是个有争议的问题。三年后,德国物理学家佩兰(J. Perrin,1870—1942)从实验上证实了爱因斯坦的理论预测,同年,爱因斯坦本人以此文获慕尼黑大学博士学位。

第二篇论文解释了光电效应。爱因斯坦小心翼翼地把普朗克的量子概念扩充到辐射的发射、吸收和传播,提出了光量子假说。对于这一新观念,当时只有少数人支持,遭到了几乎所有老一辈物理学家的反对,包括普朗克本人直到 1913 年还表示反对。1906 年,爱因斯坦在《论光的产生和吸收》中又把量子概念扩大到物体内部粒子的振动,解决了低温时固体的比热与温度变化的关系问题。1916 年,他又发表了一篇综合量子论发展成就的论文。文中提出了受激辐射的概念,为后来 20 世纪 60 年代激光技术的发展奠定了理论基础。1924 年,L. 德布罗意(Louis-de Broglie,1892—1987)的物质波概念刚提出,他就和玻色(S. N. Bose,1894—1974)一起建立了量子统计理论中的玻色-爱因斯坦凝聚。这些贡献,使他成为量子论的先驱者之一,爱因斯坦获 1921 年诺贝尔物理学奖是由于他的光量子说获得的,而并非他的最伟大之作——相对论。

后几篇论文是关于相对论的。相对论理论彻底改变了人类的时空观。1910 年,普朗克曾预言:"如果像我所预料的那样,它被证明是正确的,那么爱因斯坦将被看成为 20 世纪的哥白尼。"

1909 年,爱因斯坦由于接受了苏黎世大学的教席而辞去了专利局的工作,接着又到了布拉格的日耳曼大学,后来又去了苏黎世工学院。1913 年,普朗克到苏黎世拜访了爱因斯坦,请他出任柏林的威廉皇帝物理研究所所长。这使他可以和包括普朗克在内的那个时代最优秀的物理学家一起工作。1915—1916 年,爱因斯坦在柏林完成了他最伟大的工作——广义相对论。

在爱丁顿证实广义相对论的预言是正确的后几年里,爱因斯坦的社会声誉日增。也就在同一时期,物理学本身也在大踏步前进。20 世纪 20 年代,现代物理学的另一重要支柱,研究原子现象的量子力学诞生了。爱因斯坦却不接受它,那并非因为量子力学不正确(事实上与实验是一致的),而是爱因斯坦认为量子力学对物理描述的不完备性否定了世界的客观性和决定论。他与量子力学的领袖人物玻尔(N. Bohr,1885—1962)进行了一场大论战。在 20 世纪二三十年代,新一代物理学家涌现出来,他们接受了量子力学并成功地加以应用,取得了一系列重要的成果,原子核物理学作为一门新兴学科也诞生了。爱因斯坦与这些进展关系不大,他认为量子论可能只是统一场论的一个结果。

1933 年,身为犹太人的爱因斯坦受到纳粹政权的迫害,迁居美国,任普林斯顿高级研究所教授,1940 年加入美国国籍。1926 年以后,爱因斯坦踏上统一场论的漫漫征途,物理史家认为他无法抵御广义相对论的优美和观念的力量,失去了创造性的物理直觉,很多人甚至认为爱因斯坦浪费了他的后半生。然而科学的发展证实了这位巨人后期所作的工作超前了半个多世纪。

爱因斯坦一生不懈地探索真理,为科学的发展做出了划时代的贡献,他勇敢地捍卫和平,以色列建国时曾公推他为第一任总统,遭他婉拒;他执着地追求科学和艺术的美,他认为物理学公式的数学美是至高无上的原则,事实上他所建立的公式都是简洁而优美的,尤其以 $E = mc^2$ 为最。

爱因斯坦还是一位演奏水平相当不错的小提琴业余玩家,据说常与普朗克(给他弹钢琴伴奏)在科学家聚集的沙龙上表演。

爱因斯坦真是集人类精神文明真、善、美于一身的千古奇人。

046 原子中别有洞天——玻尔模型(一)

自从 1897 年 J. J. 汤姆孙发现电子以后,物理学家立即开始了建立各种原子结构模型的尝试。由于原子是中性的,而电子是带负电的,表明原子中还有与电子等量的正电荷。因此,所谓原子模型,就是要解决正电荷的性质,正、负电荷的分布、相互作用,以及原子的稳定性、周期性、光谱和放射性等问题。

关于原子模型,其中有 1902—1903 年间勒让德的动力子模型,认为原子中漂浮着许多中性"刚性配偶体";有 1904 年长冈半太郎(1865—1950)提出的土星型模型,已经认为原子内有个中心了;影响最大,科学意义也最大,但今天看来也有点可笑的是J.J.汤姆孙在1904年提出的"面包葡萄干模型",他认为正电荷部分像面包一样均匀分布,而电子则像葡萄干一样嵌在其中。J.J.汤姆孙模型的重要意义在于:它指出了原子内部是有结构的,打破了原子内部带正负电荷的物体对称的概念,标志着原子科学的一个新时代的开始。因此人们后来称他是"一位最先打开通向基本粒子物理学大门的伟人"。

更有科学价值的是卢瑟福的行星模型。

卢瑟福是J.J.汤姆孙的学生,他本来是相信他老师的模型的,为了验证汤姆孙模型的正确性,他进行了α粒子的大角度散射实验。1909年,他在实验中发现了意想不到的事实,α粒子产生的大角度散射的百分比比根据J.J.汤姆孙模型中计算得到的大得多。实验测得的散射角大于90°的散射比例是1/8000;而根据J.J.汤姆孙模型算出的结果却小得多,应该是$1/10^{3500}$。这一结果使得当时习惯用汤姆孙模型思考的物理学家大为惊讶。

卢瑟福根据α粒子大角度散射的实验结果判定,原子内部的正电荷必定集中在中心位置。只有这样,才能解释为什么比电子质量大几千倍的带正电荷的α粒子会以很大的概率被原子反弹。卢瑟福的结论是:"一切原子都有一个核,其半径小于10^{-14} m,原子核带正电,原子的半径为10^{-10} m,电子的位置必须扩展到以核为中心,以10^{-10} m为半径的球内或球面上;为了构成平衡,电子必须像行星一样绕核旋转着。"

然而,卢瑟福的有核模型与经典物理学的理论存在根本矛盾。从麦克斯韦的经典电磁理论来看,如果正电荷集中在原子中心,带负电的电子就不能稳定地在原子的外层轨道上运动。在这种情况下,电子在绕中心运动时就应该产生光辐射、消耗能量,从而缩短其旋转周期,其旋转轨道就会越来越小。于是在经历一条螺旋轨迹之后,电子最终会落到原子核上,整个原子就会坍塌,其寿命仅约10^{-12} s,所对应的光谱应该是一个连续谱。而事实上,原子是一个稳定的系统,并且发射的光谱为线光谱。

这个模型一提出来就遇到这么严重的问题,是卢瑟福的有核模型错了,还是麦克斯韦的经典理论在此不适用了呢?这似乎预示着,对原子世界需要有一个不同于经典物理学的新的理论。

N.玻尔,这位年轻的丹麦物理学家出现了。在物理学家排行榜上,他也是伟大之中的伟大人物,不过这时,他还只是个刚获得哥本哈根大学哲学博士学位的27岁的年轻人。

玻尔对卢瑟福的工作有强烈的兴趣。他既佩服卢瑟福根据实验事实做出原子有核的大胆判断,又了解这一模型所面临的巨大困难,于是他表示愿意到曼彻斯特大学作访问学者,卢瑟福欣然同意。1912 年春天,玻尔到卢瑟福实验室工作了四个月,参加了 α 粒子散射的实验工作,他认为要解决原子的稳定性问题,"只有量子假说是摆脱困难的唯一出路"。也就是说,要描述原子现象,就必须对经典概念进行一番彻底的改造。

1913 年年初,玻尔已返回哥本哈根。正当他日夜苦思冥想之际,一个学生兼朋友的汉森(H. M. Hansen)问他准备用这个有核模型对光谱作什么样的解释。对这个问题玻尔什么也说不上来。汉森向他介绍了氢光谱的巴耳末公式。这是瑞士的一名中学数学教师巴耳末(J. J. Balmer,1825—1898)在 1884 年从氢光谱谱线的频率中总结出来的。人们早就知道,氢原子光谱在可见光区域存在四条谱线。巴耳末发现,这几条谱线的波长可用下面的公式表示:

$$\frac{1}{\lambda} = R\left(\frac{1}{2^2} - \frac{1}{n^2}\right), (n = 3, 4, 5, \cdots)$$

式中,R 称为里德伯(J. R. Rydberg,1854—1919)常量。到了 1908 年,物理学家又发现,如果把上式中的"2"用其他数字代替,可用来描述氢原子光谱在不可见光区域谱线波长之间的关系。这样看起来似乎是杂乱无章的光谱线,竟可以用如此简单的公式表示出来,并且与实验结果符合得如此之好,这在当时还是个谜,但是人们已经认识到在这些公式中必然包含着与原子内部结构密切相关的内容。

许多年以后,玻尔回忆说:"当我看到巴耳末公式时,一切都豁然开朗了!"

047 原子中别有洞天——玻尔模型(二)

山重水复,柳暗花明。玻尔从卢瑟福实验中确认的原子的核式模型,从巴耳末公式中看到原子发光的内在规律,还从德国物理学家斯塔克(J. Stark,1874—1957)的著作中借鉴了价电子跃迁产生辐射的理论分析,这三方面的问题与普朗克量子假说有机地结合在一起,在他睿智的大脑中得出了正确的答案。

1913 年,玻尔在卢瑟福核式原子模型的基础上运用量子化概念,提出了定态跃迁原子模型理论。他假设，核运动的电子有许多可能的轨道，电子不能从一个轨道"平滑"地进入另一个轨道，只能"跃迁"过去。当电子绕原子核在轨道上旋转时，并不会像经典电磁理论预言的那样发光，只有当电子从一个较高能量状态的轨道跃迁到另一个较低能量状态的轨道时才发光。辐射出来的光子能量就是这两条轨道间的能量差。如果电子原来就处于最低能量状态（即基态）的轨道，那么它就不会跃迁了，除非外界给它能量，使它从基态轨道跃迁到较高能量状态的轨道。这时，它不但不发光，相反还要吸收特定能量的光。在玻尔的原子模型中，轨道是量子化的，电子在同一条轨道上运动时是不会失去能量的，因此原子也就不会坍塌，并且，原子的光谱也不会是连续谱。玻尔把论文原稿从丹麦寄给卢瑟福。卢瑟福认为玻尔理论中有严重问题：一个电子必须事先知道它要跃迁到哪一条轨道，这是不可思议的！他给玻尔的信中还顺便提到，论文篇幅太长，正准备进行压缩。没想到，玻尔马上乘船来到了曼彻斯特大学，针对卢瑟福的意见逐条进行了辩解，直到获胜为止。卢瑟福比玻尔年长而且学术地位很高，而玻尔平时举止斯文，态度温和，对卢瑟福也十分尊重。然而，这次玻尔大不一样。玻尔为捍卫原子理论所表现出的固执，令卢瑟福感到不可思议。但是，尽管感觉玻尔理论尚不成熟，卢瑟福还是认为它有重大的科学价值，于是把它推荐给了权威的《哲学杂志》。玻尔的论文发表后，由于观点特别新颖，以致当时不少著名物理学家也感到难以接受。例如，1904 年诺贝尔物理学奖得主瑞利（Lord Rayleigh，1842—1919）曾认为这篇文章"对我绝无半点用处"。1914 年诺贝尔物理学奖得主劳厄（M. von Laue，1879—1960）和 1943 年诺贝尔物理学奖得主斯特恩（Otto Stern，1888—1969）在研究了玻尔的论文后说，假如玻尔的理论碰巧是对的，我们将退出物理学界。

玻尔的定态能级理论不久就为弗兰克-赫兹实验所证实。德国物理学家 J. 弗兰克（James Franck，1882—1964）和 G. 赫兹（Gustav Hertz，1887—1975，他的叔叔就是发现电磁波的著名物理学家 H. 赫兹）从 1911 年起就开始合作，研究电子和原子的碰撞。他们最初的目的并非要验证玻尔的定态能级概念，因为当时还根本没有玻尔理论，实验的初衷只是要比较精确地测定原子的"电离电势"。他们的实验结果发表于 1914 年，这时玻尔理论已经诞生。当时欧洲正处于第一次世界大战期间，弗兰克他们对玻尔理论不甚了解，在论文中将实验测得的一个最重要的电压值 4.9 V 错误地解释成了汞原子的电离电势，并且声明他们的实验结果与玻尔理论不相符合。1915 年，玻尔用自己的理论对弗兰克-赫兹实验做出了正确的解释。在题为《论辐射的量子论和原子的结构》的论文中,玻尔认为,实验中测到的 4.9 V 这个值正是汞原子从基态到第一激发态的激发电势,而不是汞原子的电离电势。经过玻尔的再诠释,弗兰克-赫兹实验的真正意义才得到充分揭示。直到 1919 年,弗兰克和赫兹才认清玻尔理论的真谛,表示支持玻尔对他们的实验的正确解释。1920 年,弗兰克对原先的实验装置进行了改进,结果显示汞原子内部存在一系列的量子态,从而有力地证实了玻尔预言的原子定态的存在,这是当时除光谱学之外关于原子定态存在的最直接、最有说服力的实验证明。

玻尔的原子理论并没有完全摆脱经典理论(比如,"轨道"就是最典型的经典概念),它只是一种半经典半量子化的理论,还很不完善,但是,这却迈出了从经典理论向量子理论发展的极为关键的一步。而且,这一理论将光谱学、量子假说和原子核式模型这几个相距较远的物理学研究领域联系到一起,为现代物理学指明了正确的研究方向,也是原子和量子理论发展史上的一个重要里程碑。玻尔也因这项伟大成就荣获 1922 年诺贝尔物理学奖。弗兰克-赫兹实验由于首先对玻尔理论直接证明,也获得很高评价,二人共获 1925 年诺贝尔物理学奖。

尽管这一切仅仅是个开头,却已经为量子力学宏伟大厦的建立打下了坚实的基础。

048 量子力学的精神家园——玻尔研究所

玻尔

让我们看看被后人称为"核物理学宗师"的玻尔。

玻尔于 1885 年 10 月 7 日诞生在丹麦哥本哈根的一个犹太人家庭。其父是哥本哈根大学著名的生理学教授。玻尔在中学读书时,父亲就想方设法启发他对物理学的兴趣。1903 年,玻尔进入哥本哈根大学学习物理学,他在大学读书时就曾获得哥本哈根科学院为奖励有一定科研成果的学生而颁发的科学金质奖章。1911 年玻尔以题为《金属电子论探讨》的论文获博士学位。

玻尔的重大贡献始于他1913年接连发表的三篇不朽文章,就是关于原子理论的"伟大的三部曲",它是近代物理学史上的一个里程碑。之后几年,随着玻尔理论的被证实,他本人的声望也因之大振,世界各地的讲学邀请纷至沓来。1920年,玻尔应普朗克之邀访问了柏林,第一次会见了普朗克、爱因斯坦等,彼此都留下了极其美好的印象。爱因斯坦后来写信给玻尔:"我正在研究你的几篇重要论文,每当我在什么地方遇到困难时,仿佛看到你那年轻的面容出现在我面前,你微笑着,正在讲解,我心里就会感到高兴。"这真是惺惺相惜。玻尔所到之处无不受到人们的欢迎和爱戴,人们称道的不仅仅是他光辉的物理思想,更重要的是他的人格魅力。

1921年,哥本哈根大学为玻尔创立理论物理研究所,请他担任所长。在他周围很快就吸引了一批生机勃勃的优秀青年科学家。这是由于玻尔在理论物理前沿取得的重要成就,更重要的是由于他人品高尚,待人宽厚在物理学界有口皆碑。玻尔在科学工作中所采取的是一种非常奇特的方式,他的工作习惯是边想边讲,没完没了地讨论,在交谈的同时就建立了他的物理思想。这是一种苏格拉底式的问答法,因此需要非常优秀的伙伴。狄拉克、海森伯、泡利、朗道、奥本海默等都先后跟随过他。

狄拉克在一次国际物理讨论会上曾这样谈到玻尔:"在他边想边说时,我常常只是他的一名听众。我非常钦佩玻尔。他似乎是我有生以来遇到过的最深刻的思想家。他的思路哲理性极强。尽管我尽力想弄懂,却不甚理解。我自己的思路,实际上侧重于用方程式表达,玻尔大部分思路特点则更具普遍性,与数学相距甚远。但是同玻尔保持密切联系,我依然感到高兴。"玻尔喜欢与人讨论问题,更为可贵的一点是,他不怕在年轻人面前暴露自己的弱点。同时在讨论中,他很善于引导年轻人,凡是与他交流、讨论甚至激烈反对他的理论的人都能从中受益,他常以最友好的态度对待反对他的理论的科学家。有一次,海森伯听了玻尔的报告后提出了一些不同意见,会后玻尔邀请他一起散步并继续讨论。海森伯回忆说:"这次讨论对我以后的发展显然产生了决定性的影响。"他认为自己真正的科学生涯即始于此。和爱因斯坦一样,玻尔也特别重视基本的物理思想,认为数学表述的重要性应放在第二位。据说,当人们提出一大套复杂的数学时,他的思想就会"跟不上",玻尔常称自己是一个"业余理论物理学家"。在哥本哈根,就是这位"业余理论物理学家"的科学思想、人格魅力以及他的殷勤好客,使来自世界各地的优秀青年群英荟萃、济济一堂。玻尔的品格时时影响着他们,自由热烈的科学气氛造就着他们,层出不穷的物理成果鼓舞着他们。20 世纪 20 年代,年轻的物理学家都渴望能到哥本哈根工作一段时间,目的就是向玻尔当面讨教。有一段时间,到玻尔的研究所工作一个月以上的学者就有 63 人,他们分别来自 17 个国家。包括玻尔在内,这些人中有 10 人获诺贝尔物理学奖。以哥本哈根理论物理研究所为中心,以玻尔为首,以海森伯、狄拉克、玻恩(M. Born,1882—1970,1954 年诺贝尔物理学奖得主)、泡利等物理学家为主要成员的一个群体,形成了著名的哥本哈根学派。这一学派为量子力学的形成和发展做出了突出的贡献,对 20 世纪整个科学的进步起到了难以估量的推动作用。

随着物理学的发展,玻尔半经典半量子化的原子理论早已被新的量子理论所取代,然而玻尔对物理学乃至科学的发展所起的作用却永不磨灭。正如爱因斯坦所评论的:"作为一位科学思想家,玻尔之所以有这么惊人的吸引力,在于他具有大胆和谨慎这两种品德的难得的融合;很少有谁对隐秘的事物具有这样一种直觉的理解力,同时又兼有这样强有力的批判能力。他不但有关于细节的全部知识,而且始终坚定地注视基本原理。他无疑是我们时代十分伟大的发现者之一。"

英雄识英雄,两位巨人之间有终生真挚的友谊,然而为了科学真理,二人后来争论了近 30 年。

049 "我们是波!"——德布罗意的重大发现

1929 年 12 月 11 日,在物质波的发现者德布罗意的授奖仪式上,诺贝尔物理学奖委员会主席奥西恩(C. W. Ossen)无限感慨地说:"如果诗人们把'我们的人生是波'进而改为'我们是波',那就道出了对物质本性的最深刻的认识。"

我们最熟悉的波是机械波,是机械振动在弹性介质中的传播,如水波、声波等。可见光和无线电波都是电磁波。电磁波与机械波的根本区别是,它的传播不需要中间介质。在没有中间介质时,电磁波的传播速度恒为光速,在有介质情况下,它的传播速度反而降低了。在麦克斯韦电磁学理论建立之前,人们以为光波也是一种由发光体引起的波,像声波一样也要依靠介质来传播,并把这种中间介质称为"以太"。光的电磁本质被揭示出来以后,人们知道了光波就是电磁波,实验也否定了原来假设的"以太"的存在。20 世纪初,当爱因斯坦提出了光量子理论之后,人们又惊奇地看到了光既是波又是粒子的二象性。

德布罗意是法国王族的后裔,曾在索邦大学和巴黎大学读书,先是学历史,1910 年获文学学士学位,1913 年又获理学学士学位。在他的志趣转向理论物理学之后,德布罗意对普朗克、爱因斯坦和玻尔的工作很感兴趣。他的哥哥莫里斯(Maurice de Broglie)是一位研究 X 射线的物理学家,兄弟二人经常讨论物理学的一些前沿问题。在充分理解了普朗克、爱因斯坦和玻尔对量子规律的论述工作后,德布罗意天才地提出了微观粒子波粒二象性的假说,它是量子力学的奠基性假说。

1923 年 9 月,德布罗意在《法国科学院通报》上发表了他的不同凡响的见解。这个年轻的博士生在题为《辐射——波与量子》的论文中问道:"整个世纪以来,在光学里,比起波动的研究方法,过于忽略了粒子的研究方法;在实物粒子的理论上,是否发生了相反的错误? 是不是我们关于粒子的图像想得太多而过分地忽略了波的图像呢?"他认为:"任何物质都伴随着波,而且不可能将物质的运动和波的传播分开。"也就是说,波粒二象性,并不只是光才具有的特性,而是一切实物粒子都共有的普遍属性,原来被认为是粒子的东西也同样具有波动性。进言之,一切物质,一切物体都有波动性。

既然说一切物质都有波动性,那就要把这些物质与一个周期运动联系起来。怎么联系呢? 德布罗意认为,首先,这种联系一定涉及普朗克常量 h,因为它是微观世界的特征量;其次,关于光子和波动的联系已经由爱因斯坦建立了,这应该是新关系的特殊情况。于是他提出了物质波假说。

任何微观粒子既是一种粒子,又是一种波动,粒子的动量 mv 与粒子的波长 λ 之间的关系为 $\lambda = \dfrac{h}{mv}$,这个关系被称为德布罗意公式,与粒子相联系的这种波被称为德布罗意波或物质波。

由于普朗克常量的值极小,$h = 6.62 \times 10^{-34}$ J·s,所以德布罗意波的波长非常短。根据德布罗意公式,容易算出任何物质和物体的波长。

例如,地球的德布罗意波长 $\lambda = 3.6 \times 10^{-36}$ m;质量 50 kg 以 10 m/s 速度飞跑的人,$\lambda = 1.3 \times 10^{-36}$ m;一块质量 0.1 kg,速度为 10 m/s 飞射的石头 $\lambda = 6.6 \times 10^{-34}$ m;一粒微尘,质量 10 mg,速度 1 cm/s,$\lambda = 6.6 \times 10^{-22}$ m,这些波长实在太短,至今都无法直接测量。于是对宏观物体(包括微尘)而言,粒子性是

主要表现，波动性无法直接测量，也就根本显示不出特性。

然而对微观物体情况大不一样。以电子为例，一个在 150 V 电压下加速的电子的波长 $\lambda = 10^{-10}$ m，这相当于原子的尺度，也相当于 X 射线的波长，是可以测出来的。

德布罗意的理论，在当时由于缺乏实验验证，并没有引起人们注意。但是当德布罗意的导师朗之万(Paul Langevin, 1872—1946)将此论文寄给爱因斯坦时，爱因斯坦对此大加赞赏，认为它揭示了"自然界巨大面罩的一角"。经过爱因斯坦的推荐，人们才开始重视对物质波理论的研究。1927 年电子衍射实验成功证实了德布罗意假说。从此德布罗意的物质波理论被普遍接受，他因此荣获 1929 年诺贝尔物理学奖。

德布罗意，这位量子物理学的先驱于 1987 年 3 月 19 日去世，享年 95 岁。这位长寿的物理学大师，当看到科学后来所发生的翻天覆地的变化时，一定不会心如止水，思想深处定是"波"涛汹涌，这是德布罗意物质波吗？

050 电子衍射——物质波的实验验证

1924 年 11 月 29 日，在德布罗意的博士论文答辩会上，答辩委员会的主任委员佩兰问道："怎样才能在实验上观测到你所推测的物质波呢？"德布罗意当即说："在电子通过一个小孔时可能会出现衍射现象。"

光的衍射现象，是单色光穿过小孔或光栅在光屏上得到一圈圈光环的现象，这种现象只有当遮挡物的几何尺度与光的波长相当时才会出现。然而德布罗电波的波长太短了，没有那样细狭的光栅可以测出。好在大自然早就为我们准备好了材料。金属晶格的尺度大小恰在 10^{-10} m 的数量级，可以作为电子衍射的天然光栅。

事情的起源有很大的偶然性。20 世纪 20 年代初，美国贝尔电话实验室的戴维孙(C. J. Davisson, 1881—1958)和他的助手革末(L. H. Germer, 1896—1971)做电子在金属镍片上的散射实验。他们用一束慢电子去轰击放在真空管中的一块镍片，想撞出一些新的电子束，进而得到被镍片散射后的电子束强度与散射角度的关系。1925 年 4 月的一天，一只盛有液态空气的瓶子突然爆炸，使得空气进入了真空系统,也使容器里的镍片被氧化了(镍在常温下不与空气中的氧起作用)。他们所做的实验需要很纯的镍靶,于是只好把氧化了的镍片重新处理,把它表面的氧化层去掉。当他们用清洗过的镍片继续原来的实验时,却得到了与往日不同的结果。原来散射电子强度随角度做连续变化,现在却可观察到明显的极大和极小值,并且这些极值的位置依赖于入射电子的能量。当时戴维孙和革末都没听说过德布罗意关于物质波的假设,面对实验百思不得其解,只好置之一旁。实际上,由于这次偶然事故,无意间已得到电子衍射。镍在通常情况下是多晶结构,原子不是整齐排列,晶格的大小也不刚好与电子波长相当,所以不可能出现衍射现象。而后来经过清洗处理后的镍片,恰巧改变了镍原子的排列,从而使其表面层的多晶结构变成了单晶结构。电子由于具有波动性而在晶格中产生衍射,并且满足衍射的布拉格公式,戴维孙和革末所看到的,正是这些衍射后的电子束。

1926年夏,戴维孙拿着从镍靶上得到的实验结果,去牛津参加英国科学促进会的会议。会上德国物理学家玻恩提到了戴维孙的实验,认为可能是德布罗意的物质波理论所预言的电子衍射的证据。玻恩的话使戴维孙大受启发。他一返回纽约,就立即和革末一起研究德布罗意的论文。理论上的计算结果与他们的实验结果相差很大。于是,他们索性放弃原来的实验,另起炉灶,特意用镍单晶体做靶子,有目的地寻找电子波的实验证据。经过几个月富有成效的工作,他们取得了一系列有关电子波的实验成果,写成论文并发表在1927年4月的《物理学评论》上,最先证实了电子波的存在。

牛津会议的讨论,同样启发了英国阿伯丁大学的自然哲学教授 G. P. 汤姆孙(George P. Thomson,1892—1975)。G. P. 汤姆孙是大名鼎鼎的 J. J. 汤姆孙的独生子,1892年5月3日生于剑桥。在剑桥大学毕业后,就在其父指导下做研究工作,后来到苏格兰阿伯丁大学任教。那些年,他一直在用真空设备和电子枪做其父从事的阴极射线研究工作。牛津会议使他想到做阴极射线产生衍射效应的实验。于是他一回到阿伯丁大学,就与一个叫里德(A. Reid)的同事一起用赛璐珞薄膜做实验。与戴维孙所用的低速电子不同,G. P. 汤姆孙利用一束很细的高速电子穿过薄膜,再用垂直于电子束的照相底片接收散射电子束,显影定影后就能看到电子的衍射花纹(图050-1)。他们很快就得到了衍射的边缘模糊的晕圈图像,于是马上就在《自然》杂志上发表了该实验的一篇短讯,时间是1927年6月18日,比戴维孙晚两个月。为了说明观察到的衍射现象是电子而不是 X 射线产生的,G. P. 汤姆孙用磁场使电子束的运动方向发生偏移,看衍射图像是否随之偏移，因为 X 射线不带电，图像亦不变化。在肯定了是电子衍射后，他们又改用铝、金、铂等金属靶来取代镍。不久发表了正式论文，实验结果与德布罗意理论预计的结果相符，误差在 5% 之内。

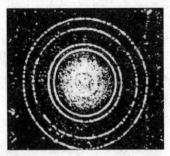

图 050-1　电子穿过金箔后的衍射花纹

1897 年，J. J. 汤姆孙证实了电子是一种粒子；30 年过后的 1927 年，他的儿子 G. P. 汤姆孙则证实了电子是一种波。父与子研究同一对象，发现了矛盾统一的两方面，这充分显示了量子世界的丰富多彩。汤姆孙父子薪火相传的科学佳话，也传为美谈。

由于电子衍射实验证实了电子的波动性，在实验上确立了量子理论的基本思想——物质的波粒二象性，戴维孙和 G. P. 汤姆孙因此共获 1937 年诺贝尔物理学奖。

戴维孙和 G. P. 汤姆孙所进行的电子衍射实验，后来分别发展成为低能电子衍射技术（LEED）和反射式高能电子衍射技术（RHEED），在现代物理学中有着广泛的应用。

051　海森伯与矩阵力学——量子力学走马观花(一)

玻尔的原子结构理论是普朗克的量子概念和经典力学的美妙结合。这一理论在解释氢原子光谱线方面取得了巨大成功，这也促使物理学家进一步努力去寻找和创建一种能与量子概念相协调的全新的力学体系。1918 年，玻尔在一篇论文中提出了后人称之为"对应原理"的思想，他认为新的力学与牛顿力学应该存在一种对应，并且在量子效应趋于零的极限状态下新的力学会过渡到经典力学。

海森伯对玻尔理论进行了仔细的研究，他认为尽管玻尔理论取得了许多惊人的成就，但也留下许多问题尚待解决。特别是在与经典理论的关系上，玻尔理论一方面使用坐标、动量等经典概念描述电子轨道；另一方面又完全不管经典物理的规律，假设处于某些定态的轨道是稳定的。在解决具体问题时，这个理论要将对应原理与经典情况相比较，但对于不同的问题，对应原理的应用又没有统一的规则。海森伯认为,对应原理作为一个基本原理应当一开始就以严格的形式提出,而不应只是作为避免经典理论困难的一种手段;他特别强调原子理论应建立在可观察的基础上,通过实验观察到的只是光谱线的频率和强度,而不是电子的位置和速度。实际上,没有任何实验证明电子按一定的轨道运动,因而电子轨道的概念很可能是虚构的。他认为应该仅仅以那些原则上可观察的量之间的关系为依据来建立新的理论。在这方面,爱因斯坦建立相对论的思路对海森伯的思想起着重要的启示作用。爱因斯坦在建立相对论时认为,绝对时间的概念是不必要的,因为它无法用实验观测到,只有运动的参考系中的时钟的读数才与时间的确定有关。

从上面的思想出发,海森伯在 1927 年 7 月,写了一篇具有历史意义的论文《关于运动学和动力学关系的量子论的新解释》。这篇开创性的论文粗略地勾勒出了量子力学的基本轮廓,迈出了创立量子力学极为关键的一步。在进行数学运算的过程中,海森伯设立了一些计算符号和规则,其中包括一种不服从通常的交换律的乘法规则。

海森伯把论文交给玻恩,请他做进一步的推敲。玻恩感到,这篇论文中包含了他们追求多年的某种基本的东西。他一方面把论文交给德国《物理杂志》发表,一方面自己反复琢磨海森伯的乘法规则。他发现,原来海森伯的乘法规则并不是什么新东西,而是当时已创立 70 多年的矩阵理论。后来玻恩回忆说:"当时海森伯的乘法规则使我不安,经过八天的冥思苦想,我回忆起在布雷斯劳大学时学过的矩阵乘法运算。"玻恩请他的一个数学天赋很好的学生约当(P. Jordan,1902)着手动用矩阵方法为新的理论建立一套严密的数学基础。研究结果写进了他们二人共同完成的长篇论文《关于量子力学》,这篇文章里首次给予矩阵力学严格的表述。

正在英国剑桥大学度假旅行的海森伯收到这篇论文的副本后,马上写了一篇热情洋溢的回信,于是他们决定合作完成这项工作。事实上,这项工作主要是以通信的方式进行的。在 1925 年 11 月底,他们合作完成了《关于量子力学Ⅱ》,这篇论文几乎包括了量子力学的所有要点。这三篇论文奠定了量子力学的基础,这种新的力学也叫作矩阵力学,就其内容而言,它是把玻尔的对应原理发展成了完整的数学体系,形成了能给出正确结论的量子力学体系。

在矩阵力学的建立和发展上做出重要贡献的,除了 24 岁的海森伯、43 岁的玻恩、23 岁的约当,还有 23 岁的狄拉克、25 岁的泡利,其中除玻恩年长外,都是难以想象的青年才俊。

1925 年 8 月底,海森伯在剑桥大学做报告,听众中有才华横溢的狄拉克,他觉得海森伯搞得太复杂了,于是自己很快地完成《量子力学的基本方程》一文并将其寄给英国皇家学会会刊,该论文很快被发表。在这篇文章中,他应用对应原理,很简单地把经典力学方程改造为量子力学方程。

与此同时,另一位青年才俊泡利成功地用矩阵力学的方法解决了氢原子能级问题,得到了巴耳末公式和斯塔克效应,泡利还确定了电场和磁场交叉场中氢原子光谱问题。这个问题由于难度太大,用旧量子论几乎无法解决。

由于首先创立了量子力学的理论体系,海森伯荣获 1932 年诺贝尔物理学奖。

物理学家并没有从矩阵力学中得到关于原子过程的图像。矩阵力学认为,用自洽的数学描写自然乃是通向真理之路。这引起了一些物理学家的不满,从而导致了波动力学的创立。

052 薛定谔与波动力学——量子力学走马观花(二)

在海森伯、玻恩、约当等创立矩阵力学的同时,薛定谔通过另一条途径创立了另一种形式的量子力学——波动力学。

薛定谔

薛定谔于 1887 年 8 月 12 日生于奥地利的维也纳。1906 年进维也纳大学攻读物理学,1910 年获哲学博士学位。

1925 年 10 月,薛定谔看到德布罗意的博士论文,从中大受启发。他从德布罗意的物质波思想出发,试图避开所有那些神秘的电子跃迁,想重新回到经典的波动理论。就在这时,在物理学家德拜(Peter Debye,1884—1966)主持的一个物理学定期讨论会上,薛定谔被指定报告德布罗意的工作。在报告之后,德拜指出,讨论波动而没有波动方程,这太幼稚了。几周之后,在另一个报告会上，薛定谔说："我的同事德拜提议要有一个波动方程，那么，我找到了一个。"1926年上半年，薛定谔以《作为本征值问题的量子化》为总题目，连续发表了四篇论文，系统地阐明了他的新理论。薛定谔认为，电子作为传播物质波的始原，其运动应该存在一个与之对应的波动方程，就像光的波动方程决定着光的传播一样，这个方程决定着这些波。人们可以通过解波动方程来确定原子内部电子的运动。他成功地确定了一系列做不同运动的电子的波动方程，只有当系统的能量取普朗克常量所决定的分立值时，这些方程才有确定的解。在玻尔理论中，电子轨道的这些分立能量值是假设的，而在薛定谔理论中，它们完全是由波动方程确定的，这个波动方程就是量子力学中著名的薛定谔方程。

薛定谔方程是量子力学的基本方程。正如普朗克所说："这一方程奠定了近代量子力学的基础，就和牛顿、拉格朗日和哈密顿创立的方程在经典力学中所起的作用一样。"

几乎同时，在同一个研究领域出现了两种形式上完全不同的、但同样有效的量子理论。最初，他们各自对对方的理论都抱着排斥甚至敌视的态度。后来，薛定谔在钻研了海森伯等的论文后，于1926年4月发表了题为《关于海森伯-玻恩-约当的量子力学和我的波动力学之间的关系》的论文。在这篇文章中，薛定谔证明了矩阵力学与波动力学的等价性，指出了这两种理论在数学上是完全等同的，可以通过数学交换从一种理论转换到另一种理论。这两种都是以微观粒子具有波粒二象性这一实验事实为基础，通过与经典物理的类比方法建立起来的。后来，人们把波动力学与矩阵力学合在一起，统称量子力学。

波动力学所用的数学工具是偏微分方程，人们对这种数学方法比较熟悉，容易掌握。正如玻尔所说："波动力学简单明了，大大超过了以前的一切形式，代表着量子力学的巨大进步。"所以，薛定谔的波动力学被认为是量子力学的一般通用形式。

狄拉克也证明了这些思想实际是彼此等价的，即使是薛定谔的形式，其方程中蕴含的内容也仍然包含着"量子跃迁"。薛定谔对此很反感，并对他曾经参与和发展了的量子跃迁理论发表了一个著名的评论："我不喜欢它，我真希望我不曾做过与之有关的任何事情。"

薛定谔"因创立了原子理论的新形式"与狄拉克共获1933年诺贝尔物理学奖。

1944年，薛定谔出版了《生命是什么？》一书，将物理学、化学的研究方法引入对生命本质的研究之中,他因而被认为是现代分子生物学的先驱。1961 年 1 月 4 日,74 岁的薛定谔在奥地利的一个小山村病逝。一代科学巨匠静静地走了,留给世界的是永恒的薛定谔方程。

053 狄拉克方程——量子力学走马观花(三)

量子力学诞生后,许多物理学家曾致力于发展一种相对论性的理论,但是直到 1927 年还没有相对论性的量子力学形式出现。1928 年,狄拉克发表了一个方程,这个方程将狭义相对论的要求与量子理论结合起来,能更全面地描述电子,这就是相对论性量子力学。

狄拉克于 1902 年 8 月 8 日生于英国布里斯托,早年就读于布里斯托大学,1926 年获剑桥大学博士学位。

狄拉克年轻时,就以其在数学和物理学上的贡献名声大噪,成为物理学界一颗引人瞩目的新星。1925 年,海森伯提出矩阵力学后,他曾以更一般的非互换量的运算,独立得出相同的结论。1926 年薛定谔提出波动力学后,狄拉克则提出了普遍交换理论,以严整的逻辑将两种力学的统一性表示出来。1927 年,狄拉克提出电磁场二次量子化理论,这对量子力学来说是个重大进展,当年年底,狄拉克致力于建立相对论性量子力学。

面对着许多物理学家在这个方面不尽如人意的各种结论,狄拉克的目标是要建立一种有物理意义的、具有高度数学美和内在一致性的相对论性量子理论,就其数学形式而言,即建立一种对时间坐标和空间坐标来说都是线性的微分方程。狄拉克花了两个月时间进行探索,终于找到了答案。正如他所回忆的:"答案来自数学游戏。"然而这个游戏太不容易了,1928 年 1 月,狄拉克得到一个新的电子波动方程。

这个以后被称为"狄拉克方程"的电子波动方程,其简洁和优美令人惊讶,它为狄拉克带来了意外的成功:狄拉克在建立方程时,并没有想把电子的自旋引入波函数,然而该方程自动给出了实验所要求的自旋值和磁矩值,还给出了索末菲(A. Sommerfeld,1868—1951)精细结构公式;量子力学中原先是各自独立的重要实验事实,如康普顿(A. Compton,1892—1962)散射、塞曼(P.

Zeeman,1865—1943)效应和电子自旋等,通过以狄拉克方程为核心内容的相对论性电子理论从此统一起来了。

狄拉克方程也带来了新的严峻的问题。该方程描述电子内部运动的矩阵有四行四列,但只要两行两列的矩阵来描述被观察的电子的两个自旋态就够了,即方程给出的态比描述实验情况所需要的态多一倍。进而发现,这一半的态与电子的负能态有关。是把不可观测的负能态排除出去呢,还是接受不可思议的负能态以保持方程的完美性?执着追求物理理论内在一致性和数学形式完美的狄拉克勇敢地选择了后者,并力图寻求负能态的物理图景。

狄拉克从泡利不相容原理和化学价理论中得到启发,两个电子不可以处于同一状态。例如,惰性气体原子的所有电子填满了闭壳层,碱金属原子的闭壳层外有一两个电子,而卤族气体原子的闭壳层有空穴。从原子的化学价理论中得到的空穴和电子的关系可以直接应用到正能态和负能态上,狄拉克由此提出一种新的真空图像,真空不"空"!而是所有的负能态都已被填满,所有的正能态都是未被占据的最低能态,这种真空作为普遍存在的背景,没有可观察的效应。

根据新的真空图像,泡利不相容原理限制了正能态电子向负能态跃迁,负能态中的空穴可看成是带正电荷的正能粒子。但当时知道的带正电荷的粒子只有质子,质子和电子的质量相差几乎 2000 倍,然而理论揭示正能态和负能态之间完全对称,那么这种粒子就应与电子的质量相同,难道理论还有什么差错吗?狄拉克对如此优美和谐的方程有着坚定的信念,他没有过多地徘徊和犹豫,在 1931 年 5 月,正式宣称带正电荷的空穴是一种尚未找到的新粒子,其质量与电子相同,电性相反,它就是电子的反粒子——正电子。狄拉克还预言了正反电子对的产生和湮没,为物质存在的实物形式和辐射形式的相互转换提供了具体机制。

没过一年,美国物理学家安德森(Carl Anderson,1905—1991)等在威尔逊云室实验中发现了质量与电子相同、却带有正电荷的亚原子粒子的径迹。他得出结论,这种新粒子是电子的带正电荷的配对物,并命名为正电子,正电子的性质恰好与狄拉克预言的空穴的性质相符合。

科学界对此反响巨大。1933 年,狄拉克与薛定谔共获诺贝尔物理学奖;1936 年,安德森与其他两位科学家共获诺贝尔物理学奖。

054 物质波，概率波——量子力学走马观花(四)

1926 年 1 月，当薛定谔用一个颇有些怪诞的方式向物理学界宣布他的波动力学新理论，魔法般地推出波函数时，人们都惊叹于他的方程简洁明了，很容易地接受并且使用了他的方法。但是回头一看，波动力学中还存在一个悬而未决的大问题，即方程中的波函数 ψ 的物理意义究竟是什么？最初，薛定谔认为波函数复数模的平方是电荷的密度，这就好像电子分解成电子云似的。但是哥本哈根的物理学家并没有像接受他的理论那样也对此给以赞赏，与之相反，薛定谔的这个解释遭到玻尔的批评和反对。玻尔邀请薛定谔到家中讨论这个问题，最后，两人马拉松式的讨论竟把薛定谔累得病倒在玻尔家中。然而，主人却坚持在卧室中继续和他讨论。玻尔善良热情又很有涵养，可是在极其重要的物理学问题面前，他实在难以抑制对真理的追求。

德国格丁根大学物理系主任、著名物理学家玻恩提出了自己的解释——波函数的统计解释。玻恩在 1926 年发表的一篇论文中指出，薛定谔波函数是一种概率振幅，它的绝对值的平方对应于测量到的电子的概率分布。一个力学理论竟然给出了概率，这简直太令人震惊了。

在一环环明暗相间的电子衍射图中，底片上的暗环实际上就是许多电子集中到达的地方，亮环就是电子几乎没有到达过的位置。按衍射环的半径统计出每个环中电子留下的黑斑数目，物理学家马上发现，以环的半径为横坐标，相应半径的黑斑数为纵坐标作的图，其形状与光及 X 射线衍射的密度分布曲线相同。这是偶然的巧合，还是另有什么深刻的含义呢？由于这一分布曲线也呈现出波的形状，而且对应的是电子衍射中底片上某点的概率，玻恩建议把这种波命名为概率波。

这种概率波与德布罗意提出的物质波有什么关系呢？物理学家早已掌握了根据波的衍射环间距求波长的方法，因此从电子的衍射图像中就可以算出电子的波长。结果发现，从衍射图中计算出来的电子的波长数值与从德布罗意物质波公式中得出的数值完全一致。原来，德布罗意预言的物质波就是概率波。电子波决定着电子的运动，而且是以其特有的概率形式决定着电子的运动。这种波并不是当电子衍射时才出现，而是普遍存在的物质特性。在任何时候，这种波都是与电子或其他实物粒子的运动联系在一起的。

所谓概率，简单地说就是某种随机性。比如，掷出一粒骰子，出现某个点数的可能性就是随机的。这次可能掷出 3 点，下次可能掷出 6 点，都是随机的。概率就是数学上对这种可能性的量度。而物理学，一向要求准确，怎么忽然之间有某种随机性，也就是概率进入其中了呢？人们总觉得有点难以接受。我们已习惯的经典物理学，以其有着非常准确的预见而著称。在牛顿力学中，只要知道物体的受力情况及其位置和速度的初始条件，那么它在以后任一瞬间的位置和速度就可以完全确定。但在量子力学中却不是这样，电子等微观粒子的状态，却是用一个表示波动的函数表示的，并且这还不是普通的波，而是按概率变化的波。在量子力学中，对一切事件所能说的只能是某件事以什么概率出现，而且这个概率取决于概率波的波函数。若用波函数来描述的话，我们发射一颗子弹，只能说它射中靶上某一点的概率有多大，而不能说它"一定"射中某一点。原子、光子和电子作为粒子客观地存在着，而它们在空间中的位置、动量和能量只存在于偶然的基础上。按照玻恩的观点，波函数给出原子在一定能级上的概率就和桥牌理论给出一定牌型的概率一样。理论上并不能说出在一次具体的测量中，原子会在哪一个特定的能级，正像桥牌理论不能预言一次具体分牌的结果一样。当薛定谔听到玻恩的解释时，他意味深长地说，要是他知道会有这样的结果，他宁可不提出波函数的概念。普朗克也表示坚定地站在薛定谔一边，永远不接受非决定论。新量子论的非决定论是一个原则问题，关系到什么是可知和什么是不可知的问题，不是实验技术问题。这一切使爱因斯坦也感到十分烦恼，不久他公开表明反对新量子论的立场，他说了一句令人回味的名言："我不能相信上帝是在掷骰子。"

一场大辩论旷日持久地展开了，最终证明玻恩是正确的。1954 年诺贝尔物理学奖授予玻恩，其获奖原因是他的"量子力学基本研究"，特别是"提出波函数的统计解释"。

不确定性原理和互补原理——量子力学走马观花（五）

量子力学允许电子有一个类粒子的表示和一个类波动的表示。这两种表示是相对的，且违反人们的常识。电子到底是粒子还是波？玻尔、海森伯、泡利等物理学家就这个问题争论了一年多,却不得要领。大家有点气馁,连一贯顽强乐观的玻尔也因疲倦休假。在休假中,玻尔顿悟,提出了互补原理。与此同时,在泡利的不断批判下,海森伯也发现了不确定性原理(也称不确定关系)。这两条原理一起构成了后来被称为量子力学的哥本哈根解释,它说明了大多数物理学家相信量子力学是正确的。

困扰海森伯的问题是:既然量子力学中电子像波一样没有粒子路径的概念,那又如何去解释威尔逊云室里观察到的粒子径迹呢?经过一番思考之后他弄清楚了:云室中所谓"径迹"是电子穿过云室里的饱和酒精蒸气时留下的蒸气水珠轨迹。看起来水珠很小,但比电子直径大亿倍以上,因此蒸气中的水珠轨迹并不是电子的真正路径,它原则上最多只能给出电子坐标和动量的一种近似的描述。在这种想法指导下,他用古典概率高斯型波函数来研究量子力学对于经典图像的限制:坐标的不确定量与动量的不确定量的乘积不小于普朗克常量。这就是海森伯不确定性原理,它是量子力学中一条最重要、最基本的原理。作为不确定性原理的结果,这种测量精度的下限不是来自实验和技术方面的限制,而是由理论本身在原则上决定的。从不确定性原理来看,量子力学对微观世界的描述只能是统计性的,必定有波函数的统计解释,量子力学的基本方程实际上不再是联系可观测量之间的关系,而是关于测量概率的规律。

海森伯发现:在同时测量电子的位置和动量时,总有一些不确定性,并且永远无法消除。例如,我们在一台光学显微镜下对电子进行测量,测量的最高精度受到光波长的限制,波长越短,精度越高。但测定电子位置的过程即光子被电子散射的过程,它使散射后电子的动量产生一个不连续的改变,所用光的波长越短(即光子的动量越大,德布罗意波长公式 $\lambda = h/p$,波长与动量成反比),电子的位置越精确,但电子的动量改变就越大,即我们对电子的动量测量越不精确;反之亦然。

这实际上也意味着,观测会改变观测对象,而这一事实在日常生活中也经常发生。研究一个与现代社会隔离的原始部落的人类学家,仅仅由于他的出现就会影响部落的生活。他要了解的对象因被考察而发生了变化。当部落的人们知道他们是被观察着时,就会改变他们的行为。海森伯有一句非常形象的话:量子物理学家不是完全隐蔽的观鸟者。

海森伯的不确定性原理向我们揭示了一个全新的科学定律——知识受到了最终理论的限制。在人类科学史上,这是第一次由一条自然定律告诉我们:人类对所能了解的事物的认识存在一个严格的不可逾越的限制。

　　玻尔的互补原理是指同一研究对象,存在着互补性质,知道其中的一个就会排斥另一个。我们可以用波或粒子这样相互排斥的方式去描写一个像电子这样的客观对象,不会有逻辑矛盾,因为决定这些描写的实验装置也是相互排斥的,却是互补的。

　　海森伯的不确定性原理和玻尔的互补原理所构成的量子力学的哥本哈根解释最终都抛弃了决定论,接受了微观世界的统计本性。

　　相对论改变了人们的时空观念,量子理论也使人们对自然过程的见解发生变革。在量子力学中粒子与波动是同一个东西的交替的部分影像,它们之间的互补是理论结构本身的一部分。量子论能预料物理的结果,但不允许十分确定地说明任何特定的过程。这有点像买彩票:人人都能预计中奖的概率,但没有人能事先确认谁是中奖者。

爱因斯坦"光子箱"和"薛定谔猫"——量子力学走马观花(六)

　　1927 年 10 月举行的第五届索尔维物理学会议是量子力学发展史上的一次重要事件,当时量子力学先驱者群英荟萃,济济一堂。在这次会议上,玻尔提出了量子力学的哥本哈根解释,并得到大多数物理学家的认同。但是爱因斯坦在这次会议上,首次公开表示反对这个解释。他认为任何物理学的基本理论都不能是统计性的,必须满足因果性和决定论,量子力学只能描述许多全同体系的一个系统的行为,它不能描述单个粒子的运动状态,因此量子力学理论是不完备的。他说:"量子力学肯定是了不起的理论,但内心告诉我这还不是真正的东西。"他坚持反对玻尔和海森伯的观点,并设计各种思想实验来寻找哥本哈根解释上的漏洞。但每当爱因斯坦认为自己找到漏洞时,玻尔就会发现他推理上的错误。虽然如此,爱因斯坦仍乐此不疲。

　　最精巧也最困难的一个实验是爱因斯坦于 1930 年在第六届索尔维物理学会议上提出来的"光子箱"实验。它的基本思想是:设想在盒子里放一个时钟,可以控制盒子上的快门,让它很快地开启和关闭。盒子里装有光子发生器,当快门开启时,会辐射出一个光子。在快门开启前后分别称一称盒子的重量,就可以决定跑出光子的质量从而也决定了能量。于是实验者就可能以任意的精度来确定光子的能量和逃逸时间,而违反海森伯不确定性原理——能量和时间的不确定关系。

玻尔大吃一惊,还在会议上发言:"如果爱因斯坦是正确的,那么这将是物理学的末日。"他彻夜不眠地考虑这个问题,终于找到了爱因斯坦推理中的漏洞。当光子从盒子中逃逸时,它给了盒子一份未知的动量,使盒子在引力场中运动,而称重就是在这个引力场中进行的。根据爱因斯坦的广义相对论,时钟的走速依赖于它在引力物中的位置。时钟的位置有一个小的不确定量,因为光子在逃逸时"冲"了它一下,于是它测量的时间也有一个小的不确定量。也就是说,爱因斯坦忘记了在引力场中时钟所受到的引力红移。我们设想,当玻尔苦熬一夜,发现了爱因斯坦的"破绽",虽然他双眼也发生"红移",心中该是何等痛快,认为自己挽救了物理学。

作为与爱因斯坦同样的持决定论观点者,薛定谔也机智地设计了一个理想实验"薛定谔猫",力图证明哥本哈根解释是荒谬的。这个实验是这样设想的,把一只猫关在一个大盒子内,盒中装有不受猫直接干扰的如下量子设备:在计数器中有很小很小的一块辐射物质,在 1 h 内,或许只有一个原子核衰变,或许连一个原子核衰变也没有,两者的概率是相同的,各为 50%。假如辐射物质的原子核发生衰变,计数器就会放电并且通过某个装置抛出一锤,击碎一个装有剧毒物质氢氰酸的小瓶,从而毒死盒内的猫。假如让这整个系统独立存在 1 h,我们会理所当然地说,若没有原子核衰变,猫就是活的;只要有一个原子核衰变,猫就是死的。

按照日常观念看,那只猫非死即活,我们对上面问题的回答无懈可击,可是,若按照量子力学的计算规则来看,情况就不是这样简单了。此时,盒内整个系统处于两种量子状态的叠加。这两种状态,一种是活猫与原子核稳定状态,另一种是死猫和原子核衰变状态,活猫状态与死猫状态一混合,就出现了不死不活的猫这种不可思议的状态。一只既不是死的又不是活的猫是什么意思呢?如何解释这个问题,几十年来不同的学派有着不同的说法,至今仍是"公说公有理,婆说婆有理"。

1935 年,爱因斯坦与波多尔斯基(B. Podolsky)及罗森(N. Rosen)写了题为《能认为量子力学对物理实在的描述是完备的吗?》的论文,对量子力学的不完备性进行论证,这就是著名的 EPR(三人姓氏的首字母缩写)佯谬。EPR 佯谬也成了半个多世纪以来物理学长期争论的焦点之一,但也没有得到一个公认的结论。

爱因斯坦与玻尔的论战持续了几十年。玻尔认为这些反对和批评使他本人受益，也使哥本哈根学派逐渐完善和发展。爱因斯坦在 1955 年逝世后，玻尔还没忘记与他的论战。直到 1962 年玻尔逝世前的一天，他在工作室里的黑板上所画的最后一张草图，还是爱因斯坦 32 年前提出的"光子箱"。

激烈认真的论战，诚挚厚重的友谊，这就是伟大的科学精神，这也是两个科学巨人的交辉。

五、粒子物理纷纭天地

057 当面相逢不相识——中子的发现

1911 年，卢瑟福在实验的基础上，提出了原子有核模型，表明原子是由原子核和核外电子组成的，这个假设被后来的许多实验所证实。在这之后，不少物理学家开始研究原子核的结构。因为 1911 年就发现了质子，所以有人就认为原子核是由质子和电子组成的，但有很多现象无法解释。

1920 年 6 月 3 日，卢瑟福应邀在英国皇家学会的贝克里会议上做了著名的讲演，题目是《原子的有核组成》，声称自己在研究元素周期律时，发现原子序数与相对原子量似乎有什么关系，因为在不少情况下，原子序数差不多是相对原子量的一半。卢瑟福认为原子序数就是表示电子数，那么是否可能存在一种不带电的粒子，而它又参与了原子核的构造。卢瑟福说："这种中性偶极子的存在对于解释重元素的原子核的组成看来是必不可少的。"20 世纪 20 年代，卡文迪许实验室的研究者们，曾试图使强电流通过氢放电管探测这种假设的"中性偶极子"的生成，均未获成功。

1930 年，德国物理学家波特（W. Bothe，1890—1957）和贝克（H. Becker）在用 α 粒子轰击较轻的元素，特别是在轰击铍时，发现从铍中发射出一种贯穿力很强的中性辐射，他们认为，这是一种高能电磁辐射，即"高能 γ 量子"。这些 γ 辐射的能量几乎是入射的 α 射线能量的十倍。

波特和贝克的工作引起了许多物理学家的兴趣，许多人都在自己的实验室中重复他们的实验。其中约里奥-居里夫妇（Jean F. Joliot，1900—1958；Irene Curie，1897—1956）所做的卓越的实验，被认为是中子发现史上的一个转折点。1931 年，他们进一步用来自铍的新射线去轰击石蜡时发现，这种从铍放射出的新射线能从石蜡中打出强质子束。1932 年 1 月 11 日，他们向巴黎科学院报告了这一结果。约里奥-居里夫妇把这一现象解释为 γ 光子同质子的康普顿散射。但是非常明显的是，这种散射比当时已知的任何类似的散射所产生的作用要强 100 万倍，他们并没有正视这个困难而寻找合适的解释，从而错过了一个重大科学发现的机会。

1932 年 1 月底，约里奥-居里夫妇发表在法国科学院的院刊上的论文被卡文迪许实验室的副主任查德威克（James Chadwick，1891—1974）看到了，他把论文的内容告诉了卢瑟福，卢瑟福听了以后非常激动地大声喊道："我不相信。"查德威克也不相信这种解释，他经过一番思考后随即意识到：反冲质子有这样大的能量绝不可能是光子碰撞的结果，而很可能是卢瑟福十年前所预言的中性粒子碰撞导致的。查德威克对这种新射线的性质进行了深入的研究。他将钋加铍作为源，使用这种新射线去轰击氢、氦、氮等元素。他通过比较这些反冲进而估算出这种射线的粒子的质量与质子的质量近乎相等，又用云室发现探测不到，表明这种粒子不带电荷。他把这种射线的粒子称为中子，于 1932 年 2 月 17 日写信给《自然》杂志，并于同年 2 月 27 日以题为《中子存在的可能性》的论文发表了他的研究成果。

查德威克获得成功的原因之一，是他凭过去多年的经验深知卢瑟福的洞察力和预言的可信性。在此之前，他曾用强放电或其他方法企图产生中子，未获成功。所以，当中子出现时，他能很敏锐地发现了它。约里奥-居里夫妇后来不无遗憾地说过，他们几乎阅读过卢瑟福的所有论文和报告，但唯独认为 1920 年卢瑟福的第二次贝克里讲演不过是对过去工作的综合回顾未去阅读，然而恰恰是这篇文章中提到了中子及其性质的预言，因此他们与中子失之交臂，正是"当面相逢不相识"。

因为发现了中子，查德威克荣获了 1935 年诺贝尔物理学奖。当年卢瑟福坚持把这个奖单独发给查德威克，有人对卢瑟福提出，约里奥-居里夫妇对此也做出了必不可少的贡献。据说，卢瑟福回答说："发现中子的诺贝尔奖当然应该单独给查德威克一个人；至于约里奥-居里夫妇，他们聪明绝顶，不久就会因新的项目获奖的。"事实上就是在当年，约里奥-居里夫妇因 1934 年发现人工放射性现象而获 1935 年诺贝尔化学奖。伊雷娜·居里是我们所熟知的居里夫妇的女儿，从小受母亲影响而深爱科学。居里家族在 30 多年中有五人次获得诺贝尔奖，成为有史以来获得诺贝尔奖人数最多的家庭。但是约里奥-居里夫妇也可能是当面错过诺贝尔奖次数最多的人，除中子之外，还有正电子。他们也在安德森之前观察到正电子，然而他们把它认作是反向运动的电子，同样"当面相逢不相识"。

058 有客自天外来——宇宙线

宇宙线(全称宇宙射线)是从宇宙空间来到地球的高能带电粒子流和光子流。人们早就发现一种难以屏蔽的射线能引起空气电离。在发现放射性现象之后不久,人们在用电离室探测放射性时就注意到验电器的漏电问题,当初以为这是由空气或灰尘中含有放射性残余物所致。1903 年,卢瑟福和库克(H. Cooke)为此而做过这样的实验:他们小心地把所有放射源都移走后,仍发现在验电器中每立方厘米每秒还会不停地产生大约 10 对离子。即使用铁和铅把验电器完全屏蔽起来,也只能让离子数减少 1/3 左右。他们在论文中提出这样的设想:也许有某种贯穿力极强,类似于 γ 射线的辐射从外面射进验电器,从而激发出二次放射性。

为了弄清这种空气电离现象的原因,1902—1911 年,不少科学家重复做过卢瑟福和库克的实验。有的人在加拿大安大略湖的冰面上做,发现离子数略有减少;有的人在巴黎 300 m 高的埃菲尔铁塔顶上做,测得电离强度约为地面上的 64%;有的人在瑞士的苏黎世让气球把电离室带到 4500 m 高处,并记录上升到不同高度时的电离情况,结论是"辐射随高度而降低"。众说纷纭,莫衷一是,但占上风的还是辐射来源于地面上的说法。

不久,一个判决性实验终于做出来了,实验者是奥地利年轻的物理学家维克多·赫斯(Victor F. Hess,1883—1964)。赫斯不仅是一位实验物理学家,还是一位气球飞行的业余爱好者。1911—1912 年,他进行了一系列高空气球实验,让气球带着电离室飞到了 5350 m 高,在不同的高度测得电离强度的变化。他发现,电离强度起初略有下降,超过 800 m 则稍有增加,在 1400~2500 m 时强度明显超过地面值,到 5000 m 时已是地面值的数倍。他把这些实验情况写成了题为《在 7 个自由气球飞行中的贯穿辐射》的论文,1912 年发表在《物理学杂志》上。在论文中赫斯写道:"这里给出的观测结果所反映的新发现,可以用下列假设做出最好的解释,即假设具有很强穿透力的辐射是从外界进入大气的,哪怕是放在大气底层的电离室都会受到这种辐射的作用。辐射强度似乎每小时都在变化。由于我在日食或在夜晚进行的气球探测都未发现辐射减弱,所以我们很难说太阳是辐射源。"结论是"这种电离可能是由于迄今还不知道的、穿透能力很强的辐射从外部空间进入地球大气引起的"。这种辐射最初曾被称为"赫斯辐射",后来密立根将它命名为宇宙线(图 058-1)。

1914 年,德国物理学家柯尔霍斯特(W. Kolhorster)将气球升至 9300 m,电离强度竟比海平面大 50 倍,证实了赫斯的判断。从此,科学界对宇宙线的各种效应及其起源问题进行了日益广泛而深入的研究。

1911 年,威尔逊发明一种探测高能粒子性质的实验装置——云室,为宇宙线实验提供了有效的工具。1932 年,美国物理学家安德森利用云室,从宇宙线中发现了电子的反粒子——正电子(图 058-2)。这是第一次从实验上证实了自然界确实有反粒子存在,也是宇宙线实验取得的第一个辉煌成就。发现正电子的安德森和发现宇宙线的赫斯共获 1936 年诺贝尔物理学奖。

图 058-1　宇宙线径迹

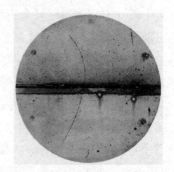

图 058-2　正电子径迹——1932 年拍摄的云室图像

有客自天外来,带来了宇宙的信息。随着人类科技的空前发展,宇宙线物理也大大繁荣起来。

 059　撒向太空的大网——宇宙线物理的发展

在加速器出现之后,由于加速器产生的粒子束能量和亮度是可以控制的,粒子的种类、飞行方向和到达时间也都可以由实验人员来调节和掌握,所以这种人工粒子源的实验手段在粒子物理学中一直起着巨大作用。然而,控制加速器的能量不是随心所欲的,迄今它的最高能量虽达 2000 GeV,但与超高能宇宙射线的千亿 GeV 相比仍有亿倍之差。显然,自然界存在的粒子源远比人工粒子源丰富得多。科学家往往是在自然界找到新粒子源后,再在加速器上产生这种新粒子,从而进行精密的测量和仔细的研究。因此,在 20 世纪后半叶,宇宙线研究不仅在继续起着不可替代的作用,而且发展到范围更为广泛的宏观领域,渗透到了天文学、天体物理学和宇宙学等基本学科。

1962 年,科学家利用装载在火箭上的探测器,观测到了宇宙 X 射线。1968年前后,利用卫星上的探测器,又发现了宇宙 γ 射线。由于这些粒子在宇宙空间传播时不受星际磁场的影响,所以通过对宇宙 X 射线和 γ 射线的观测,可以得到非常重要的粒子源的信息。一些天体剧烈活动的高能过程,与宇宙线的起源密切相关。例如,1987 年观测到超新星 SN1987A 的爆发,许多实验研究小组都观测到了由它发射的中微子,尽管它距地球大约有 17 万光年。为了观测这颗超新星发射的各个波段的电磁波,许多国家为此专门发射卫星、火箭和气球,并且建立新的大型地面探测器阵列。

近 20 年来,宇宙线实验中引人瞩目的发现是甚高能(100～10 000 GeV)和超高能(10 万 GeV 以上)的 γ 射线源。一些实验研究小组报道了在天鹅座 X-3 和其他星体均有 100 万 GeV 以上的超高能 γ 射线发射。这是高能物理学家和天体物理学家共同感兴趣的现象,因为这些发现有助于他们了解宇宙线的起源和加速机制。一些宇宙线地下实验正试图澄清 20 世纪末的一些令人困惑的问题,如中微子的质量问题、磁单极子问题、质子衰变问题等。

包括中国在内的 19 个国家参与的“俄歇计划”,是高能物理实验的一次壮举,也是探测器阵列的一次大会战。俄歇计划的目标是发现超高能宇宙射线源。1996 年 9 月,参与俄歇计划的科学家在阿根廷的圣拉斐尔开会,宣布把美国犹他州的米拉德县作为北半球观测站的站址,而南半球观测站的站址,早在1995 年 12 月就已选择在阿根廷的门多萨。

高能宇宙线从各个方向撞击地球。这些粒子(通常是质子)击中大气层中气体的原子核,形成次级粒子簇射,称为大气簇射。物理学家能够解释低能和中能宇宙线的起因,但稀有的高能宇宙线的起源仍是一个谜。俄歇计划的两个观测站将测量这些高能宇宙线的性质、能量和方向,以期解开它们的起源之谜。每个站都配置 1600 台探测器,相邻的两个 12 000 L 大水罐之间的距离为1.5 km。每个阵列的中心放置一台光学荧光探测器,观测从太空未知源头射来的神秘的高能宇宙线造成的大气簇射。

在太空中,人类也有雄伟的计划,那就是阿尔法磁谱仪(alpha magnetic spectromer,AMS)。

AMS 是人类送入宇宙空间的第一个大型磁谱仪,于 1998 年 6 月 2—12 日由美国发现号航天飞机搭载,成功地进行了首次飞行,并于 2003 年送到阿尔法国际空间站上运行了 3～5 年。AMS 是在美籍华裔物理学家丁肇中教授领导下的一个大型国际合作科学实验项目。这项雄心勃勃的研究计划的重要目标是寻找太空中的反物质和暗物质,对宇宙线进行更加精确的测量,探索天体物理、粒子物理和宇宙论的重大问题。包括美国、中国、俄罗斯、意大利、瑞士、德国、芬兰等 10 多个国家和地区的 37 个研究机构的物理学家和工程师参加了这个计划。

所有地下、地面和太空中的宇宙线及其他非加速器实验,其研究范围已扩展到探测宇宙间各种天体演化过程产生的粒子。宇宙本身已成为粒子物理的实验室。非加速器实验与加速器实验的高能量和高精度研究,已成为粒子物理的两个互相补充、相辅相成的主要方面。随着空间技术和实验技术的发展,研究宇宙线,必将为人类揭示宇宙的奥秘提供更多、更有价值的信息。

060 探测粒子的利器——云室

"当太阳的光芒照射着山顶的云层而我正立身于湿润的云雾之中时,太阳的光环,还有山影周边的光环,都是那样美妙,让我兴奋不已,使我产生在实验中模拟这种现象的冲动……"这段富有诗意的话是云室的发明人威尔逊(Charles T. Rees Wilson,1869—1959)在 1927 年诺贝尔物理学奖获奖演说中讲的。他将云室的发明,归功于 1894 年他在苏格兰本尼维斯山顶的天文观测站上对云雾现象的观察和研究,归功于他对大自然由衷的赞美和模拟自然的炽烈创意。

威尔逊是卡文迪许实验室出身的英国实验物理学家和气象学家,1896 年在剑桥大学获博士学位后,先做实验演示员,后当物理实验教师。他对气象有特殊爱好,1894 年还当上了本尼维斯天文观测站的临时观测员,并因此在秋高气爽的 9 月登上这座苏格兰最高的山峰领略大自然的美景。此时此地,他注意到每当太阳照耀着环绕峰峦的云层时,总会出现一些奇异的光学现象。这些美妙的景象大大激发了他想做模拟实验的兴趣。正因为他用科学的眼光审视自然现象,用物理实验的手段再现客观事实,才最终发明了探测带电粒子性质的重要装置——云室。

从 1895 年年初开始,威尔逊就研究云雾成因和大气电性质,让潮湿的气体在一个圆筒中膨胀,并以此制造人工云雾。果然,当光照射它时出现了彩霞。不过,他不只是为了满足自己追求人造景观的愿望,而是立即对其中的物理现象进行仔细的研究。在这之前有人做这样的实验时发现,当气体中没有尘埃时就不能产生云雾。而威尔逊却以其敏锐的洞察力得出了新的实验结果:如果膨胀率足够大,则无尘气体也可以出现云雾。他对无尘潮湿气体做了大量实验,获得了预想中的确切结果。实际上,随着气体的膨胀和冷却,在有尘埃微粒的情况下,一部分湿气会以尘粒为核心冷凝成微小的水滴。在无尘气体的云室中,还能不能产生某种凝结核心呢?威尔逊想,假如让带电粒子进入云室,在它经过的路径上它就可能会使气体分子分离从而产生一些离子,这些离子就会成为水蒸气冷凝时的凝结核心,于是这一连串凝结的液粒,即小水滴,就可以显示入射粒子的径迹。想到这里,他领悟到了这件事的奥妙:"也许在某种特殊的条件下,我们可以找到一种方法,使得单个原子样的粒子成为可见或者可数的。"

正好不久以后,J.J.汤姆孙和卢瑟福研究 X 射线的电离作用,提出气体电离理论,威尔逊运用他还不成熟的云室方法,对这个理论进行验证。他用 X 射线照射云室,可使原来在膨胀时没有液粒产生的云室立即产生云雾,这肯定了电离作用;同时,也使同事们认识到这种方法的用途——也许可以用来显示射线。1911 年,他从云室图像上发现了 X 射线辐射区域里出现的单个 α 粒子和 β 粒子的径迹,且从实验上证实了 X 射线的粒子性,从而使云室方法受到了全世界有关实验室的普遍重视。

威尔逊云室是个密闭的容器,有一面是平板玻璃,其对面是橡皮膜,两侧是提供照明用的玻璃窗(图 060-1)。云室内充有氩气或其他气体,压强稍高于大气压,还放有少量酒精和水的混合液。通过挤压橡皮膜来改变云室的容积,让里面的液体蒸气达到饱和状态。当带电粒子进入云室后,它会使气体电离从而产生离子。此时迅速放开橡皮膜,云室的体积会突然膨胀,温度随之下降,液体蒸气便成了过饱和状态。只要体积膨胀控制得当,液体蒸气就只在离子周围凝结成一粒粒小液滴。用照相机把这些小液滴记录下来,就等于把粒子的径迹留了影。这种如云似雾的探测装置因而被形象地称为云雾室或云室。做实验时,整个云室必须放在均匀的强磁场内,为的是让带电粒子在里面偏转。于是,从液滴的疏密、径迹拐弯的方向和半径的大小,就可以计算出粒子的速度、动量、电荷和质量等量值,也就可知它是什么粒子。

图 060-1　云室——早期探测粒子的装置

1925 年,英国物理学家布莱克特(Patrick M. Blackett,1897—1974)进一步改进了威尔逊云室,他把云室置于两个盖革计数器之间,安排了一套电路,使得只有当带电粒子相继穿过两个计数器时,才能使云室动作,并留下图像。这种自动的方法大大提高了探测粒子的效率。后来,他从改进的云室拍摄到原子人工转变的证据(图 060-2)。

由于发明云室(当然还有许多别的贡献),威尔逊分享了 1927 年诺贝尔物理学奖,而布莱克特获得 1948 年诺贝尔物理学奖。

图 060-2　在 1930 年拍摄的这幅云室图像上,首次观察到原子核分裂的情景

中国有句老话:"工欲善其事,必先利其器",二人发明并改进的"利器",为粒子物理学的发展做出了卓越的贡献。

061 现代炼金术——人工核反应

在许多古代的文明国度里,如古希腊、古代阿拉伯、古印度,很多炼金术士企图把普通金属转变为金、银等贵重金属,虽然都以失败告终,但利之所诱,痴心不改,前仆后继者众多。

1919 年,情况发生了转变。1919 年,卢瑟福做了利用天然放射性物质镭释放的高速 α 粒子轰击氮原子核的实验,这是人类有史以来首次通过有意识行为改变了原子核,实际上是实现了古代炼金术士的梦想(虽然转变的物质不一样)。

卢瑟福将一小块镭放在一个封闭圆筒的一端,而在另一端的内表面涂上硫化锌,镭会放出 α 粒子。无论什么时候,只要 α 粒子撞击到硫化锌并停下来,α 粒子就会失去动能而转化成微弱的闪光。在黑暗的环境中,卢瑟福和他的合作者通过数出光的闪烁次数,精确地计算出单个粒子的撞击次数。这种装置被称为闪烁计数器。

如果让 α 粒子穿过真空,闪烁会很多且亮。而如果在圆筒中加入一些氢,就会出现特别明亮的闪烁。这是因为 α 粒子偶然撞上氢的原子核——质子,质子比 α 粒子轻,被撞后以更快的速度向前运动,因而闪烁更明亮。

如果筒里有一些氧气或二氧化碳,那么闪烁就会变暗而且变少。这显然是由于氧和碳的原子具有比 α 粒子重的核。

但是,当筒里放的是氮时,就会观测到有氢存在时才出现的那种特别明亮的闪烁。卢瑟福认为,氮核中的粒子不像碳核或氧核中的粒子那样结合得非常紧密。α 粒子即使猛撞碳核或氧核,也不能将它们撞开,而当它撞击氮核时,会将质子从核中撞出,形成质子闪烁。

一开始这只是一种推测,直到 1925 年,英国物理学家布莱克特(改进威尔逊云室的那位),第一次大规模地使用威尔逊云室,对卢瑟福的实验进行验证。他用 α 粒子在云室中对氮进行轰击,并拍摄了 20 000 张图像,记录了总数超过 400 000 个 α 粒子的踪迹,其中有八个是属于 α 粒子与氮分子之间的撞击。

用核反应方程来表示,其过程是

$$^{14}_{7}\text{N} + ^{4}_{2}\text{He} \longrightarrow ^{17}_{8}\text{O} + ^{1}_{1}\text{H}$$

α 粒子(He 核)与氮核相撞,生成氧核和质子,也就是说,氦和氮结合,生成氧和氢。

因此,卢瑟福是第一位在实验室中进行核反应的科学家,也就是说,他是首先实现元素的人工蜕变,人为地使一种元素变成另一种元素的第一人。

1912—1924 年,查德威克(后来发现中子的那位)用 α 粒子分别轰击硼、铝、磷等也都产生了质子。

然而,当人们用 α 粒子轰击重元素的原子核时,却不会发生这种现象。显然,原子核中质子数越多,带正电的 α 粒子要接近并击中带正电的原子核就越困难。于是人们提出用质子代替 α 粒子轰击原子核(因为质子的电荷只有 α 粒子的一半),由氢原子电离而得到的质子能量是很小的,这需要通过电场或磁场进行加速,才能使它达到足够大的能量。因此,从 20 世纪 30 年代起,人们开始设计和建造粒子加速器。

1929 年,卢瑟福的学生科克洛夫特(John D. Cockeroft,1897—1967)和沃尔顿(Ernest T. Walton,1903—1995)建成了第一台 600～800 kV 电压的静电加速器。1932 年,他们用这台加速器加速质子轰击锂原子核,实现了第一次通过人工加速粒子的方法引起核蜕变,其核反应方程为

$$_3^7\text{Li} + _1^1\text{H} \longrightarrow _2^4\text{He} + _2^4\text{He} + 17.2 \times 10^8 \text{ eV}$$

锂原子核蜕变的实验,首次使人们有可能对爱因斯坦的质能方程 $E = mc^2$ 进行验证。他们二人由于这个功绩共同获得了 1951 年诺贝尔物理学奖。

现代"炼金术"实现了原子核的人工蜕变,"炼金"的主要工具就是加速器。而更加有力的工具也应运而生,它就是回旋加速器。

062 "秋千越荡越高"——回旋加速器

核物理学的研究离不开加速器,为了使粒子获得更快的速度,就需要更高的电压。例如,前文所说,在卡文迪许实验室中锂受质子相撞分裂成两个 α 粒子的实验中用的是 770 kV 电压。要想使质子能量为 1 MeV,电压也必须加高到 1000 kV。如此高的电压在绝缘上会有极大的困难,因此人们早就想方设法利用较低的电压,使粒子加速到高能量。

在加速器的发展史上,美国物理学家劳伦斯(Ernest O. Lawrence,1901—

1958)起了开创性的作用。劳伦斯在明尼苏达大学取得物理学硕士学位,在芝加哥大学得到博士学位,在耶鲁大学做了两年博士后,1928 年到加州大学伯克利分校执教,直到去世。

　　来到加州大学后不久,劳伦斯就从卢瑟福学派的工作中敏锐地感觉到:"实验物理学家的下一个重要阵地肯定是原子核。"但是当时实验室中用于加速粒子的主要设备是高压倍加器和整流器等依赖高压的仪器设备,电压越高,绝缘要求也越高,高电压击穿仪器的危险也越大。

　　为之冥思苦想的劳伦斯从一篇讨论正离子多级加速的论文中获得了灵感。那是一篇用德文写成的论文,劳伦斯读起来不太顺利,可是当他看了插图、仪器图像和各项数据后,明白了作者维德罗(Wideroe)处理这一问题的方法,即在连在一起的圆柱形电极上加上适当的频率振荡电压,以使正离子得到多次加速。这个思路使劳伦斯茅塞顿开,感到找到了真正的答案,解决了加速正离子的核心技术问题。劳伦斯没有读完这篇文章,就立即估算了将质子加速到 1 MeV 的直线加速器的一般特性。简单的计算表明,由于直线管道上设有许多圆柱形电极,使加速器的管道要好几米长,这么大的仪器对于当时的实验室已过于庞大。能不能通过适当的磁场装置,仅用两个电极而让正离子一次又一次地往返于电极之间而被加速呢? 这正像一个人荡秋千,只要符合共振频率,必然会越荡越高。稍加分析后,他证明均匀磁场恰好有合适的特性,因为在磁场中转圈的离子,其角速度与能量无关。因此只要让离子以某一回旋频率在适当的空心电极间来回转圈,就可实现离子的多次加速。想到此,他觉得这种构思既巧妙又有开创性。

　　1930 年春天,劳伦斯指导他的研究生按此构思做成两个结构简陋的回旋加速器模型,并于同年 9 月在伯克利召开的美国科学院会议上宣布了这一新方法。1931 年 11 月 2 日,一台真正的微型回旋加速器在加速电子的实验上获得了成功。这台用黄铜和封蜡做真空室、直径只有 4.5 英寸(11.4 cm)的小玩意儿,竟能在电压不到 1 kV 的条件下,将质子加速到 80 keV! 世界上第一台回旋加速器就这样正式诞生了。

　　不到 1 kV 电压居然能达到 80 keV 的加速效果,这小小的回旋加速器创造了奇迹。但对劳伦斯来讲,这仅仅是牛刀小试。1932 年,能将质子加速到 1.25 MeV 的 9 英寸(22.9 cm)和 11 英寸(27.9 cm)回旋加速器也在他的主持下研制成功,正好此时英国卡文迪许实验室用高压倍加器做出锂蜕变的实验。这使劳伦斯看到了加速器的光明前景。他更是夜以继日地抓紧工作,不久就用

11 英寸回旋加速器轻而易举地验证了锂蜕变实验。这既验证了卡尔迪许实验室的结果，又充分显示了回旋加速器的优越性，以及在更大规模上进一步研制的必要性。

在随后的十几年里，劳伦斯又先后主持了 27 英寸（68.6 cm）、37 英寸（94 cm）、60 英寸（1.52 m）及 184 英寸（4.67 m）的回旋加速器的研制和改进。正是应用这些加速器，科学家才相继发现了许多放射性同位素，还测量了中子的磁矩并生产了第一个人造元素锝（Tc）。

由于发明和发展了回旋加速器这一成就及其应用成果，特别是有关人工放射性元素的研究，劳伦斯荣获 1939 年诺贝尔物理学奖。这一切仅仅是刚开始，之后劳伦斯领导的伯克利辐射实验室获诺贝尔奖者有 8 人之多。

063 群星争辉——诺贝尔奖专业户

一台大型回旋加速器，从设计和可行性研究开始，经过制造、安装、调试过程再到正式运行并做具体实验，每个步骤都需要各种人才的分工协作和互相配合。劳伦斯在获诺贝尔奖演说中讲道："从工作一开始就要靠许多实验室中众多积极能干的合作者的共同努力，各方面的人才都要参加到这项工作中，不论从哪个方面来衡量，取得的成功都依仗密切和有效的合作。"

正是这种以劳伦斯为核心的密切和有效的合作，造就了一个诺贝尔奖获奖群体。

劳伦斯天才的设计思想、惊人的工作能力和高超的组织才能，把各个专业颇具聪明才智的人才吸引到回旋加速器这个大规模的集体项目中，在他的周围迅速形成了一支充满活力的加速器专家队伍。例如，随着加速器的体积和能量的增加，劳伦斯认识到电气工程专家是不可或缺的，于是就聘请了布洛贝克（W. Brobeck）参加他的项目。由于布洛贝克的精心设计，1939 年建成的 60 英寸（1.52 m）回旋加速器工艺越发精良，各种性能更好，而且在这台加速器上发现了一系列原子序数大于 92 的重元素，即超铀元素。为此，辐射实验室的麦克米伦（E. M. McMillan）和西博格（G. T. Seaborg）共获了 1951 年诺贝尔化学奖。1949 年，麦克米伦根据同步稳相方法并利用第二次世界大战之前做好的巨型电磁铁,建成了 184 英寸(4.67 m)的电子同步加速器,能量达 330 MeV,第一批人造介子因而出现。当能量超过 6 GeV 的质子同步加速器于 1954 年建成后,则能产生质子-反质子对。塞格雷(E. Segrè,1905—1989)和张伯伦(O. Chamberlain,1920—2006)因在该机上发现反质子而共获 1959 年诺贝尔物理学奖。不久,卡尔文(M. Calvin)将^{14}C 作为示踪原子研究光合作用过程所取得的成就,荣获了 1961 年诺贝尔化学奖。为了探测高能带电粒子的径迹,格拉泽(D. A. Glaser,1926—2013)于 1952 年发明了一种探测装置——气泡室,因此荣获了 1960 年诺贝尔物理学奖。1954 年,阿尔瓦雷斯(L. Alvarez,1911—1988)所领导的实验小组不断研制和发展气泡室技术,首先用液氢观察到了带电粒子的径迹,此后又发现了共振态粒子,阿尔瓦雷斯因此荣获了 1968 年诺贝尔物理学奖。

劳伦斯于 1958 年 8 月 27 日因病去世,可谓英年早逝。自他 1928 年到加州大学伯克利分校后,他开创的加速器事业,取得的丰硕成果使这所大学声望倍增。为了纪念他,加州大学伯克利分校辐射实验室改名为劳伦斯辐射实验室。他终生为加速器奋斗不息,虽然自己没有直接做出科学发现或者创立科学理论,但在他的领导和培养下,或在与他的合作中,许多人都做出了重大的科学贡献。正如阿尔瓦雷斯所称道的:"劳伦斯的影响的标志之一就是,我是他领导的实验室的工作人员中的第八个获得诺贝尔奖这一最高荣誉的人。"

 064 众说纷纭——原子核模型

从质子、中子被发现后,人们普遍认为,原子核是由质子、中子所组成的。但是,这些粒子是怎样结合在一起的呢? 人们经过了几十年的探索,至今对其中的细节还远未了解。在探索过程中,科学家根据一系列有关的实验事实,例如,一种原子核能蜕变为另一种原子核,核可以辐射出质子、中子、α 粒子、电子和 γ 射线等,提出各种核模型假设来解释原子核的某些运动规律和现象。这些模型比较重要的有 α 粒子模型、费米气体模型、液滴模型、壳层模型、单粒子壳模型、多粒子壳模型、集体运动模型,以及把集体运动模型与壳层模型统一起来的统一模型,等等。每种模型都只能解释一定范围内的实验事实,难以用同一种模型概括全部,这反映了原子核的复杂性,也反映了人们对原子核的认识还很不充分。让我们来看看以下四个最著名的核模型。

1. 气体模型

气体模型是美籍意大利物理学家费米(Enrico Fermi,1901—1954)于 1932 年提出的,他把核子(质子和中子)看成是几乎没有相互作用的气体分子,把原子核简化为一个球体,核子在其中运动,遵守泡利不相容原理。每个核子受其余核子形成的总势场作用,就好像是在一势阱中。由于核子是费米子,原子核就可看成是费米气体,所以对核内核子运动起约束作用的主要因素就是泡利不相容原理。但由于中子和质子有电荷差异,它们的核势阱的形状和深度都各不相同。

气体模型的成功之处,在于它可以证明质子数和中子数相等的原子核最稳定这一结论与事实相符。再有,它计算出的核势阱深度约为 −50 meV,与其他方法得到的结果相近。不过这一模型没有考虑核子之间的强相互作用,所以难以解释后来发现的许多新事实。

2. 液滴模型

液滴模型是玻尔(即 N. 玻尔)在 1936 年提出的。其事实根据有二:一是原子核每个核子的平均结合能几乎是一个常数,即总结合能正比于核子数,显示了核力的饱和性;二是原子核的体积正比于核子数,即核物质的密度也近似于一常数,显示了原子核的不可压缩性。这些性质都与液滴相似,所以玻尔把原子核看成是带电荷的理想液滴,提出了核的液滴模型。

液滴模型在解释核裂变、核的稳定性,推算核的半径和质量公式方面都比较成功,特别是在解释有关核的集体性质的实验事实方面取得了较好的结果。但是,用它描述核内部个别核子的行为及核内部结构的细节,如核的回旋、磁矩等方面则无能为力。后来加入某些新的自由度,液滴模型又有新的发展。

3. 壳层模型

壳层模型是迈耶夫人(Maria G. Mayer,1906—1972)和简森(J. H. D. Jensen,1907—1973)于 1949 年各自独立提出的。在此之前,当有关原子核的实验事实不断积累时(1930 年),就有人想到,原子核的结构可以借鉴原子壳层的结构,因为自然界中存在一系列幻数核,即当质子数 Z 和中子数 N 分别等于下

列数(称作幻数)之一时,即

$$2,8,20,28,50,82,126$$

原子核特别稳定。这与元素的周期性非常相似,而原子的壳层结构理论正是建立在周期性这一事实的基础上的。

然而,最初的尝试是失败的,人们从核子的运动求解薛定谔方程,却得不到与实验相等的幻数。再加上观念与壳层模型截然相反的液滴模型已取得相当成功,使得人们很自然地对壳层模型持否定态度。

后来,支持幻数核存在的实验事实不断增加,而以前的模型都无法对此做出解释。直到1949年,迈耶夫人和简森由于在势阱中加入了自旋-轨道耦合项,终于成功地解释了幻数,并且计算出了与实验相符的结果。由于他们出色的工作,1963年共同获得诺贝尔物理学奖。

壳层模型可以相当好地解释大多数核基态的自旋和宇称,对于核的基态磁矩也可得到与实验大致相符的结果;但对于电四极矩的预计值与实验值相差甚大,对于核能级之间的跃迁速率的计算值也大大低于实验值,这些不足导致了核的集体模型的诞生。

4. 集体模型

集体模型是1953年由A.玻尔(Aage N. Bohr,1922—2009,N.玻尔之子)和莫特森(Ben R. Mottelson,1926—2022)提出的。在他们之前,雷恩沃特(Leo J. Rainwater,1917—1986)在1950年指出:具有大的电四极矩的核素,其核不会是球形的,原因是被价核子永久地变形了。因为原子核内大部分核子都在核心,核心也就占有大部分电荷,因此即使出现小的形变,也会导致产生相当大的四极矩。在这一思想的基础上,A.玻尔和莫特森提到集体模型。他们指出,不仅要考虑核子的单个运动,还要考虑到核子的集体运动。集体模型实际上是对原子核中单粒子运动和集体运动进行统一描写的一种唯象理论。

由于"发现原子核的集体运动与粒子运动的关联,发展了原子核结构理论",A.玻尔、莫特森、雷恩沃特共同荣获1975年诺贝尔物理学奖。

壳层模型和集体模型各有成功之处,把两种模型综合起来,可以更全面地解释各种原子核的实验事实。

应该看到,目前对原子核的微观机理还不很清楚,对于原子核的内部结构及其运动规律仍然是人们正在进行探索的一个重大课题。

065 **原子能时代的开端——重核裂变和链式反应**

1934 年，约里奥-居里夫妇用钋源放射出来的 α 粒子轰击铝，发现铝在被轰击后，能放出正 β 射线，并持续了几分钟。他们指出反应方程为

$$^{27}_{13}\text{Al} + ^{4}_{2}\text{He} \longrightarrow ^{30}_{15}\text{P} + ^{1}_{0}\text{n}$$

$$^{30}_{15}\text{P} \longrightarrow ^{30}_{14}\text{Si} + ^{0}_{+1}\text{e}$$

^{30}P 同位素的半衰期只有约 3 min，因而它是自然界中没有的，为人造同位素。于是，人们第一次获得了人工同位素。约里奥-居里夫妇由于发现了人工放射性而获得了 1935 年诺贝尔化学奖。

人工放射性的发现引起物理学家的极大兴趣。许多实验室都用 α 粒子作为"炮弹"对各种元素进行轰击，但只有较轻的元素才能发生分裂，重元素的原子核"无动于衷"。

1934 年，费米决定用中子作为"炮弹"来进行轰击，取得了一系列重大的实验成果。费米周围有一批合作者，他们在极其简陋的条件下，用中子对周期表中的元素逐个进行轰击，共辐照了 68 种元素，其中有 47 种产生了新的放射性同位素。当实验进行到当时所知的最重元素铀（$^{238}_{92}$U）时，发现得到半衰期为 13 min 的一种放射性产物。经过分析，发现它不属于从铅到铀之间的那些重元素，这使费米等大为惊异，当时以为是发现了超铀元素即 93 号元素。直到 1938 年，哈恩(Otto Hahn，1879—1968)和斯特拉斯曼(F. Strassman，1902—1980)发现了裂变现象，才弄清楚费米得到的并不是第 93 号元素，而是铀核被打破形成大致相等的两半，从此有了"铀核裂变"的理论。

1934 年 10 月，费米小组在研究银的人工放射性现象的实验时发现，透过石蜡块的中子在产生核反应方面的效果要比直接从中子源出来的中子有效得多，结果甚至要增大到 100 倍。费米认为，这是由于石蜡中含有大量氢，中子通过石蜡时与氢核碰撞失去了一部分能量，其速度减小变为慢中子，这种慢中子经过原子核附近的时间延长了，因而它被俘获的机会自然就增大了。费米的这一发现不仅使人工放射性物质代替价格昂贵的天然放射性物质成为可能，更重要的是它为核能的释放和利用提供了必要的手段。

慢中子的发现使核裂变的实现成为可能。前面我们看到，受中子轰击的铀

核会分裂成两个具有中等质量数的核。但是^{238}U 和^{235}U 的裂变条件有所不同，前者需用能量 1.1 MeV 以上的快中子，后者只需能量为前者 3‰的慢中子，并且效率反而比前者高。^{235}U 受慢中子撞击发生裂变的情况可用下式表示：

$$^{235}_{92}U + ^1_0n \longrightarrow \left(^{236}_{92}U\right) \rightarrow X + Y$$

复核$\left(^{236}_{92}U\right)$衰变成二碎块 X、Y 的方式不是唯一的，但有一点可以肯定，裂变碎块含中子过多，会很快放出中子（每次裂变平均放出 2.5 个中子），同时会释放出巨大的能量 $\Delta E = 200$ MeV。

按此估算，质量 1 g 的^{235}U 全部裂变时放出的能量约为 8×10^{10} J，相当于 2.5 t 标准煤的燃烧热。

更重要的是在链式反应中，^{235}U 的每次裂变平均放出 2.5 个中子，这些中子又可引起其附近铀核的裂变，从而又产生中子，又导致裂变，好像大面积的多米诺骨牌的倾倒。

1939 年年初，费米得知发现核裂变后，立即全力投入对铀的研究。同时，约里奥-居里夫妇和西拉德（L. Szilard，1898—1964）等都分别独立地证实了链式反应不但可能实现，而且反应速率很高。这表明，铀核裂变的链式反应一旦实现，极短时间将可释放巨大的能量。

链式反应的增强、减弱或维持在一定的水平，取决于对其中中子的减速（使其成为慢中子以提高效率）和损失（有意地用所谓控制棒吸收中子以减少中子数）的控制。裂变链式反应能量的利用的典型例子是原子能反应堆和原子弹。

当时的科学家们从链式反应中感到问题极其严重，原子弹一旦研制成功，将对第二次世界大战产生巨大影响。N. 玻尔和西拉德交谈后决心去找爱因斯坦，请爱因斯坦写信给美国总统罗斯福，说明问题的严重性并建议美国赶在德国之前制成原子弹。

罗斯福批准的研制原子弹的计划被称为"曼哈顿工程"，由费米负责研制原子能反应堆，用石墨作为阻滞剂使中子减速，1942 年 12 月 2 日世界上第一座原子反应堆在芝加哥大学建成并开始运转，1944 年 7 月 16 日实验原子弹爆炸成功，人类从此进入利用原子能的新纪元。

而这一切起源于费米用中子轰击原子核所取得的成果，他因此获得了 1938 年诺贝尔物理学奖。

066 β衰变的研究——中微子假说

1900 年人们就确认了放射性原子核放出的 β 粒子是电子。1933 年 10 月召开的第七届索尔维会议专门研讨了核物理问题。在这次会议上,β 衰变成为较突出的问题之一。

所谓 β 衰变,是指放射性原子核自发地放射出 β 粒子或俘获一个电子和中微子转变成另一种核的过程。当时已发现正电子,这样 β 粒子就是负电子和正电子的总称。β 衰变问题的核心是能量守恒问题。

早在 1914 年,查德威克在对放射性物质所发射的 β 射线谱进行研究时发现,其动能是连续分布的。当时已经知道,α 射线和 γ 射线的能谱都是分裂的,而 β 粒子的能谱是连续的,并且当电子能量取最大值时,与末态核的能量加在一起,才满足能量守恒定律。这样说来,在 β 衰变中,能量就总有某种程度的损失,这就产生了在 β 衰变中如何才能满足能量守恒的严重问题。对此问题,不少物理学家曾提出了许多假设,但都未能解决。于是许多物理学家对自然界的基本定律之一的能量守恒定律产生了怀疑。玻尔在解决此问题时也曾认为,能量守恒定律只是在总体上成立,即在大量事件的统计平均的意义上保持宏观的守恒,而在每一个微观事件上,如在 β 衰变中,能量守恒有可能不再成立。

1930 年,泡利提出了与玻尔相反的看法。他从 β 衰变中可观察的能量总是"不足"而不是"盈余"的事实出发,认为这明显不能用统计平均解释。于是,他假定原子核在 β 衰变中除放出电子外,还放出了其他一些粒子,把一部分能量带走了。泡利把这种粒子描述成是一个没有电荷、自旋为 $h/4\pi$(h 为普朗克常量)的中性粒子,这样就既能保持能量守恒,又满足了自旋的要求。

奥地利物理学家泡利在理论物理学研究方面才能非凡,1925 年他提出的不相容原理意义重大,但是当他提出这个假说时,却无人喝彩。因为谁也没看到这种粒子,只为了解释某种现象就要相信它的存在,似乎也过于轻率,而且当时的实验也不能立即证明存在这种粒子。后来,在一次物理学家的聚会上,泡利又一次提出自己的主张,经过认真讨论,许多人接受了它。泡利预言的这种新的粒子,当时命名为"中子"。后来查德威克于 1932 年发现了一种存在于原子核内的中性粒子,也叫作中子,此中子非彼中子。

1933 年,意大利物理学家费米从理论上把泡利的想法具体化,同时把泡利假设的中性粒子称为"中微子",建立了β衰变的相互作用理论。他认为原子核的β衰变是由其中的中子衰变为质子、电子和中微子所致,导致这个过程的是一种新的相互作用。由于β衰变的寿命比其他类型衰变长得多,这种新相互作用比电磁相互作用弱得多(虽然比引力作用强得多),因此得名弱相互作用。这种新型的力跟引力、电磁力和强相互作用力(原子核中核子之间的力)一起成了我们现在所说的四种基本的相互作用力。费米的理论计算与β衰变实验结果高度符合,还预言了原子核能够发生的其他一些衰变过程,后来都被实验证实。于是虽然中微子这个粒子还未真正露面,但已经间接证明了它的存在。

中微子和光子有许多相似之处,首先它们都没有质量(静止质量为零),都不带电且稳定,运动速度都是光速。但在运动性质方面,它们有明显的差别。中微子的自旋量子数与电子相同,是 1/2,而光子的自旋量子数是 1;中微子只受弱相互作用,光子参与电磁相互作用。正由于中微子本身具有的这些性质,导致它的穿透本领极强,很容易穿透密密的物质层,甚至可以穿透整个地球而不被任何物质所吸收,也不会留下任何痕迹,所以在实验上很难发现它的存在,"捕捉"中微子成为科学难题。

067 众里寻她千百度——捕捉中微子

中微子本身的性质注定要让它的预言家泡利经历漫长的等待,这一等就是 1/4 个世纪。1956 年,中微子才比较直接地在实验中被观察到。

虽然困难重重,但事实上执着的科学家寻找这个隐身粒子的尝试始终没有停止。寻找中微子的实验方案是由中国核物理学家王淦昌首先提出来的。王淦昌(1907—1998)1929 年毕业于清华大学物理系,1930 年留学德国,在迈特纳的指导下研究β衰变。1934 年回国,先后担任山东大学和浙江大学物理教授,抗日战争时随浙江大学内迁贵州。1941 年,王淦昌在昏暗的油灯下完成了《关于探测中微子的一个建议》一文,并艰难地寄到美国,发表于著名的《物理学评论》杂志上。他提出的用探测器寻找中微子的一个绝妙方案,引起了实验工作者的注意。

据泡利假设,一个原子核在发生β衰变后变成了三个粒子:电子、中微子和新原子核,这个过程叫三体衰变。在三体衰变中电子和中微子的能量都不确定,给分析带来困难。王淦昌注意到:有的原子核在吸收了一个电子后,可能变成另一种原子核,同时放出一个中微子。这是一种由弱相互作用引起的二体过程,初始的反应能量被两个粒子——新原子核和中微子分配。只需要测量反应后原子的能量和动量,就可以比较容易地推算出所放出的中微子的能量和动量,并以此检验中微子假设的正确性。

王淦昌建议以^{7}Be 为例,测量反应后形成的^{7}Li 原子的反冲能量。两个月后,这个方案被美国物理学家艾伦(J. S. Allen)部分地实现了,这些作为中微子存在的间接实验证据,成为当时物理学的重要成就之一,由于条件所限,艾伦没完成王淦昌的全部计划。

人们当然不会甘心于总是间接地推测中微子的存在,而是希望能直接捕捉到这个"幽灵粒子"。他们设计各种方案,布下天罗地网。1953 年,首先是中微子的反粒子——反中微子成为人们的网中之物。

这个实验是由美国洛斯阿拉莫斯实验室的莱因斯(Fredrich Reines,1918—1998)和考恩(Clyde Cowan,1919—1974)及他们所领导的实验小组完成的。实验方案基于以下认识:当反中微子与质子相撞后,这两个粒子分别同时变为一个正电子和一个中子,只要在粒子应该出现的时间和地点捕捉了正电子和中子,就证实它们是由反中微子和质子产生的,也就直接验证了反中微子的存在。他们利用美国原子能委员会在南卡罗来纳州的萨凡纳河工厂的大型裂变反应堆,设计了一个规模巨大的实验方案。

实验进行得很艰苦,他们克服了重重困难,历时整整三年,终于在 1956 年得出结论。这项直接的观测结果消除了对于中微子存在的全部怀疑。与任何别的基本粒子一样,中微子也是确实存在的粒子。6 月 15 日,实验组织者莱因斯和考恩向泡利发了一封电报,告知这一喜讯。泡利当晚电复:"获悉来电,深表感谢。知道如何等待的人,会等到每一件事物。"仅仅过了两年半,1958 年 12 月 15 日,一代科学奇才泡利与世长辞,虽然只享年 58 岁,但至少在这个问题上可以瞑目。

到了 1962 年,科学家们对中微子的研究有了新突破。美国哥伦比亚大学的莱德曼(L. Lederman,1922—2018)、施瓦茨(M. Sohwartz,1932—2006)、斯坦博格(J. Steinberger,1921—2020)在布鲁克海文国家实验室里,用 15 GeV 的质子束打击铍靶而产生 π 介子束流。π 介子在飞行中衰变为 μ 子和中微子。他们使束流通过铁,让大部分 μ 子被铁吸收,从而获得很纯的中微子束流。

他们三人因此荣获 1988 年诺贝尔物理学奖。而莱因斯也因"中微子探测"荣获 1995 年诺贝尔物理学奖。

从泡利提出中微子假说至今,已历时 90 多年,人们终于对中微子的存在及其在粒子物理、天体物理和宇宙学中的地位有了实质性的了解。例如,人们已认识到中微子与宇宙中的暗物质(不能发光也不能反射光即没有光子效应的物质,仅能凭它们对可见星系的引力效应来间接地证明它们的存在)密切相关。大暴胀宇宙模型预言,这种暗物质的质量占整个宇宙质量的 90%,而且预言 30%的暗物质便是带质量的中微子。

中微子的家庭也逐渐完整起来。现在一般认为,中微子有这样三类:ν_e(电子型),ν_μ(μ 型),ν_τ(τ 型)及对应的反粒子:$\bar{\nu}_e$,$\bar{\nu}_\mu$,$\bar{\nu}_\tau$。

20 世纪 30 年代,泡利曾悲观地说:"我犯下了一个物理学家所能犯的最大的过错,居然预测存在一种实验物理学家无从验证的粒子。"几十年过去了,科学的发展真是让任何天才人物都难以预测啊!

 068　汤川秀树的预言——μ 介子和 π 介子

自从发现原子核的成分是质子和中子以后,人们就力图弄明白是什么力把质子和中子相结合的。当时,只知道两种自然力的作用,即电磁力和万有引力。核内的质子全带正电荷,带同种电荷的质子之间存在静电排斥力,这不但不能使它们结合起来组成原子核,而且还会使它们彼此分离。粒子之间存在的万有引力虽然是吸引力,但其强度只是电磁力强度的 10^{-37},远远无法抵消静电斥力。物理学家们意识到,一个个稳定的原子核向人们表明:核中的粒子间必定存在着一种新奇而又强大的束缚力,因此就为其取名核力。

质子和中子统称为核子。核力存在于质子与质子之间,还存在于中子与中子之间,以及质子和中子之间,也就是说,在构成原子核的任何两个核子之间都存在核力,而且其强度是相同的。核力是一种与粒子的带电状态完全无关的强大的吸引力,称为强相互作用力。在它起作用的范围内,其强度比电磁力大 100 倍以上,这就保证了静电斥力不会破坏原子核的稳定性。核力的另一个重要特点是它的力程极短,只在原子核的尺度内起作用,超过这个小范围就不起作用了,难怪在日常生活中人们从没感觉到核力。那么核力是由什么引起的?它的本质是什么?为什么它只有这么短的力程而又有那么大的强度呢?一连串的问题困扰着物理学家们,也正是对这些问题的深入研究,才揭开了粒子物理的新篇章。

1934年11月,日本物理学家汤川秀树(1907—1981)为解释核子之间的强相互作用而提出介子场理论。在研究强相互作用的过程中,汤川深受电磁相互作用的启发。在电磁场理论中,带电粒子之间的电磁作用是通过互换光子完成的,光子是传播电磁力的介质粒子。汤川秀树发展了海森伯的交换力的思想,他把核力场与电磁场相类比,认为在原子核中应该存在一个传递核力的介质粒子,它应该具有静止质量,这个质量介于电子质量和质子质量之间,故称其为介子。由于前述核子间作用力是相同的,这就要求介子的电荷为$\pm e$或者为零。汤川把两个核子之间的相互作用看成是一个核子发射一个介子,而另一个核子吸收这个介子。根据相对论和不确定性原理,他推算出介子的质量大约是电子质量的200倍。因此,汤川预言:存在这样一类介子,其质量大约为电子质量的200倍,它们或者是中性的,或者带电$\pm e$,它们能与核子发生强相互作用。

最初,汤川秀树的介子场理论并未引起物理学家的注意,有一段时间,连汤川自己也产生了动摇。1937年,从事宇宙线研究的安德森和尼德迈耶(S. M. Neddermeyer,1907—1988)等在宇宙线研究中发现了一种很像电子的粒子,质量介于电子与质子之间,约为电子质量的207倍。由于当时日本与外界信息交流很不畅通,这些发现者并不知道汤川秀树的预言,于是就把这种粒子称为"重电子"。后来奥本海默和汤川秀树分别在不同场合下指出,"重电子"可能就是汤川秀树提出的介子,这时人们才开始注意汤川秀树的论文。理论预言与实验测定竟能如此吻合,"重电子"也就自然地被命名为"μ介子"了。

然而,令人遗憾的是,当人们把宇宙线详加考察后发现了一些不能解释的现象。最令人扫兴的是,这些据称是传播核力的介子,本身竟完全不和核子发生作用。核力介子,正如在宇宙线中所见到的,发生的概率虽然很大,但是可以设想,它通过物质时也容易因损失能量而被吸收掉。实际上,在宇宙线中所见到的基本粒子都以相当强的穿透力穿透物质,所以被吸收的概率很小。通过研究宇宙线粒子与原子核之间的相互作用,人们意外地发现μ介子并没有预期的强相互作用性质。在物质中穿行时,μ介子并不与原子核发生任何接触,它基本上不与中子相互作用,只不过与质子发生电磁相互作用而已。1948年,我国物理学家张文裕(1910—1992)用云室研究μ介子与金属箔的直接作用,也证明了介子不参与强相互作用。这样看来,虽然 μ 介子的质量与汤川秀树预言的介子基本吻合,但其性质却有很大差异。可以肯定地说,μ 介子并不是汤川秀树所预言的那种介子,这类介子甚至根本就不该叫作"介子",将它命名为 μ 介子只是一种误会,于是就将其改称为 μ 子了。

μ 子不是汤川秀树预言的介子,但其质量却与他所预言的介子几乎一样,这是偶然巧合,还是二者之间有某种联系呢? 许多理论物理学家纷纷寻找问题的答案。不久,日本物理学家坂田昌一和井上健,以及美国物理学家贝特(H. A. Bethe)和马沙克(R. Marshak)各自独立地提出存在另一种介子的假设。他们指出,实验中观察到的 μ 子是汤川秀树介子衰变的产物。怎样用实验来证实这个假设呢? 汤川秀树介子在何处呢? 当时恰好有一种实验技术的改进为证实上述问题提供了可能。

发现汤川秀树所预言的介子,已是 10 年之后了,而真正的汤川秀树介子被命名为 π 介子。

069 这一回是真的——捕捉 π 介子

当时汤川秀树所预言的介子虽然尚未找到,但由于汤川秀树的理论已取得很大成功,所以许多人相信汤川秀树介子在客观上一定存在,只是其寿命太短,用当时的设备无法观测到。他们相信只要继续在宇宙线中寻找,迟早会找到这种粒子。

什么是"粒子的寿命"呢? 由于微观粒子可以互相转化,它们大部分都会自发地衰变成质量更小的其他粒子,这种粒子在真空中平均能够存在的时间就有粒子的"寿命"。每一种粒子都有一个确定的寿命。例如,中子的寿命约为 16 min,其他不稳定粒子的寿命都比中子的短,寿命越短的粒子越不稳定。短寿命粒子平均只能行进很小的距离,在探测器还来不及记录之前它就衰变了,所以就难以发现它们。

能够记录短寿命粒子运动轨迹的实验技术是核乳胶照相。早在 20 世纪初期,这一方法就已用于显示放射性辐射。乳胶胶片的主要成分是溴化银微晶体和明胶的混合物。当不同能量的带电粒子作用在乳胶胶片上时,所经之处溴化银微晶体就会被带电粒子激活,因而留下一系列可显影的乳胶颗粒,从而记录了带电粒子的运动轨迹。这些变黑的颗粒以一定的间隔分布,由于快速粒子比慢速粒子电离能力低,所以粒子的速率越大,颗粒之间的间隔也就越大。科学家根据这些颗粒密度的大小和径迹的长短、形状及曲折程度,通过计算和比较,就可以得出粒子的质量、能量和粒子的性质,从而判断出粒子的类别。但是,当时乳胶胶片的灵敏度不高,只能记录因速度较慢导致电离较大的粒子的径迹,一些以近光速运动的粒子,由于其电离较弱而难以记录。因此,这就减少了探测到新粒子的机会。另外,分析底片中粒子的径迹需要用分辨率极高的显微镜,而当时所用显微镜的分辨率还没有达到这一要求。由于这两个技术上的原因,核乳胶照相这种方法在核物理学研究中局限性太大。另外,从测量到的径迹长度计算粒子能量往往会得到很分散的结果,这也使得许多核物理学家对这种方法持怀疑态度。当时,大家普遍相信和采用的研究方法是威尔逊云室。可是,有一位学者却与众不同,虽然许多人认为他是在浪费时间,他却不为所动,坚持用核乳胶照相的方法研究宇宙线,这个人就是英国物理学家鲍威尔(Cecil Powell,1903—1969)。

鲍威尔在卡文迪许实验室时期做过卢瑟福和威尔逊的研究生,对云室的工作原理和实际操作掌握得都比较透彻,他还用核乳胶照相技术做过许多精确的实验。鲍威尔认为,与威尔逊云室相比,乳胶照相法有许多明显的优势。例如,乳胶胶片能够持续有效地记录粒子径迹,用底片观察非常直观,造价成本相对便宜,操作技术也明显简单。他也充分认识到了核乳胶照相的技术障碍,从1938年起,鲍威尔把精力集中于对这些技术的改进。

他与胶片制作厂家和化学专家进行了卓有成效的合作,把乳胶胶片进行了改进,包括乳胶的厚度都可随研究目的不同而调节。于是乳胶胶片的灵敏度大大提高,所记录粒子的径迹更加清晰细致。鲍威尔用有限的经费在德国订购了当时最先进的显微镜,发现用油浸物镜观测效果最好,并改用双目镜显微镜以减轻观察人员的疲劳。

鲍威尔的实验小组将乳胶胶片想方设法送到高处去接受辐照。当把在比利牛斯山脉高度为 3000 m 的一个法国观察所中辐照过的底片拿回时,看到了许多似乎是蜕变现象的痕迹。于是在之后的几年中,鲍威尔及其合作者不断地改进乳胶材料、研究技术和分析粒子径迹的光学设备,还制成了直径 20 m、载物 20 kg、飞行高度达 30 000 m 的高空探测气球。用这种装置,他们拍摄了宇宙线在不同高度穿过乳胶的大量底片。1947 年,鲍威尔在题为《关于乳胶照相中慢介子径迹的观测报告》的论文中总结了实验结果,正式将他们发现的新粒子命名为 π 介子。经过计算,得出 π 介子的寿命为 $2×10^{-8}$ s,并且证实了 π 介子可以衰变为 μ 子。

从汤川秀树的预言,到 μ 子的发现,再到 π 介子的捕获,其间经历了整整 12 年,大自然和科学家玩了很久的捉迷藏。理论一旦被实验所证实,科学的最高奖也接踵而来,汤川秀树荣获 1949 年诺贝尔物理学奖,鲍威尔则在 1950 年摘取了这顶桂冠。

070　一群怪客的造访——奇异粒子

1947 年,美国宇宙线工作者罗切斯特(George D. Roechester,1908—2001)和巴特勒(Clifford C. Buther,1922—1999)在云室的宇宙线照片中发现了两个呈 V 字形径迹的事例。一个事例表明,不留痕迹的一个中性粒子因衰变在一点停止,同时转变为两个粒子;另一个事例是,一个带电粒子衰变为一个带电粒子和一个中性粒子。从径迹特征分析,罗切斯特他们断定这是一种尚未发现过的新粒子,当时形象地称之为 V 粒子。

随后,宇宙线专家用核乳胶对宇宙线进行更多的研究。1949 年,鲍威尔等得到了一张径迹照片,他们鉴定为一个粒子在某处停止而衰变为三个 π 介子,然后其中的一个 π 介子撞到了一个原子核,引起原子核衰变。鲍威尔把这个粒子命名为 τ 粒子。

不久,在宇宙线中又相继发现了一批新粒子,它们的反应过程都有类似于 V 粒子和 τ 粒子的新奇图样,这些粒子被统称为"奇异粒子"。

当时各个实验组每发现一种新粒子,总要给它起一个名字,于是难免出现同一种粒子被不同实验组同时发现而获得几个名称的情况。实际上,我们前文所说的 V 粒子和 τ 粒子,后来经过仔细分析,它们是同一种粒子,改称为 K^{+} 粒子。

1953 年,在法国巴涅尔-德比戈尔举行的宇宙线国际会议决定给新粒子统一命名。会上决定按质量把新粒子分为两组:质量大于质子的称超子,质量介于质子与介子之间的称为重介子。超子包括 $Λ^{0}$、$Σ^{+}$、$Σ^{0}$、$Σ^{-}$ 及其反粒子;重

介子包括 K^+ 及其反粒子。

粒子名称右上角的符号表示粒子所带电荷数。例如，Σ^+ 表示带一个单位正电荷的"西格马"粒子，Σ^0 表示中性，Σ^- 表示带一个单位负电荷。在粒子符号上方加一短横表示反粒子。例如，$\overline{\Sigma^0}$ 表示 Σ^0 粒子的反粒子。从这种命名法可以看出，除电荷不同外，质量、自旋等其他性质均相同的粒子用同一个字母标记。在粒子物理以后的发展中，这具有重要的意义。

所谓"奇异粒子"，是在 1949 年起陆续在实验中所发现的一大批奇异数（一种量子数）不为零的一族新粒子，如 K^+、K^0、K^-、$\overline{K^0}$、Λ^0、Σ^+、Σ^0、Σ^-、Ξ^0、Ξ^+ 等粒子的总称，其中前四个为重介子，而其余为超子族，因为它们的质量都超过了最重的核子——质子。这些粒子"奇异"在何处呢？这在发现它们的图像中就已显露了。

首先，奇异粒子是不稳定的，它们的衰变过程从径迹的变化可以得知。通过分析径迹可知，这些粒子产生时非常迅速，历时约 10^{-24} s，而衰变过程却非常缓慢，它们的平均寿命即衰变过程为 $10^{-10} \sim 10^{-8}$ s 数量级。用宏观眼光来看，这是非常非常短促的一刹那，但是你的对象是大小为 10^{-15} m 数量级的微观粒子，运动速度接近光速，它们在产生时碰撞所经历的时间更为短促，约为 10^{-23} s。这表明二者的数量级相差 10^{13} 倍。这意味着如果一个人的诞生只需 1 s，而他的寿命为 10^{13} s，大约为 30 万年。

其次，这些粒子总是协同产生，非协同衰变，而且通过强相互作用产生，通过弱相互作用衰变。也就是说，在碰撞过程中至少有两个奇异粒子一起产生，然后每个奇异粒子再分别独立地衰变消失掉，最后衰变成的粒子是过去已知的粒子，而不再是奇异粒子。

正是由于这些粒子具有上述两个"奇异"特性，当时的理论无法加以解释，所以被称为奇异粒子。

现在早已清楚，这批奇异粒子的产生过程与衰变过程是由两种不同的原因所引起的：其产生过程由强相互作用所引起，因而反应很快（10^{-23} s）；而衰变过程是由弱相互作用引起，从而衰变时间显得较长（$10^{-10} \sim 10^{-8}$ s）。于是第一个"奇异"得到解释。

第二个问题的解答也与相互作用有关。1953 年，盖尔曼（M. Gell-Mann，1929—2019）等为了解释奇异粒子的有关实验规律，引入了一个新的量子数 S（奇异数），并假定在强相互作用下有关粒子的奇异数之和严格守恒。奇异数 S 的引入很好地解释了奇异粒子的特性，在强相互作用过程中，奇异数守恒，在弱相互作用过程中,奇异数可以不守恒。

我们还会看到,相互作用越强,它引起的过程所遵守的守恒定律就越多,受到的限制也越多。反之,较弱的相互作用则遵守较少的守恒定律。这甚至有些像人类社会的组织结构,人们交往得越密切,越深刻,越需要有严密的法律体系。

071 更吹落,星如雨——共振态粒子

20 世纪 50 年代初期,正当物理学家为解释奇异粒子的奇异特性而煞费苦心时,随着一些新的探测仪器的发明和投入使用,数量更多的、寿命更短的粒子——共振态粒子像流星雨一样,倾盆而下。

1952 年,费米和斯泰因伯格(J. Steinberg)为了弄清核力的性质,在芝加哥大学利用同步回旋加速器产生 π 介子束来打靶,发现了一种新的现象,π 介子与质子的碰撞概率(碰撞概率就是碰撞的机会或碰撞的频率,又称碰撞截面)随 π 介子的能量有明显上升。后来,美籍华裔物理学家袁家骝(他的太太名气很大,是美国物理学会主席吴健雄女士;他的爷爷名气更大,名为袁世凯)等进一步提高 π 介子的能量,发现碰撞概率上升,呈现险峻的峰值后就下降了。这种现象颇像振荡器的辐射频率与发射天线的调谐频率发生共振时,电磁波强度急剧上升的情况。此时是 π 介子动能与质子-π 介子之间势能发生共振。实际上,π 介子在极短时间内滞留于质子周围,形成新的复合粒子,但在很短的时间内,又衰变为质子与 π 介子。人们后来称这个短命粒子为 Δ^{++}。袁家骝等发现的这个粒子是人类发现的第一个共振态粒子,它的寿命约为 6×10^{-24} s,确实短促。

能够探测到这样短命的基本粒子,要归功于一种兼具云室和核乳胶照相技术二者优点的新型探测工具——气泡室的问世,它是美国物理学家格拉泽在 1952 年发明的。气泡室的工作原理与云室大体相似,只是气泡室中使用的是加热的过热液体,而不是云室中所用的那种过饱和状态的蒸气。一旦有高能带电粒子进入装有过热亚稳状态液体的耐高压容器中,在所经过的轨迹上不断与液体分子碰撞而产生低能电子,从而形成离子对。这些离子对在复合时会引起局部发热,液体就会局部沸腾,沿粒子经过之处就形成大量的气泡。借助这些气

泡,带电粒子的轨迹便清晰可见。再通过照相机拍下带电粒子的径迹图像,测量径迹的长短、粗细等数据,便能清晰地分辨出粒子的种类和性质。

用透明液体代替云室中的气体,由于单位体积中液体分子比气体分子多上千倍,这就明显缩小了观察现象的空间范围。这是一种新型的粒子探测器,可以连续使用,而且特别适用于研究高速度、短寿命的粒子。

气泡室发明之初,格拉泽用的液体是乙醚。在成功地观察到第一批粒子的径迹后,他又改用各种不同的液体进行实验。格拉泽是这个领域的一位开拓者,因发明气泡室而荣获 1960 年的诺贝尔物理学奖。然而,真正使这种探测技术得到发展并进行大规模应用的是另一位美国物理学家阿尔瓦雷斯。

阿尔瓦雷斯在 1936 年获得博士学位后,一直在劳伦斯所领导的加州大学伯克利分校辐射实验室工作。在这个研究核物理及粒子物理学的科研集体中,他如鱼得水,参加了基础研究和应用科学的许多重要研究项目,在劳伦斯影响下,他特别喜欢参加大规模的实验计划。

1953 年 4 月,在华盛顿召开的一次会议的午餐时,格拉泽给阿尔瓦雷斯看了一张图像,上面记录的是粒子通过玻璃瓶中的乙醚时留下的 2 cm 长的气泡径迹。看过图像后,阿尔瓦雷斯马上意识到气泡室会很有前途。于是一回到伯克利,他就决定建造规模空前的注满液氢的气泡室。他考虑到,如果用液氢作为工作物质,气泡室中就只含有氢原子核,工作液体结构最简单,可以清楚地反映出所研究的各种粒子与质子间的相互作用而不会使径迹复杂化(图 071-1)。

格拉泽建造的第一个气泡室长 3 cm,直径为 1 cm。而阿尔瓦雷斯堪称大手笔,在他的一系列氢气泡室中,1959 年建成的一个直径为 72 英寸(1.83 m),像一个大型的浴缸,装有 500 L 液氢。后来人们根据阿尔瓦雷斯的方法建成的氢气泡室直径甚至将近 10 m,体积比最初的气泡室增加上百万倍,能盛上万升液氢,像一座巨大的楼房。阿尔瓦雷斯还设计建造了半自动径迹测量设备,编制了计算机程序,让计算机辨认粒子的种类,使复杂的径迹数据变得具有物理意义。

气泡室的发明和改进,促进了共振态粒子的研究,最早发现的共振态粒子是两个粒子的复合体,后来发现了更复杂的复合体。共振态粒子的种类数目惊人,时至今日,人们发现的共振态粒子早已超过 400 种。

1968 年,阿尔瓦雷斯由于"发展氢气泡室和数据分析技术,发现许多共振态,对基本粒子物理做出决定性贡献"荣获当年诺贝尔物理学奖。

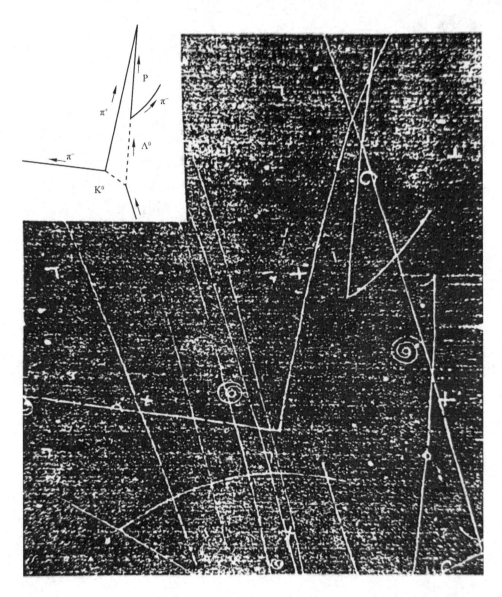

图 071-1　一张液氢泡室图像。左上角是简化还原后的原过程图。图中的虚线是补加上的,代表两个看不见其径迹的中性粒子 K^0 与 Λ^0。整张图像由三个"三岔路口"构成,它们分别对应着过程

$$下:\pi^- + P \longrightarrow \Lambda^0 + K^0$$

$$右上:\Lambda^0 \longrightarrow \pi^- + P$$

$$左:K^0 \longrightarrow \pi^- + \pi^+$$

072 "θ-τ"疑难——宇称有时不守恒

粒子的性质,除质量、电荷、自旋和半衰期等之外,还有一种所谓"宇称性"。

"宇称"是个较复杂的概念,粗略地说,它可以解释为"左、右交换"。按照这个解释,"宇称不变性"就是"左、右交换不变",或者"镜像与原物对称"。在相当长的一段时间中,物理学家都相信,所有的自然规律在这样的镜像反射之下都应当保持不变。比如,三个最重要的方程:牛顿运动定律、麦克斯韦方程组、薛定谔方程都是镜像反射不变的。但在我们的世界中,却并非样样东西都是左、右对称的。一个简单的例子:螺丝的左旋和右旋就不对称,一个是旋松,另一个则旋紧。

宇称的概念是拉波特(O. Laporte)在 1924 年分析分子光谱时最先提出并总结成为宇称守恒定律。在 1927 年,维格纳(E. P. Wigner, 1902—1995)证明了在原子现象中宇称守恒,以后又推广到原子核物理和粒子物理中,直到 1954 年前后,人们才认为宇称守恒定律是有效的。

然而,人们在观察当时被称为 θ 和 τ 粒子的衰变现象时,发现了一个疑问,称为"θ-τ"疑难。精确的实验表明,θ 和 τ 这两种奇异粒子的质量、电荷、自旋、半衰期等都相同,它们似乎应该是相同的粒子,可是它们的衰变方式却不同:θ 衰变为两个 π 介子,而 τ 衰变为三个 π 介子,即

$$\theta^{\pm} \longrightarrow \pi^{\pm} + \pi^{0}$$

$$\tau^{\pm} \longrightarrow \pi^{\pm} + \pi^{\pm} + \pi^{\mp}$$

对实验结果的分析表明,三个 π 介子的总角动量为零,宇称为奇;而两个 π 介子的总角动量如果为零,则宇称为偶。因此,如果确认宇称守恒定律严格成立,则 τ 和 θ 就不可能是同一种粒子,而如果认为 τ 和 θ 是同一种粒子,宇称守恒定律就不成立。

对于"θ-τ"疑难,当时的物理学家们好像在同一间暗房里摸索寻找着出口,他们已经敏锐地意识到在某个方向一定有一扇门,但是这扇门在哪个方向呢?

杨振宁和李政道(1926—2024)是当时两位年轻的旅美中国物理学家。杨振宁 1922 年 9 月 22 日生于安徽合肥,1942 年毕业于西南联大物理系,1945 年赴美国芝加哥大学攻读博士学位,是物理大师费米的学生。1955 年在普林斯顿高级研究院任教授。

李政道和杨振宁

李政道 1926 年 11 月 24 日生于上海，1946 年从西南联大物理系获国家奖学金直接赴美国芝加哥大学研究院深造，1951 年到普林斯顿高级研究院工作，1953 年转到哥伦比亚大学。

自从"θ-τ"疑难出现以来，他们二人就关心着问题的进展。在一次学术会议上，杨振宁和李政道提出，设想每一种奇异粒子都是宇称的双子。费曼（R. Feynman，1918—1988）发言说，他与开会时同室居住的布洛克（M. Bloch）讨论过好几夜，布洛克提出一个问题，θ 和 τ 是否可能是同一类粒子而又具有不同的宇称。杨振宁回答，他和李政道考虑过这个看法，但还没有做出定论。首先提出宇称守恒原理的维格纳教授也表示一种粒子或许有可能有两种宇称。得到这么多著名物理学家的热情鼓励，会后杨振宁、李政道二人就开始着手对宇称守恒定律的实验资料进行调研，经过仔细地分析研究，对该定律在弱相互作用过程中是否成立的问题提出了质疑。1956 年 5 月做出了两点重要结论：①过去所做的弱相互作用方面的实验事实上都不曾涉及有关宇称是否守恒的问题。②在强相互作用和电磁相互作用中，确实有大量实验以相当高的精度确定了宇称守恒，但是这些实验还没有达到足够的精度，不可能测出其中弱相互作用宇称不守恒的效应。

通过他们的工作，杨振宁、李政道提出了一个令人吃惊的事实：过去为人们长期深信不疑的一条原理，即宇称守恒定律对弱相互作用也成立，实际上从来没有真正在实验上得到过支持。

同年 9 月，杨振宁在一次国际物理学会议上所作的关于《目前对新粒子的了解》的演讲中，报告了他和李政道共同研究的结果，并提出了用实验来验证的方案。几个月之后，在哥伦比亚大学工作的中国物理学家吴健雄女士（1912—1997）与美国的几位物理学家一起，凭着极其精湛的实验技术，用 ^{60}Co 的衰变实验证实：在这种 β 衰变的过程中，宇称确实不守恒。

由于这一发现意义重大，杨振宁、李政道共同获得了 1957 年诺贝尔物理学奖。当时李政道年仅 31 岁，成为诺贝尔奖历史上第二个最年轻的获奖者（年龄最小的是英国 25 岁的劳伦斯·布拉格（W. L. Bragg, 1890—1971），他在 1915 年和他父亲亨利·布拉格（W. H. Bragg, 1862—1942）由于利用 X 射线研究晶体结构获奖）。

吴健雄女士是非常著名的实验物理学家，1975 年她被选为美国物理学会主席，1956 年之前就因在 β 衰变中精确而广泛的实验享有盛誉。她在实验上发现了反质子，在其他方面的实验和测量及其应用都作出贡献。在 1959 年获诺贝尔物理学奖的 E. 塞格雷称赞她说："她的毅力和对工作的献身精神使人想起了玛丽·居里，但吴健雄更成熟、更漂亮、更机灵。"

E. 赛格雷在《从 X 射线到夸克》一书中，谈到杨振宁、李政道、吴健雄三位物理学家的贡献时评论说："从当代这三位物理学家所取得的成就，也可看出中国这个伟大的国家在度过当前的革命震动时期，并恢复其作为世界文明发源国之一的作用后，将来可能对物理学做出什么样的贡献。"

这三位科学家永远是华人世界的骄傲。

073 庞大的家族——"基本"粒子分类一览

1897 年，J. J. 汤姆孙发现电子，这是人类发现的第一个比原子更为基本的粒子。1911 年发现质子，1932 年发现中子和正电子，这些都是早期发现的"基本粒子"。之后，人们用高能加速器来加速电子或质子，企图用这些高能粒子作为"炮弹"轰开中子或质子来了解其内部结构，从而确认它们是否真为"基本"粒子。令人惊奇的是，在高能粒子轰击下，中子或质子不但不破碎成更小的碎片，而且在这剧烈的碰撞过程中还产生许多新的粒子，有些粒子的质量比质子还大，因而情况显得更加复杂。之后从类似的实验和宇宙线中又发现了几百种不同的粒子，它们的质量不同、性质各异，且能互相转化。这就很难说哪种粒子更基本。我们仍然说"基本"，正如说"原子"一样，只是代表物质的一个层次，有习惯上的意义，现在都简称为粒子。

粒子的性质中有下列三点须稍加解释。

一为质量,这是指其静止质量,在粒子物理学中常用 MeV/c^2 作质量单位。MeV(兆电子伏)是能量单位,c 为真空中光速。

$1\,\text{MeV} = 1.602 \times 10^{-13}$ J。由爱因斯坦质能公式 $E = mc^2$ 可以求得,$1\,\text{MeV}/c^2$ 的质量为

$$1.602 \times 10^{-13}\ \text{J}/(3 \times 10^8\ \text{m/s})^2 = 1.78 \times 10^{-30}\ \text{kg}$$

二为自旋,每个粒子都有自旋运动,好像永不停息地旋转着的陀螺一般。它们的自旋角动量(简称自旋)也是量子化的,通常用 $\hbar$ 作单位度量,即

$$1\hbar = h/2\pi = 1.05 \times 10^{-34}\text{J} \cdot \text{s}$$

称为约化普朗克常量。有的粒子的自旋是 $\hbar$ 的整数倍或零,有的则是 $\hbar$ 的半整数倍(如 $\frac{1}{2}$,$\frac{3}{2}$,$\frac{5}{2}$ 倍)。

三为寿命,在已发现的数百种粒子中,除电子、质子和中微子以外,实验确认它们都是不稳定的。它们都要在或长或短的时间内衰变为其他粒子。粒子在衰变前平均存在的时间叫作粒子的寿命。例如,一个自由中子的寿命约为 12 min,有的粒子寿命为 10^{-10} s 或 10^{-14} s,许多粒子的寿命仅为 10^{-23} s,甚至 10^{-25} s。

所有的粒子都是配成对的,即都有正、反粒子,正、反粒子的一部分性质完全相同,另一部分性质完全相反。例如,电子和正电子是一对正、反粒子,它们的质量和自旋完全相同,但电荷与磁矩完全相反。中子和反中子也是一对正、反粒子,它们的质量、自旋、寿命完全相同,但磁矩完全相反。有些正、反粒子的所有性质完全相同,因此即为同一种粒子,如光子、π^0 介子。

粒子间的相互作用,有四种基本形式,即万有引力、电磁力、强相互作用力和弱相互作用力。各种相互作用都分别由不同的粒子作为传递的介质。光子是传递电磁作用的介质,中间玻色子是传递弱相互作用的介质,胶子是传递强相互作用的介质。这些都已为实验所证实。对于引力,现在还只能假定,它是由一种"引力子"作为介质的。这些粒子都是现代标准模型的"规范理论"中预言的粒子,于是统称规范粒子。由于胶子共有 8 种,这些规范粒子就总共有 13 种。规范粒子的特征物理量如表 073-1 所示。

表 073-1　规范粒子

粒子种类	自旋/$\hbar$	质量/(MeV/c^2)	电荷/e
引力子	2		0

续表

粒子种类		自旋/$\hbar$	质量/(MeV/c^2)	电荷/e
光子	γ	1	0	0
中间玻色子	W$^+$	1	8.1×10^4	1
	W$^-$	1	8.1×10^4	-1
	Z^0	1	9.4×10^4	0
胶子	g	1	0	0

除规范粒子外,所有在实验中已发现的粒子可以按照其是否参与强相互作用而分为两大类:一类不参与强相互作用的称为轻子;另一类参与强相互作用的称为强子。

现在已发现的轻子有电子(e)、μ 子(μ)、τ 子(τ)及各自相应的中微子(ν_e、ν_μ、ν_τ),在目前实验误差范围内,这三种中微子的质量为零。但是由于这些实验还不很精确,是否如此,还有待于更精确的实验证实。轻子的特征物理量如表 073-2 所示。

表 073-2　轻子的特征物理量

粒子种类	自旋/$\hbar$	质量/(MeV/c^2)	电荷/e	寿命或特征
e	1/2	0.511	-1	稳定
ν_e	1/2	0	0	稳定
μ	1/2	105.7	-1	2.2×10^{-6} s
ν_μ	1/2	0	0	稳定
τ	1/2	1776.9	-1	3.9×10^{-13} s
ν_τ	1/2	0	0	稳定

τ 子的质量是电子质量的 3500 倍,差不多是质子质量的两倍,所谓"轻子"也不一定都轻。这 6 种轻子都有各自的反粒子,所以实际上有 12 种轻子。

粒子家庭成员中的绝大多数是强子。强子又可按其自旋的不同分为两大类:一类自旋为半整数,统称重子;另一类自旋为整数或零,统称介子。一些强子的特征物理量如表 073-3 所示。

表 073-3　一些强子的特征物理量

重子				介子			
粒子种类	自旋/$\hbar$	质量/(MeV/c^2)	电荷/e	粒子种类	自旋/$\hbar$	质量/(MeV/c^2)	电荷/e
p	1/2	939	1	π^+	0	140	1
n	1/2	939	0	π^0	0	140	0
N^+	3/2	1520	1	π^-	0	140	-1
N^-	5/2	1680	1	ω^+	1	783	0
Δ^{++}	3/2	1700	2	ω^-	3	1670	0
Δ^+	3/2	1700	1	h	4	2030	0
Δ^0	3/2	1700	0	J/ψ	1	3100	0
Δ^-	3/2	1700	-1	χ	2	3555	0
Λ^+	7/2	2100	0	K^+	0	494	1
Λ^-	9/2	2350	0	K^0	0	498	0
Σ^+	1/2	1193	1	K^-	0	494	-1
Σ^0	1/2	1193	0	D^+	0	1869	1
Σ^-	1/2	1193	-1	D^0	0	1865	0
Ω^-	3/2	1672	-1	D^-	0	1869	-1

　　轻子、重子、介子这些名词都是早年提出的,分类的标准主要从质量出发,实际上好多已不合适,但由于习惯,仍然沿用至今。

074 "基本粒子"不基本——夸克模型(一)

　　在"基本粒子"大家族中,强子有 400 多种,并且数目还在继续增加。人们自然而然地会有这样的疑问:难道这许多粒子都是"基本"的? 对于强子的基本粒子资格致命的冲击来自于高能加速器。

　　1955 年,美国斯坦福大学的霍夫斯塔特(R. Hofstadter,1915—1990)用电子直线加速器产生的高能电子束测出了质子和中子的电荷和磁矩分布,显示出它们有内部结构。此项工作意义重大,霍夫斯塔特因而获得 1961 年诺贝尔物理学奖。还是这台加速器,1968 年在用能量更大的电子束轰击质子时,发现有时电子发生大角度的散射,这显示质子中有某些硬核的存在。这与当年卢瑟福用 α 粒子束轰击发现原子核式结构的实验异曲同工,意味着质子或其他强子似乎都由一些更小的颗粒所构成。

在用实验探求强子内部结构的同时,物理学家已经尝试提出了强子由一些更基本的粒子组成的模型。这些理论中最成功的是 1964 年美国物理学家盖尔曼和茨威格(G. Zweig)各自独立提出的,他们认为所有的强子都由更小的粒子组成。盖尔曼将之命名为夸克(quark)。这个古怪的名称来源于爱尔兰诗人乔伊斯(J. Joyce)一首晦涩难懂的长诗中的一句:"Three quarks for master mark!"意为"三声夸克献给检阅者马克王!"此处"三声夸克"代表海鸥的鸣叫。盖尔曼用它们来表示原始三种夸克,他分别用上(up)、下(down)和奇异(strange)夸克命名。盖尔曼提出的夸克模型认为,这三种夸克(u, d, s)和它们的反粒子($\bar{u}, \bar{d}, \bar{s}$)以各种不同方式组合成的复合态就表现为各种不同的强子。例如,质子 p 由(uud)构成,中子 n 由(udd)构成,π^- 介子由($u\bar{d}$)构成,π 介子由($\bar{u}d$)构成,等等。这里夸克的自旋都为 $\frac{1}{2}$,而夸克的重子数与电荷数都具有分数值,如上夸克(u)电荷数为 $\frac{2}{3}e$,而下夸克(d)与奇异夸克(s)电荷数均为 $-\frac{1}{3}e$。

盖尔曼由于在基本粒子研究方面的卓越贡献荣获 1969 年诺贝尔物理学奖。

夸克是否只有这三种呢? 1970 年人们在讨论可能存在的所谓中性流的时候,哈佛大学的格拉肖(S. Glashow)预言,在现有的三种夸克之外,还存在质量很大的新夸克,他将之命名为 charm,即 c 夸克。

1974 年,美籍华裔物理学家丁肇中和他领导下的小组,在美国纽约州长岛的布鲁克海文国立实验室发现了一种前所未知的新粒子,他命名为 J 粒子。与此同时,美国斯坦福大学直线加速中心的里希特(B. Richter, 1931—2018)沿着另一条途径也发现了一种新粒子,命名为 ψ 粒子。这两种粒子实际为同一种粒子,后统称 J/ψ 粒子。

J/ψ 粒子有着非常独特的特性。这种粒子的质量很大,是质子质量的 3 倍多,但寿命却很长(约 10^{-12} s),此寿命比质量与它相近的重子(如 Σ,Ξ 等)差不

多要长 10^{10} 倍。

J/ψ 粒子的发现,极大地震动了国际高能物理学,被称为"1974 年 11 月革命"。由于这一重大发现,丁肇中、里希特二人双双荣获 1976 年诺贝尔物理学奖。

实验和理论的研究很快做出判断,J/ψ 粒子是由一种新夸克,即第四种 c 夸克及其反粒子 $\bar{c}$ 构成。c 夸克质量很大,约 1.25×10^3 MeV/c^2,其电荷为 $\frac{2}{3}e$。c 夸克的中文译名为粲夸克,这是由我国已故著名理论物理学家王竹溪先生定名的。意取《诗经·唐风·绸缪》:"今夕何夕,见此粲者。"此粲意为美女,charm 英文原意有"魅力"意。王先生的译名兼具音、意,贴切典雅,足显老一辈科学家的人文素养及文字功力。

后来人们又陆续发现许多与 J/ψ 相关的介子与重子,以致形成一个庞大的家族——粲粒子族。

事情并未终结,不久于偶然间,又有新的第五种夸克出现在科学家的实验室中,这多少有点歪打正着。

075　是大团圆吗——夸克模型(二)

如果说粲夸克的发现,先有理论物理学家的预言,后有实验征兆,寻找它是科学家有意为之,那么第五种夸克的发现就纯属偶然了。

1977 年 8 月,费米实验室主任莱德曼利用 400 GeV 的质子轰击靶核,以产生 $\mu^+\mu^-$ 对与 e^+e^- 对,结果发现一个超重的新介子,他命名为 Υ 介子,其质量竟达 9.5×10^3 MeV/c^2,相当于质子的 10 倍。实际上,这意味着发现了新夸克,因为原有的夸克都不可能构成如此重的介子。后来的实验表明,对应的新夸克电荷为 $-\frac{1}{3}e$,称之为 b 夸克。Υ 介子由 b 夸克和 $\bar{b}$ 夸克构成,即 $\Upsilon=(b\bar{b})$。b 夸克全称为"bottom 夸克",中文译为"底夸克",直译而来。为何称为 bottom,原来人们将此时发现的 5 种夸克,按所谓弱同位旋两重态排列如下:

$$
\begin{array}{ccccccc}
 & & \text{第一代} & & \text{第二代} & & \text{第三代} \\
\text{电荷} & \dfrac{2}{3}e & \begin{pmatrix} u \\ d \end{pmatrix} & \begin{matrix} \leftrightarrow \\ \leftrightarrow \end{matrix} & \begin{pmatrix} c \\ s \end{pmatrix} & \begin{matrix} \leftrightarrow \\ \leftrightarrow \end{matrix} & \begin{pmatrix} ? \\ b \end{pmatrix} \\
\text{电荷} & -\dfrac{1}{3}e & & & & &
\end{array}
$$

按其电荷值应排在第三代弱同位旋之下,故取名"底"夸克,与下夸克之意相同。

看上面的排列,所有的物理学家都有一个信念,底夸克上面的空位(?)肯定有一种新夸克填补,名字都已取好,叫"top"夸克,t 夸克,中文译为"顶夸克"。大家都以为这位"远方游子"回归,与夸克家族其他五位成员的团圆只在近期。

谁知 t 夸克的回归居然在 18 年之后。原因在于其质量远远超乎想象。我们知道,u 夸克的质量与 d 夸克在同一数量级,c 夸克的质量在 s 夸克的 10 倍之内,人们原以为 t 夸克质量即使再大,是 b 夸克的十几倍也够了,但事实上 t 夸克是个"巨无霸",竟是 b 夸克质量的 35 倍。

1995 年 3 月 2 日,美国费米国家实验室向全世界宣告:他们利用周长为 6.3 km 的超级质子-反质子对撞机 Tevatron 的 CDF 探测器,在 1994—1995 年发现了 t 夸克的踪迹,确定其质量为 $174 \times 10^3 \text{ MeV}/c^2$。于是结束了近 20 年对 t 夸克的漫漫求索。为了追寻 t 夸克的踪迹,人们耗资亿万专门建造了五座大型加速器,前四座都因能量不够宣布搜寻失败。当初谁能想到 t 夸克的质量如此巨大,竟然是核子质量的近 200 倍。

至此,科学家预测的夸克家族三代六个成员才算大团圆了。

自从夸克模型提出后,人们就曾用各种实验方法,特别是利用它们具有的分数电荷的特征寻找单个夸克,但至今这类实验都未成功,似乎夸克是被永久囚禁在强子之中。这说明,在强子内部、夸克之间存在着非常强的吸引力,这种力叫作"色"力。

对于强子内部夸克状态的研究,为满足泡利不相容原理,每一种夸克又必须有三种不同的状态。由于原色有红、绿、蓝三种,所以将"色"字借用过来,说每种(又称每"味")夸克都有三种"色"即红夸克、绿夸克、蓝夸克。"色"这种性质也隐藏在强子内部,所有强子都是"无色"的,因此必须认为每个强子都是由三种颜色的夸克等量组成的,所以组成质子的三个夸克中,有红、绿、蓝各一。

这样,夸克有六"味",每"味"有三"色",再加上各自对应的反粒子,于是总共有 36 种不同状态的夸克。

物理学家用能量很大的粒子轰击电子和其他轻子,实验尚未发现轻子有任何内部结构。

除了夸克,按照粒子理论的标准模型,为了实现电弱相互作用在低于 250 GeV 的能量范围内分解为电磁相互作用和弱相互作用,自然界还应存在一种自旋为零的特殊粒子,称为希格斯粒子,这是由英国物理学家希格斯(P. W. Higgs,1929—2024)在 1964 年提出的。粒子物理标准模型被认为是 20 世纪物理学最成功的模型之一,是人们理解物质世界微观结构及其相互作用的集大成之作。希格斯机制(Higgs mechanism)使得基本粒子获得质量,同时预言了希格斯玻色子(Higgs Boson)的存在。欧洲大型强子对撞机在 2012 年的实验中发现了疑似标准模型的希格斯粒子。2013 年 10 月 8 日,瑞典皇家科学院公布,比利时布鲁塞尔自由大学的恩格勒(Francois Englert)和英国爱丁堡大学的希格斯因在理论上预言希格斯玻色子存在共同获得了 2013 年诺贝尔物理学奖。

根据希格斯机制,基本粒子因与希格斯场耦合而获得质量。假若希格斯玻色子被证实存在,则希格斯场应该也存在,而希格斯机制也可被确认为基本无误。

希格斯玻色子于 2012 年被证实存在。2022 年 10 月,希格斯玻色子的质量分布测量结果为 $3.2\,\mathrm{MeV}/c^2$。2023 年,欧洲核子研究中心(CERN)的实验团队找到了希格斯玻色子衰变为 Z 玻色子和光子的首个证据。7 月 22 日,欧洲核子研究中心(CERN)超环面仪器实验(ATLAS)合作组报告了迄今最精确的希格斯玻色子质量为 $125.11\,\mathrm{GeV}/c^2$。

综上所述,规范粒子有 13 种,轻子有 12 种,夸克有 36 种,外加希格斯粒子,共有 62 种。根据标准模型和大量的实验事实,夸克也只有 3 代,轻子的代与之对应。于是,物质世界就是由这 62 种粒子构成。这些粒子现在还没有任何实验迹象表明有内部结构,可以称之为"基本粒子"。旧问题的终结总是意味着新问题的开始,更何况离这终结尚有相当距离,还有许许多多的问题摆在理论和实验粒子物理学家的面前有待研究、发现、解决。更大规模的超大能量强子对撞机也在紧张建造,科学家探寻物质极微世界的脚步永远也不会停止。

六、宇宙物理心事浩茫

夜空为什么黑暗——从奥伯斯佯谬谈起

在没有月亮的晴朗的夜晚,你仰头望去,繁星无数,像银钉一样镶嵌在黑暗的夜空上。是的,夜空是黑暗的,可是为什么是黑暗的呢?

也许你会回答,太阳在地球的背面,又没有月光,天空当然是黑暗的。然而,正如你所看到的,即便如此,星星还发出虽然微弱但依然可以觉察的光芒。于是可以设想,我们如果处在宇宙的任何点上,夜空也不会是完全黑暗的,因为宇宙间总会有发光星系存在。正是这一点使黑暗夜空问题的本质变得引人瞩目。现代宇宙学认为星系的分布,其密度是均匀的,而且无边无际,这些条件再加上欧几里得空间依然成立,则星系的可见物数目应该按距离的立方递增。也就是说,星系沿着视线随距离的增加而越来越多。事实上,在上述条件下,任何给定的视线一定要终止在某一个远方的星系上。于是,所有方向上的视线最终必然被重叠起来的星系阻挡,从宇宙的遥远区域传递过来的这些星光总的贡献应该使夜空明亮,在任何方向上至少不应该比白天的太阳光弱,也就是说,应该总是白天,没有黑夜。

这与事实当然不符。它成了一个几世纪以来天文学家争论不休的课题。1826 年,德国天文学家奥伯斯(H. Olbers,1758—1840)发表了一篇题为《天空的透明度》的论文,表述了对这个问题的关注,从此被人们称为奥伯斯光度佯谬,简称奥伯斯佯谬。许多年内由于没有新的理论和观察资料支持,这种争论渐渐被人们遗忘。直到 1948 年英国天体物理学家邦迪(H. Bondi,1919—2005)等三人提出稳定态宇宙论以后,才重新唤起人们的记忆。稳定态宇宙论认为,宇宙有一个无穷的过去,在大尺度上稳定不变,因此同大爆炸宇宙理论很不相同。关于大爆炸宇宙理论我们之后有介绍。这两种理论确实涉及对奥伯斯佯谬的大相径庭的研究方法。然而有一点应该确认,任何得到认可的宇宙学说都必须对黑暗夜空问题有一个令人满意的解答。

在经历了多年的混乱争论的历史过程后,奥伯斯佯谬最终被描述成:"在由年龄无限的和静止的星系组成的宇宙中,积累起强烈的光,使夜晚的天空明亮,而不是如观察到的那样黑暗。"

在这个描述方式中明显反映出它保留的两个假设中有一个或者两个都是错误的。

现代宇宙学认为，在这个描述中所保留的两个假设都是错误的。假设的失败可以简单地解答。

首先，宇宙的年龄不是无限的。星系的年龄都是有限的，因此注入星际的光子数量有一个上限，这件事同能量产生的低速率（宇宙间发光体每单位时间单位质量的能量输出的平均值约为太阳物质相应值的 1/10，反映出大部分恒星的光亮比太阳弱得多）及星系间的大距离结合在一起考虑，星际光实际上强度很低。另外，星系是在一个有限时间之前形成的，因此只能在一个符合它们的年龄乘以光速的距离处看到它们。这就是说，在我们周围有一个设想的界面，有效地划出了我们现在接收到的星系的光的那部分宇宙的界限。由于我们只从有限的星系中接收到光，光的强度因此又受到限制。

其次，宇宙不是静止的。宇宙正在膨胀，即星系正在互相退离，从而造成星际空间的容积增大，能量密度和星际光强度随之减弱。再者，根据宇宙学的多普勒效应，星系发射的光产生红移。根据普朗克定律，$E = h\nu$，式中 ν 为光子频率，较红的光的频率较小，于是能量也较小，因此星际光强度进一步减小。

这两个因素哪个更重要呢？大量的观测数据运用各种宇宙标准模型（25种）通过计算机进行计算，结果表明，各种模型的有膨胀和无膨胀时星际光强度之比虽有差别但并不大，都接近于 0.5。这意味着，膨胀宇宙的星系产生的光强度是相应的静止宇宙光强度的 1/2。

因此结论是：夜空黑暗主要原因是星系是在一个有限时间之前形成的（宇宙有限年龄），而宇宙的膨胀是较次要的原因。这解答了奥伯斯佯谬，在晴朗无月的夜晚我们抬头仰望，星星还是那个星星，心中却由于解决了那个困扰人类200 多年的疑团而感动，我们赞美瑰丽的星空，也赞美人类崇高的智慧。

077 宇宙像膨胀的面包——哈勃红移

自从 1909 年起，美国天文学家斯里弗（V. Slipher）在劳维尔天文台用 24 英寸（即 609.6 mm）口径的折射天文望远镜着手研究仙女座大星云 M31，这是天空中最亮、最大的旋涡星云。到了 1914 年，他积累了 15 个星云的光谱线资料，发现大多数星云都有红移现象。到了 1922 年，积累了光谱资料的旋涡星云数达到 41 个,可以肯定其中 36 个有很大红移。

什么叫红移呢? 研究红移有什么意义呢? 这要从多普勒效应说起。多普勒(C. A. Doppler,1803—1853)是奥地利的一位数学教授。他在 1842 年发现,当发声器离开听者而远去时,音调变得低沉,即观察到的振动频率减小;反之,当发声器与听者相互接近时,音调变得尖厉,即振动频率增大。事实上,我们在生活中就有这样的经验,两辆汽车相会时能明显感觉到接近时声调由低渐高而后又由高渐低而远离。荷兰气象学家布伊斯-巴洛特(C. Buys-Ballot,1817—1890)在 1845 年做了一个有趣的实验。他让一队号手站在疾驶的火车敞篷车上,果然测量出号音的声调有明显变化。这个实验是在荷兰乌德勒支市近郊进行的。对于光学现象,由于其波动性,会产生同样的现象。

在可见光中,红光频率最低,紫光最高。如果星系光谱向红端移动,根据多普勒效应,表明该星系远离我们而去,称为红移;反之,光谱线向紫端移动,则表明星系向我们移近,称为紫移。

1919 年,美国天文学家哈勃(E. P. Hubble,1889—1953)来到加利福尼亚州洛杉矶附近的威尔逊天文台,在那里刚刚竣工 2540 mm 反射天文望远镜,在这之前已经安装有 1524 mm 的反射望远镜。哈勃利用这些巨大的望远镜,分辨出夜空中许多微弱的光斑其实是许许多多的恒星,而且多数是远在银河系之外的河外星云。他拍摄了仙女座大星云的照片,估算出该星

哈勃

云离我们约 90 万光年之遥。1925—1928 年,哈勃测出 24 个星系离我们的距离。

1929 年,哈勃在美国《科学院院刊》上发表题为《河外星云的速度——距离关系》的论文,宣称我们周围的星系都在离彼此远去,即我们观测的宇宙在膨胀。

哈勃研究了他所测出距离的 24 个星系,在测量了这些星系的谱线之后发现,所有的光谱都呈现出系统红移,而且红移大小与星系离我们的距离成正比。按照多普勒效应,这当然也就意味着所有的星系都在远离我们而去,而且退行速度与星系离我们的距离成正比,离我们越远,视向退行速度越大,即 $v=kd$,这被称为哈勃定律。这个发现令哈勃非常激动,他兴奋地写道:如此之少的资

料,如此局限的分布,然而其结果又是如此得肯定。

这个"肯定",就是指它直接肯定了宇宙膨胀的预言。在天文学中做确定的预言不容易,检验这些预言往往更难,但是对偌大宇宙的膨胀预言,居然在定性、定量诸方面都获得成功。

哈勃定律式中的比例系数 k 被称为哈勃常数,后来为纪念哈勃,写成 H_0。最早哈勃给出的常数 k 的数值,后来被发现结果有误,但 v 与 d 之间的正比关系总是保持的。现在测量的范围,已经几百倍地超过哈勃的时代,但是,河外星系谱线红移与距离成正比这一条规律依然成立。经过多次修改,今天哈勃常数在 $H_0 = 50 \sim 100$ km/(s·Mpc)[①],即离我们 100 万光年的星体,其退行速度最小的为15 km/s。

我们已测量到的最远的天体离我们已有 100 亿光年以上,其退行速度超过 1.5×10^8 m/s,超过光速的 1/2。

哈勃定律告诉我们"所有的星星都在远离我们四散奔逃",这岂不是又说,地球是宇宙的中心吗? 其实不然!

考虑二维情况。设想有一个气球,用笔在其表面画上均匀分布的斑点,再把它吹胀。此时处在任何一点的蚂蚁都会看到所有其他的斑点都在逃离它所在的斑点,并且离它越远的斑点,其退行速度也越大,此时没有任何一个斑点处于中心(图 077-1)。

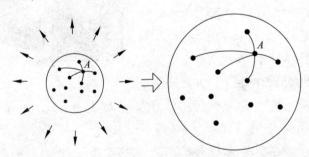

图 077-1   在一个膨胀的球表面,任何两个点之间的距离都要越变越大

宇宙膨胀的这种图景,更像一个嵌有许多葡萄干的巨大的面包。面包膨胀时,其中的葡萄干就会随之彼此远离,每一颗葡萄干都会看见其他所有的葡萄干都在离开自己,相距越远,彼此分离的相对速度就越大。

星系现在正彼此远离,昔日就必然彼此比较靠近。那么,最初呢? 哈勃定

①   pc 是计量天体距离的单位,称为秒差距,1 pc = 3.262 l. y. 。

律预示着更多、更深刻的宇宙奥秘等待人类去探索。

一位天文学家评论说:"人们已认识到,哈勃定律是 20 世纪天文学中最杰出的发现,它使人们对宇宙的概念,自 400 多年前哥白尼革命以来,又一次发生了巨大的变化,它代替了一幅永远静止的宇宙图景,肯定了宇宙膨胀这一令人惊讶的事实。"

078 辟地开天一瞬间——大爆炸宇宙学

哈勃的宇宙膨胀理论,使人们自然而然地浮想联翩,回溯到久远的"最初"。

1932 年,比利时天文学家勒梅特(G. Lemaître, 1894—1966)据此提出了"爆炸宇宙"的演化学说。他认为,整个宇宙最初聚集在一个"原始原子"里,后来发生猛烈爆炸,碎片向四面八方散开,形成了今天的宇宙。这种说法的实质与现今的大爆炸学说有很大差别,它是一个"原子蜕变"学说,由于缺乏核物理事实的支持,没有引起人们重视。

1948 年,才华横溢的美籍俄裔物理学家伽莫夫(G. Gamow, 1904—1968)等把核物理学和宇宙膨胀理论结合,提出了影响深远的大爆炸宇宙模型,并用它来说明化学元素的起源。伽莫夫假设,宇宙开始时其原物质全为中子,且处于极高温度状态下,在大约 150 亿年前,一次高热大爆炸揭开了我们这个宇宙漫长的膨胀过程的序幕。后来伽莫夫的两个研究生阿尔弗(R. Alpher, 1921—2007)和赫尔曼(R. Herman)在 1953 年对这个模型中的原物质进行了修正,认为原物质中有一半对一半的中子和质子,还有数目大约为中子和质子 10^9 倍的轻子(即电子和中微子)或光子。

根据后来的研究,宇宙的形成和演化过程大致如下:

(1) 在大爆炸的最初时刻(万分之一秒之内),温度在 10^{12} K 以上。这时粒子的能量非常大,距离又非常近,因此碰撞极为频繁,相互作用极强烈。通过强相互作用产生各种强子,如介子、重子等。

(2) 温度为大约 10^{12} K 的时期。这时各种粒子处于热平衡状态中,仍进行着各种基本粒子反应,包括强子反应。

(3) 大爆炸后百分之几秒,温度降到 10^{11} K。粒子能量降低,产生重子的反应停止。短寿命的重子迅速衰变而消失。正反重子对迅速湮灭。反物质消失。重子中只剩质子和中子,随着温度的降低,中子渐少,质子渐多。

(4) 大约 4 s 之后,温度降到 5×10^9 K 以下。这时的温度不足以产生正反电子对,因此,正反电子迅速湮灭。由于中微子温度降低,使得质子和中子之间转变的反应基本停止。这时中子数约占 14%,质子数占 86%。

(5) 大约 3 min 之后,温度降到 10^9 K。这时热运动能量不足以破坏氘核,于是中子和质子迅速结合成氘核,氘核又通过各种反应形成氦核,中子占 14% 左右。当中子全部和质子结合成氦核后,氦约占总量的 28%,这恰好与天文观测所得到的氦丰度数值一致。

(6) 随着宇宙的膨胀,温度继续下降,经过大约 50 万年之后,温度降到 $3000 \sim 4000$ K。这时电子与质子结合成氢原子,其他稳定原子也形成了。与此温度相当的光子能量已经很低了,不足以引起原子的电离,光子与物质粒子的相互作用变得很弱,即光子不再容易被物质粒子所吸收。从这时起宇宙对于光子基本是透明的,而曾经是很不透明的。

从此,辐射(光子)和物质(粒子)的演化过程就互相分开了。这时辐射的温度约为 3000 K,且具有黑体热辐射谱。

这个辐射与物质逐渐脱离相互作用的时期持续了几千年,这个较短的时期称为"退耦时刻"。在此之前,热等离子体对辐射的吸收、发射和散射是很强烈的,因而使辐射具有黑体谱。

宇宙继续膨胀,与物质脱离了关系的辐射将继续降低温度,并保持其黑体辐射谱。

广义相对论的计算表明,经过 100 多亿年的膨胀和降温。时至今日,这部分辐射的温度已降到 3 K(阿尔弗和赫尔曼首先在 1948 年经过计算得出类似的讨论,当时计算得到背景辐射温度为 5 K)。观测还证实了这种辐射是各向同性的,且具有黑体热辐射谱。我们现在所观测到的黑体热辐射谱,正是"退耦时刻"所留下的。也就是说,我们看到的是宇宙初期所发射的,而至今还没有被其他物体所吸收的"光"。它走了 100 多亿年后才被我们看到,所以"光源"距我们有 100 多亿光年那么远。距离越远,红移越大,这几千开的"热光"变成了冰冷的 3 K 微波辐射。

伽莫夫发表论文《大爆炸》的署名除了伽莫夫,还有贝特(H. Bethe,1906—2005),事实上贝特没有参加这个研究,但是伽莫夫借用了贝特的恒星核反应理论,进行了关于氦丰度的计算,这一点非常重要。

于是大爆炸理论又被称为 $\alpha\beta\gamma$ 理论（Alpher，Bethe，Gamow），取自三位科学家姓氏的首字母，正好对应于希腊字母表的头三个，真是巧合。

 079 远古的奥秘——三大事实支持

如此宏伟壮观的大爆炸宇宙学，有哪些事实支持它呢？

第一个事实是天体的年龄。

因为大爆炸宇宙学主张，在大约 150 亿年之前，宇宙间根本没有任何星体，所以，所有星体的年龄都应当小于 150 亿年。因为任何星体几乎都是由各种化学元素构成的，所以这个问题的实质是一切化学元素的年龄都是有限的，都不大于 150 亿年。

测定天体年龄的一种方法是利用放射性同位素。例如，铀有两种同位素，^{235}U 及 ^{238}U，它们都具有放射性，但半衰期不同，前者为 7 亿年，后者为 45 亿年。由于 ^{235}U 衰变得快，所以随着时间的推移，^{235}U 的含量比 ^{238}U 就会越来越少，根据二者含量的比值，就可以估算天体的年龄。用这种放射性年代学方法得到太阳系的年龄大约是 45 亿年，而太阳系中的铀元素大约是 90 亿年之前产生的。

第二个事实是氦的丰度。

天然的化学元素有 90 多种，它们在自然界中的含量是很不均等的。从天体的尺度看，氢和氦是最丰富的元素，二者之和占总质量百分数的 99%，其余的元素仅约占 1%。此外，对宇宙学特别有意义的是，在许多不同种类的天体上，氢含量与氦含量之比竟是大体相同的，即按相对质量二者之比约为 3：1。表 079-1 列出一些星系氦含量（称为氦丰度）质量百分数的数值。

表 079-1　部分星系氦的丰度

星系	氦丰度/%
银河系	29
小麦哲伦星云	25
大麦哲伦星云	29
M33	34

星系	氦丰度/%
NGC 6822	27
NGC 4449	28
NGC 5461	28
NGC 5471	28
NGC 7679	29

氦丰度问题在天文学里长期得不到解释。一方面不能解释为什么不同天体具有相同的氦丰度,另一方面也不能解释为什么其值总为 30% 左右。

大爆炸宇宙学可以定量地解释氦丰度问题。因为在宇宙早期高温的几十分钟里,生成氦元素的效率很高。根据宇宙膨胀速度的测量,以及热辐射温度的测量,可以计算出宇宙早期产生的氦丰度,这个数值恰好是 30%。这意味着,今天我们看到不同天体上都约有 30% 的氦,这可能正是 100 多亿年前的一次事件所留下的痕迹。

3 K 微波背景辐射为大爆炸宇宙学提供了最强有力的事实证据。

1948 年,在伽莫夫和他的研究生提出的大爆炸宇宙理论中,根据黑体辐射定律和热力学方程就预言了早期宇宙遗留下一个微波辐射背景,估算出辐射温度为 5 K,后来修正为 3 K。认为在当今的宇宙中应该到处充满着等效温度约为 3 K 的黑体辐射背景,这成了大爆炸宇宙理论的一个最重要的预言。然而它的发现过程却有点偶然。

1964 年 5 月,美国贝尔电话公司的两位射电天文学家彭齐亚斯(A. A. Penzias,1933—2024)和威尔逊(R. W. Wilson,1936—)在装置卫星通信用的新型天线接收系统以提高其定向灵敏度时,意外地发现在 7.35 cm 波长上接收到了相当大的与方向无关的微波噪声。在随后的一年中,他们发觉电噪声在一日之中无变化,也不随季节涨落。这种噪声不像是来自银河系,似乎是从更广阔的宇宙深处产生的。

为了彻底弄清噪声的来源,还须检验天线本身,看其电噪声是否比预期的高。人们发现有一对鸽子曾在这天线的喉部筑过巢,在那里遗留了一层被彭齐亚斯幽默地称之为"白色电介质"的东西。1965 年天线喉部被拆开,"介质"被清除。然而,想尽各种办法,噪声依旧存在。

无线电工程师常用"等效温度"来描写射电噪声的强度,彭齐亚斯和威尔逊发现他们收到的射电噪声的等效温度在 2.5～4.5 K 之间。通过与普林斯顿大学迪克(R. Dicke,1916—1997)小组的互访后确认,这正是"原始火球"爆炸的残余辐射。为了证实这一结论,他们提出,如果这种背景辐射是宇宙大爆炸的遗迹,那么它应当具有热平衡物体辐射黑体谱曲线的特征。后来射电天文学家用各种方法探测,包括 1972 年康奈尔火箭小组和麻省理工学院气球小组在大气层外的测量,结果发现,在 0.5～300 mm 的波段,背景辐射的强度随波长的分布完全符合由理论推算出来的温度为 2.76 K 的黑体谱曲线,称为 3 K 辐射,也称微波背景辐射。

3 K 宇宙微波背景辐射的发现,被认为是继 1929 年发现哈勃定律之后天体物理上的又一重大发现,1978 年彭齐亚斯和威尔逊荣获当年诺贝尔物理学奖。

大爆炸宇宙学是正在发展中的一个宇宙学派,除了上述辉煌的成功,它还有一系列待解决或未解决的问题。但是不管怎样,通过从经典宇宙学到现代宇宙学这些认真的实践和思考,今天,人类居然有一定的办法来判断 100 多亿年前的许多事件,这真是科学与理性的伟大成功。

⬤080 更上一层楼——暴胀宇宙论

大爆炸理论中宇宙起源的标准模型取得了巨大的成功,在 20 世纪 70 年代已被科学界广泛接受,称之为"标准模型"。

然而标准模型只能算作人类宇宙学研究的开端,其中的问题不少,有的还相当严重。事实上,只要对其基本理论认真考察便会发现,问题的出现是必然的。

第一个问题,也是让人质疑最集中的问题是自然性问题,亦称视界问题,或平坦性问题。按照狭义相对论,任何信号不能超过光速。宇宙的尺度为 100 多亿光年,而宇宙年龄亦为 100 多亿年,因此就光信号而言,目前宇宙各个地方在原则上可以由光信号或其他信号彼此联系着,或者说,整个宇宙是一个彼此有因果联系的大区域。

然而按照标准模型,在极早期宇宙,如大爆炸后的 10^{-35} s,宇宙的尺度约为 1 cm。但此时宇宙的一个因果区域的尺度(亦称视界,即光线所能达到的边界)不过是 6×10^{-25} cm(即光速与时间乘积的 2 倍)。也就是说,当时宇宙是由 10^{75}

个彼此没有因果关系的区域构成的。

但是，今天我们所看到的宇宙中物质分布是颇为均匀的，宇宙各处的微波背景辐射的等效温度相差不过 10^{-4} K。自然性问题是：当时那么多没有因果联系的区域，后来如何演变为目前如此均匀的宇宙。

第二个问题是反物质问题。根据正、反粒子对称原理，大爆炸应产生等量的正、反粒子，或等量正、反物质。目前宇宙中反粒子重子与正粒子重子的数目比大致是 10^{-9}，数据如此悬殊，原因何在？

第三个问题是磁单极问题，磁单极就是理论物理学家假设的一种只带 N 极或 S 极的粒子。在 1974 年，苏联的波利亚科夫（A. Polyakov）与荷兰科学怪杰霍夫特（Gerardus't Hooft，他因"解释电磁相互作用和弱相互作用的量子结构"获 1999 年诺贝尔物理学奖）在杨振宁-米尔斯理论框架中，提出一种新的磁单极理论以后，磁单极子问题更引起人们重视。

他们二人的新理论认为，可以用希格斯标量势场描述宇宙背景。希格斯势场取量子值的状态。真空对称性经过所谓"自发破缺"以后，空间会分割为许多区域，每一个区域对应一种真空态。两区域壁交界的地方，可能形成面状缺陷，同时交界处还可能出现"扭结"一类的点缺陷。也就是说，磁单极子的数目大致与"区域"的数目相同。

磁单极子质量尚无定论，一般认为远远大于质子。问题的关键之处在于大爆炸后这里的区域有 10^{75} 个之多，这样庞大数目的磁单极子为何现在一个也找不到？

为了解决这些问题，1980 年，美国天体物理学家居斯（A. H. Guth）提出暴胀宇宙论。1982 年，苏联物理学家林德（A. D. Linde）与美国的奥尔布莱希特（A. Albrecht）、斯坦哈德（P. J. Steinhard）各自独立地对居斯模型进行修正，提出所谓新暴胀宇宙论。

新暴胀宇宙论的大致轮廓是：在宇宙产生的最初 $10^{-43} \sim 10^{-34}$ s，与大爆炸理论给出的演化情况相同。从 10^{-34} s 开始，发生暴胀。相同真空区域的尺度猛然由 10^{-24} cm，在 10^{-32} s 内增加 10^{26} 倍。这样我们观测宇宙的尺度此刻为 10 cm，而暴胀前只有 10^{-49} cm，远远小于视界（大约 10^{-24} cm）。

于是，观测宇宙自"诞生"之刻起，其中各部分都有因果联系，有相互作用联系，演化至今，完全有充分时间使其各部分均一化，趋于一个共同平衡温度。于是，今日宇宙中微波背景辐射也就自然应当是均匀和各向同性的了。

在新暴胀宇宙论中，"原始宇宙"划分为许多区域，每个区域都具有特定的真实真空,或者说,特殊的"对称性自发破缺相",如同晶体中晶轴有许多可能取向。可以类比,假设液体分子的取向是转动对称的,但一旦凝结为晶体,分子便沿着晶轴方向有序排列,转动对称就发生自发破缺。原始宇宙中存在许多希格斯场,当其取非零的极小值时,就形成不同取向的对称破缺相。

我们观测宇宙,处于其中一个区域的一个角落。区域的范围大约是我们所处宇宙的 10^{25} 倍。我们所处宇宙的尺度约为 100 亿光年,即 10^{10} 光年,则区域的尺度为 10^{35} 光年。注意,观测宇宙的尺度等于我们的视界,观测宇宙以外的地方与我们没有因果关系。其中的任何信息,我们都得不到,千万不要将原始宇宙与观测宇宙混为一体。

各个区域之间,由区域壁隔开。区域壁是原始宇宙拓扑结构的面状缺陷,磁单极子则是点状缺陷。只有在区域交界处才能偶然发现一个点状缺陷,即磁单极子。由于区域是如此广大,而我们观测宇宙是如此渺小,在观测宇宙中存在一个磁单极子的概率只有 $(10^{-25})^3 = 10^{-75}$,怪不得找不着。

至于反物质问题,涉及 SU(5) 大统一理论及 C 对称和 CP 对称破坏,原则上可以对正、反物质的巨大不对称做出解释。限于篇幅,不多介绍了。

暴胀宇宙论作为大爆炸学说的发展,标志着宇宙学理论上了个新台阶,取得了很大成功,也因此引发了更深层次的问题,新的理论(如宇宙弦等)又诞生了,前进的步伐永远也不会停止!

081 看不见的更多——关于暗物质

晴朗的夜晚,仰望天空,繁星万点,宇宙间有无数我们看得见的亮物质(星系、尘埃等),还有无数虽然看不见(不发可见光)却可以用其他方法探测到的星系(射电天文望远镜探测射电源)。然而,宇宙间的物质似乎并非全部都集中在星系中,在广袤的星系之间的空间里,不是真空。比如,其中有气体,或已经熄灭的恒星,或其他形态的物质,它们的共同特点是不以电磁波谱中的任何波长发光,称之为"暗物质"。问题是,这些暗物质存在否? 若存在,那么它们到底有多少? 20 世纪 30 年代瑞士天文学家兹威基(F. Zwicky)的一项工作,把暗物质问题尖锐化了。

兹威基的工作是用两种方法测量星系团的质量。一种方法是光度方法,即测量星系团的光度。由于星系的光度和其质量有一定的关系,从光度测量就可以推知相应星系的质量。另一种方法是基于动力学,即测量各个星系之间的相对运动速度。由于星系的平均相对速度是由整体系的质量决定的,因而由运动速度即可推知星系团的总质量。

兹威基发现,用这两种方法得出的质量差别极大。例如,对于处在后发星座北部、天空中 7 个确认移动星团之一的后发星系团,动力学质量要比光度质量大 400 倍。这个结果只能解释为:后发星系团的主要质量并不是由可视的星系贡献的,而是由其中大量不可视物质的质量贡献的。用光度方法测出的质量只包含发光区的质量,不包括存在于不发光区的物质质量。因此,只要在不发光区含有大量的质量,光度质量就会比动力学质量小得多。至于这些质量到底是由什么物质贡献的,当时一无所知。那时,兹威基称之为“下落不明的质量”或“短缺的质量”。

兹威基的大胆推测,在相当长的时间内没有得到公认。直到 20 世纪 70 年代,相当有影响的舆论仍认为星系是宇宙中的主要成分,“下落不明的质量”根本不存在,质量并没有“短缺”,光度质量和动力学质量的差别,是由其他原因造成的。1980 年版《中国大百科全书·天文学》中“短缺质量”一条是这样写的:“这个问题(指两种质量的差别)迄今还未得到令人满意的解决。”

但是,暗物质存在的证据却越来越多,其中使人必须正面对待的事实出现在 1978 年,即星系的转动曲线,也就是围绕旋涡星系转动物体的速度与半径的关系。

按照开普勒定律,太阳系中行星绕太阳的转动速度 v 与行星的轨道半径 r 的关系是

$$v \propto \sqrt{\frac{1}{r}}$$

即距太阳越远的行星,其转动速度越小。对于任何绕一个大质量的中心物体做转动的运动,规律都一样。于是,如果星系中的质量都集中在发光区,那么发光区之外的物体的运动应该是离中心越远,转动越慢。

近些年,天文学家仔细地研究了银河系内恒星运动的方式。恒星绕银心缓慢地转动,2 亿多年转一圈。银河系的形状像一个盘子,银心附近聚集着大量的恒星,银盘里包含了更多的气体、尘埃及一些恒星。根据开普勒定律,银盘外部的恒星运动速度应当比靠近银心的慢,但是观测结果并非如此,整个银盘内恒星的运动速度大致相同。因此,天文学家认为,银河系中存在大量暗物质,它们

中的大部分分布在银盘的外围,从而加快了这部分区域内恒星的运动速度。

随后,天文观测又发现了许多存在暗物质的证据。例如,1983 年发现,在距银河中心 20 万光年的距离上,有颗名为 R15 的星,它的视向速度值高达 465 km/s。要产生如此大的速度,银河的总质量至少比光学区的质量大 10 倍,即银河的总质量中有 9/10 属于暗物质。

今天,以下的论断已经得到了公认:宇宙质量主要是由暗物质贡献的,宇宙间可能至少有 9/10 的物质是不可视的。

暗物质到底是什么物质?

实际的观测与理论的分析可以证明:各种气体、尘埃,以及"死"去的星或星系,即由化学元素所可能构成的各种形态的物质,其总和是很小的,远远不够可视物质质量的 9 倍,事实上远不及可视物质的质量。这样,我们就排除了暗物质是某种形态的重子物质的任何可能。进一步考虑到宇宙年龄在 1 s 到 3 min 之间的核反应及其宇宙轻元素的丰度,暗物质必须以不参与核反应的形式存在。这就意味着,暗物质应以中微子或类似于中微子的形式出现,它们不带电荷因而不受电磁力影响,它们也不受强力的影响,只有引力和弱力才对它们起作用。物理学家为这类中微子取了一个名字叫 WIMPs,这是英语"大质量的弱相互作用粒子"的缩写。欧洲核子中心的 LHC 对撞机的主要任务之一就是发现这些粒子。欧洲和美国的几个实验组还建造了地下探测器,希望能发现宇宙中的 WIMPs 之海。

我们期盼着能早日看到这些实验的结果。这样的结果总是激动人心的。巨大的星系团仅仅占据了宇宙物质的一小部分,而占据优势地位的物质,与组成我们所见世界的物质完全不同。这应该是甚于哥白尼式的大革命,我们不但不在宇宙的中心,而且不由占据宇宙主导地位的那些物质所构成。这个宇宙中的大多数物质我们根本看不见。

 "白痴问题"有答案——宇宙有限而无界

大爆炸宇宙学告诉我们:宇宙在膨胀着,这一膨胀说明宇宙年龄是有限的,即宇宙在时间上并非无限。那么,宇宙在空间上呢?是无限,还是有限?

  这个问题由来已久,可以追溯到人类文明的早期。世界上各个地区的文明中,有许多关于宇宙有限和无限的神话传说,诗歌吟唱,哲人沉思,学者争辩。历史上主张有限和主张无限的学说不断交替出现,各领风骚,"公说公理,婆说婆理",一直延续到今天。

  1917 年,当爱因斯坦在创立广义相对论和现代宇宙学时,曾经戏言:"宇宙究竟是无限伸展的呢? 还是有限封闭的? 海涅在一首诗中曾给出过一个答案:'一个白痴才会期望有一个回答。'"海涅(H. Heine,1797—1856)是德国大诗人,也是犹太人,是马克思的朋友,他写过许多深刻或美丽的诗篇,然而在此,他的回答确实过于肤浅且绝对了。确实如此,有许多令物理学家和天文学家醉心的问题,但是让富于幻想力的诗人看来,觉得是近乎荒诞的事,似乎只有白痴才愿意在这些问题上枉费精力。其实,大谬! 在自然科学面前,可以说没有一个有关自然界的问题是不值得去研究的,这里往往没有"白痴问题",而只有白痴答案。

  爱因斯坦觉得有必要研究这一问题。

  在伽利略、牛顿之前,传统的托勒密地心说认为宇宙结构是一个有限有边的世界。宇宙的最外层是由恒星天构成,恒星天是宇宙的边界,在它之外,就没有空间了。在哥白尼的日心说中,仍然保持着有限有边的结构图。

  在牛顿之后,开始普遍采用了无限无边的观点,即认为宇宙的体积是无限的,也没有空间边界。宇宙空间是一个三维欧几里得几何无限空间。在这牛顿式的无限大箱子中,到处布满着天体,这些天体也有无限多。

  无限宇宙的自然哲学在冲破中世纪宗教宇宙精神枷锁的斗争中,起过非凡的作用。以哥白尼-伽利略-牛顿为代表的科学革命,彻底推翻了以地球为中心的观念,历史功绩永不磨灭。但是在这样伟大的成功之中,也会有已经真正被证明了的真理和还只是设想和假设的内容。比如,宇宙空间是三维无限的欧几里得空间以及牛顿力学可以在宇宙学上适用,就是属于后一类的两个观念。尽管人们已习惯于接受,然而似乎还没彻底弄明白。

  爱因斯坦指出了牛顿无限宇宙观念中的矛盾和不自洽。

  牛顿力学在讨论一个有限力学体系的运动时,总是假定可以选取一个参考系,使引力势 φ 在无限远处成为常数。这个条件对于解决局部天体的运动问题,有时相当关键。但是,如果接受牛顿的无限宇宙图像,认为物质均匀布满在整个无限的空间之中,那么根据牛顿力学又会得到无限远处引力势 φ 不可能为常数的结论,这就是一个矛盾。如果为了要保证无限远处引力势 φ 为常数,我们暂且放弃物质均匀布满在整个无限空间内的假设,并认为物质主要集中在我们周围有限的范围,那么无限远处的 φ 虽然是常数,但物质的宇宙却仍然是有限的。

因此,牛顿力学在原则上不能用来描写无限宇宙这一物理体系的动力学性质。要么应当修改牛顿的理论,要么应当修改无限空间的观念,或者二者都修改。这就是爱因斯坦在宇宙学面前提出的"简单"而又根本的问题。

广义相对论认为不应当先验地假定宇宙空间必定是三维无限的欧几里得空间,因为宇宙空间的结构并不是与宇宙间的物质运动无关的。

爱因斯坦给出的宇宙模型,既不是亚里士多德的有限有边体系,也不是牛顿的无限无边体系,而是一个有限无边的体系。所谓有限,指空间体积有限;所谓无边,指这个三维空间并不是一个更大的三维空间中的一部分,它已经包括了全部空间。

实际上,在宇宙学的历史上,有限无边的概念并非爱因斯坦首创。当年亚里士多德就认为大地并不是平坦无边的,而是一个球形,这就是用有限无边的球面结构代替了无限无边的平面结构。球面就是一个二维的有限无边的体系,沿着球面走,总也遇不到边的,但是,球面的总面积却是有限的。

只要把亚里士多德的二维有限无边概念推广到三维,就可以得到爱因斯坦的三维有限无边体系。这两个概念有许多方面可以进行类比。例如,球面是一个二维的弯曲面,有限无边的三维空间是一个弯曲空间。

所谓弯曲,实质的含义就是偏离欧几里得几何,走向黎曼(B. Riemann,1826—1866)几何。广义相对论告诉我们,空间是弯曲的。于是,在爱因斯坦的模型中,牛顿体系中的内在矛盾已经没有了。没有内在矛盾只是理论的正确性的一个必要条件,而不是充分条件,最重要的检验还是理论与观测之间的对比。实际上,由于光速是有限的,于是人类的观测能力就是有限的,人类对客观物质世界的认识是通过实验、实践而获得的,因此,人们无法谈论观测所及范围之外的情况,宇宙有限而无界似乎已是顺理成章的必然结论。

"白痴"的问题,思辨的问题,终于走上科学的轨道,有了实证式的答案。

083 杞人忧天现代版——生生灭灭话恒星（一）

中国两千多年前的一本古书《列子·天瑞》篇记载了这样一个故事,非常简单:"杞国有人,忧天地崩坠,身亡所寄,废寝食者。"意思是说,有位杞国人担心天坠而地崩,人类无处安身,以致废寝忘食。

杞人的不幸真是到了顶点,在世上没过上一天好日子,整天忧心忡忡;死后不仅没人纪念这位伟大的思想家,还背上了千古笑名,进入了汉语中最浓缩精粹的部分——成语之列。

科学的进步已经毫无疑义地证实了杞人所醉心思考的是宇宙学中一个非常基本而且非常有意义的问题。这个问题有两个方面:一方面是天上的星星是否会落到地面?另一方面是星星的寿命是否有终结?对于前者,牛顿万有引力定律已经有初步解决,不再累赘,我们来看看与人类生存、万物生长最紧密关联的天体——恒星(当然包括太阳)的一生。

对恒星内部结构和演化的研究始于 20 世纪初。1916—1926 年取得重要进展,英国著名天文学家爱丁顿(A. Eddington,1882—1944)是其奠基人。他在1926 年出版的《恒星内部结构》一书成为这一领域的经典著作。

恒星是由弥漫的星际云在引力作用下逐渐形成的。一个质量足够大的低温星际云,因自身的引力而不断收缩,导致中心的密度加大,体积缩小。在收缩过程中,大量物质以自由落体的方式向质量中心下落,巨大的引力势能转换为动能,导致温度升高,开始辐射红外线。高温产生的向外辐射的压力与引力相对抗的能力逐步增强。当中心的温度达到 10^7 K 时,氢核聚变为氦核的反应就持续不断地发生。由于核反应产生巨大的辐射能使恒星内部的压力增强到足以和引力相抗衡,恒星就不再收缩。这时,恒星进入一个相对稳定的时期,成为恒星演化史中的主序星阶段。

恒星是相当稳定的炽热气体结构。它们处于流体静力学平衡状态,满足质量、动量和能量守恒,由热核反应不断产生能量,经辐射转移或对流把能量传输出来。恒星内部结构主要由它的质量、化学成分和演化阶段决定。恒星的一生始终处在向内收缩和向外膨胀的矛盾之中,引力使其收缩,辐射压力使其膨胀。某些时候,其中一种力占上风,恒星便呈现为对应的膨胀或收缩。主序星阶段恒定是靠其内部氢核聚变反应提供能源而维持平衡的。由于恒星内部含有大量的氢,氢核聚变反应可进行相当长的时间,所以恒星在主序星阶段停留时间很长。质量不同的恒星在主序星阶段的时间不尽相同,质量越大的恒星氢消耗得越快,在主序星阶段停留的时间就越短。

一旦核能耗尽,恒星将会因抵抗不住引力收缩下去,直到出现一种新的、更强大的向外的力来抗衡引力,才能达到新的平衡。过了主序星阶段,恒星中心部分的氢已经全部转化为氦,中心部分以外的区域则由于温度的增高而开始氢核聚变反应。核反应迅速向外层转移,推动外层膨胀,使得恒星体积很快增大成千上万倍,这样,就变成了又大又红的红巨星。红巨星中心的温度很高,开始发生氦聚变为碳的核反应。过了红巨星阶段,恒星便进入了老年期。老年恒星的重要特点就是不稳定。恒星的老年期比较短,氦聚变为碳,碳聚变为氧和镁,氧聚变为氖和硫,核反应一个接着一个,最后全部变成铁。核反应停止,核能耗尽。这时,恒星内部温度高达 6×10^9 K,发生极强的中微子辐射,带走大批能量,恒星内部压力大大降低,远远不能与引力相抗衡。引力主宰一切,恒星就要坍缩,崩溃势在必然。

这个大规模辐射中微子流的过程被称为超新星爆发。世界上最早的超新星爆发的记录在 2000 多年前,是由中国人记录的。在 900 多年前,北宋的天文学家更是记录了一次非常著名的超新星爆发事件。在《宋会要》中写道:"嘉祐元年三月,司天监言,客星没,客去之兆也。初,至和元年五月晨出东方,守天关。昼见如太白,芒角四出,色赤白,凡见二十三日。"如图 083-1 所示。这段话大意是:负责观测天象的官员(司天监)说,超新星(客星)最初出现于公元 1054 年(北宋至和元年),位置在金牛座ζ星(天关)附近,白天看起来赛过金星(太白),历时 23 天。以后慢慢暗下来,直到 1056 年(嘉祐元年)这位客星才隐没。前后历时 22 个月,这次爆发的残骸就形成了著名的金牛座中的星云——蟹状星云(图 083-2)。

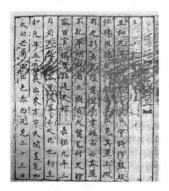

图 083-1 《宋会要》中关于"客星"的记载

图 083-2 蟹状星云现状

之后的研究表明,在经过了各种演化历史以后,按照恒星质量的大小不同,分别演化为白矮星、中子星或者黑洞。

 084 杞人忧天现代版——生生灭灭话恒星(二)

天狼星是全天最亮的恒星,随着天狼星之谜不断地被揭开,对恒星的认识也渐渐深入。1718 年,英国天文学家哈雷(E. Halley,1656—1742)通过测量天狼星位置发现它有自行。1834 年,德国天文学家贝塞尔(F. W. Bessel,1784—1846)发现天狼星的自行呈波浪式变化,并由此推断天狼星有一颗看不见的伴星,其轨道周期约为 50 年。1862 年,美国科学家克拉克(A. G. Clark)用他自己新研制的望远镜发现在天狼星附近有一个很小的光点,最后确认它就是天狼星的伴星,称为天狼 B,而天狼星改称天狼 A。B 是颗暗星,其亮度比 A 差 10 个星等,光度相差 1 万倍。当时,人们以为天狼 B 是一颗小而冷的恒星,但是光谱观测表明它很热,表面温度达到 8000 K,比太阳的 5770 K 要高。由于光度和恒星的表面积成正比,天狼 B 如此之暗的原因只能归之为其表面积极小,只比地球稍大,其质量却与太阳差不多。观测发现 B 的体积很小,其引力却能使 A 的自行运动呈波浪式,而这只有当 B 的质量很大时才有可能,计算给出 A 是 2.4 倍太阳质量,B 是太阳质量的 98%。于是,B 的平均密度必大于 10^6 g/cm^3,即 1 t/cm^3。图 084-1 为天狼 A 和 B 自 1900 以来的波状曲线运动。

1924 年,爱丁顿最早对这类恒星提出自己的看法,他称其为"白矮星"。"白"指其温度呈白色;"矮"是指体积小,光度低。按照广义相对论,在强引力场中光谱会发生红移。在太阳表面引力并不太强,只比地球表面大 28 倍,不足以产生明显的引力红移。天狼 B 体积小,表面引力应为太阳的 840 倍,引力红移应该明显。爱丁顿请亚当斯(W. S. Adams,1876—1956)分析其光谱,结果大获成功。亚当斯 1925 年测出这种红移,红移星与爱因斯坦理论结果基本一致。这成了广义相对论三大验证之一,也证实了天狼 B 确是一颗质量大而体积小的所谓致密星。天狼 B 成为第一颗被发现的白矮星。

白矮星理论的最终建立是由印度物理学家钱德拉塞卡(S. Chandrasekhar,1910—1995)在 1934 年完成的。1930—1936 年,钱德拉塞卡在英国剑桥大学学

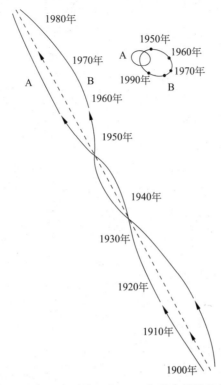

图 084-1　天狼 A 和天狼 B 自 1900 年以来的波状曲线运动

习和工作期间,根据相对论和量子力学的原理,利用简并电子气体的物态方程,为白矮星的演化过程建立了合理的模型。在 1934 年他写的两篇关于白矮星的论文中,得出了一个令人难以想象的重要结论:白矮星的质量越大,其半径越小;白矮星的质量不会大于太阳质量的 1.44 倍;质量更大的恒星必须通过某些形式的质量转化,也许要经过一场大规模的爆发,才能最后归宿为白矮星。

钱德拉塞卡的白矮星理论是全新的,特别是他提出的白矮星质量上限问题,更匪夷所思。1935 年 1 月在英国皇家天文学会的学术会议上,钱德拉塞卡受到了天文学权威特别是爱丁顿的全面否定,甚至不让他做任何申辩。同年 7 月,国际天文学联合会在巴黎召开的大会上,钱德拉塞卡受到同样的待遇。

虽然两次遭受学术权威的封杀,但钱德拉塞卡并不屈服,坚信自己的理论是正确的。他知道,他和爱丁顿争论的焦点不是天文学问题,而是要不要运用相对论、量子统计、泡利不相容原理等现代物理理论解释像白矮星这样的致密星的内部结构问题。爱丁顿坚持认为经典物理学仍然适用,不承认相对论简并性。钱德拉塞卡转向物理学界去征求意见,争取支持。他得到了其他物理学家广泛的、坚决的支持,玻尔、泡利等都认为爱丁顿必然是错误的,真理必将战胜谬误。1939 年 8 月,国际天文学联合会在巴黎召开学术会议专门讨论白矮星和超新星问题,钱德拉塞卡终于获得机会在大会上做报告,他开诚布公地指出爱丁顿理论错误所在,赢得了许多人的支持。这场旷日持久的争论推动了天体物理学的发展。钱德拉塞卡和爱丁顿还从此建立了十分友好的关系,通信交流不断。爱丁顿逝世时,钱德拉塞卡出席了追悼会,发表了感情真挚的悼词。

任何新理论都需要时间检验其正确性。例如,对白矮星理论至关重要的泡利不相容原理,它是 1925 年提出的,但直到泡利 1945 年获诺贝尔物理学奖之后,才被确认为自然界基本定律。天文学理论更需要用天文观测来检验。目前,已经发现的白矮星超过千颗,质量都不超过 1.44 倍太阳质量的钱德拉塞卡极限,并且质量和半径的关系也完全遵从钱德拉塞卡推出的理论曲线。

荣誉来得似乎有点晚,1983 年在钱德拉塞卡 73 岁时因“对恒星结构及其演化理论做出的重大贡献”获得诺贝尔物理学奖,距提出这个理论已近 50 年。

现在我们已经知道,8 倍太阳质量以下的恒星的最终归宿是白矮星,质量也将剩下不足 1.44 倍太阳质量;8～25 倍太阳质量的恒星最终成为中子星和脉冲星;而更大质量的恒星将产生更为神奇的天体——黑洞。

085 吞噬一切的星体——黑洞

首先提出黑洞思想的是 18—19 世纪著名的法国天文学家、物理学家和数学家拉普拉斯(P. S. Laplace,1749—1827)。

我们知道,当火箭的速度超过某个“逃逸速度”时,它就能克服地球的引力飞入太空中去。任何物体的速度若小于此“逃逸速度”,就不可能飞出地球的引力范围。1795 年,拉普拉斯根据牛顿万有引力定律计算得出:当天体的质量非常大时,其引力将非常强大,如果其“逃逸速度”大于光速,则光也不可能从这样的天体上发射到外部空间。外部的观察者就看不到该天体发出的光,因而认为该天体是“黑”的,这就是一个“牛顿黑洞”。但是,我们知道,牛顿的引力理论在原则上不能处理光的问题,我们不能轻信这个结论。

广义相对论中依然存在着无限引力坍缩的过程。当它的辐射压力抵抗不住引力时恒星开始坍缩,质量逐渐集中到越来越小的范围之中,表面的引力就变得越来越大,引起光线弯曲。最初,只有那些在水平方向的光线才有明显弯曲,这些被弯曲的光线并没有发射出星体,而是折回到星体表面。坍缩继续下去,光线将越来越收拢。最后,所有的光线都不再能逃离星体表面。我们说,这是恒星缩小到它的"视界"之内了。落进视界之内的任何东西,都不可能再被外界的观测者看到,这就形成了黑洞。

"视界"就是黑洞和白洞一类天体的边界。根据牛顿万有引力定律,对于一个半径为 R,质量为 M 的均匀球状天体,逃逸速度是

$$v=\sqrt{\frac{2GM}{R}}$$

当 M 很大或 R 很小时,以至于光速 c 小于逃逸速度 v,它便成为黑洞,用 c 代替 v,可以得到质量为 M 的星体成为黑洞时所应该具有的最大半径

$$R=\frac{2GM}{c^2}$$

凑巧,广义相对论也给出了同样的公式,这一半径叫作史瓦西半径。这是由美国天文学家史瓦西(M. Schwarzschild, 1912—1997)计算出来的。视界范围以内形成的黑洞也因此被称为史瓦西黑洞,这是一种球对称的简单黑洞。容易算出,对应于太阳的质量(约 2×10^{30} kg),这一半径为 3 km(太阳半径为 6.96×10^5 km)。对应于地球的质量(约 6×10^{24} kg),这一半径为 9 mm(地球半径约 6400 km),即地球变成黑洞时,它的大小和一粒弹丸相似。

有限坍缩能形成种种复杂结构的天体,而无限坍缩所形成的黑洞却是一种极简单的东西,甚至比我们所看到过的任何物体都简单。任何物体都是由复杂的原子、分子构成的,而对于黑洞来说,我们根本不需要也不可能谈它的分子结构。因为,无论黑洞由什么东西坍缩而成,一旦它们进入视界,我们就不必去管也不能去管其细节了。它们不再能给我们任何有关细节的信息。

黑洞究竟简单到什么程度呢? 1972 年,美国普林斯顿大学年轻的研究生贝肯斯坦(Bekenstein)提出一条定理,内容是:当物质(星体等)坍缩成黑洞后,只剩下质量、角动量和电荷三个基本守恒量还继续起作用,其他一切因素都在进入黑洞时消失了。因此有人将此定理称为"黑洞无毛定理"。这个定理后来被霍金(S. Hawking, 1942—2018)等严格地证明。

出黑洞无毛定理可以将黑洞分成以下四种类型:

（1）角动量 $J=0$，电荷 $Q=0$，只有质量 $M\neq0$ 的史瓦西黑洞，描述它的度规于 1916 年求出。

（2）$J=0$，而 $M\neq0$，$Q\neq0$ 的黑洞，称为 Reissner-Nordstrøm 黑洞，简称 R-N 黑洞，其度规是这二位在 1916—1918 年间求出的。

（3）$Q=0$，而 $M\neq0$，$J\neq0$ 的黑洞，称为克尔（Kerr）黑洞，其度规由克尔 1963 年求出。

（4）M、J、Q 都不为零的黑洞称为克尔-纽曼黑洞，其度规由纽曼（Newman）在 1965 年求出。

其中，克尔黑洞是最重要的，史瓦西黑洞是最简单的。

孤立的黑洞难以观测，所以天文学家致力于在密近双星中证认黑洞，即通过一颗子星对另一颗子星的引力效应和电磁效应来间接地探测黑洞。天鹅座 X-1 就是一个典型，它是天鹅座内一个强 X 射线源。天文学家经过分析后认为天鹅 X-1 是一对双星，由两个星组成。一个是通常的发光星体，30 倍于太阳质量。另一个猜想就是黑洞，大约 10 倍于太阳质量，直径小于 300 km。这两个星体相距很近，绕共同质心旋转。这种体系在一定的演化阶段时，产生很强的物质交流，即一颗星的物质要落到另一颗星上去。这些物质进入黑洞前被黑洞的强大引力加速，并且由于压缩而发热，温度高达 10^8 K。在这样高温下的物质中，粒子发生碰撞就能向外发射 X 射线。

1974 年，著名的英国理论物理学家霍金证明，如果考虑到黑洞周围空间中的量子涨落，将产生正反粒子对，其中负能粒子可能穿过视界被黑洞吸收，而正能粒子逸出，形成黑洞的自发辐射，它将以"热辐射"的形式"蒸发"，甚至会出现剧烈的爆炸。

霍金的惊人理论，说明黑洞不是那么"黑"了，当它爆炸时，温度高达万亿度，不但不黑，而且是最明亮的光源，成为实际上的"白洞"。

霍金

有人提出，我们的宇宙是否是一个大黑洞？

于是，我们的宇宙是否产生于一个超巨型的黑洞转化为白洞的一场大爆炸？

这一切似乎离我们过于遥远，然而又十分紧密，因为这是我们本身生存于其中的宇宙。这种好奇心，伴随着人类智慧的头脑，与生俱来，永远也不会消失，正如鲁迅先生的诗句：心事浩茫连广宇……

086 微弱的宇宙振荡——引力波

引力波是爱因斯坦广义相对论中一个惊人的预言，这也是爱因斯坦引力场方程与牛顿经典引力理论的一个重要的本质的区别。

什么是引力波？

我们可以做一个类比。图 086-1(a)表示两个带有电荷的物体构成的体系。当两个电荷发生振荡时，会发射出电磁波，这是电磁学的基本结论之一。图 086-1(b)则是两个具有一定质量的物体构成的体系。按照广义相对论，这两个物体发生振荡时，就可能发出引力波。

根据爱因斯坦引力场方程，可以推导出引力场的扰动会发出引力波，引力波的传播速度也是光速 c，并且，它携带着一定的能量，所以，它是一个实实在在的波，可以发射引力波，也可以接收引力波。

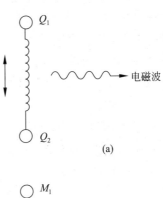

这些特点都与电磁波非常相似，一切好像顺理成章，人们也比较容易承认引力波的预言。我们还记得爱因斯坦曾根据广义相对论做出三个预言：光线在太阳引力场中的弯曲、水星近日点的进动和光谱线在引力场中的红移。这三项都先后得到了确凿的证实。然而对于这个预言中的引力波，人们虽然在地球上建造了许多探测宇宙引力波的实验装置，却都没能捕捉到有关引力波的可靠信号。

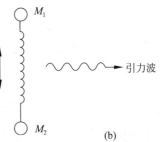

原因在于引力波实在太微弱了。

图 086-1 电磁波和引力波

一切运动的物体都可以发射引力波，例如一个跳动的小球、挥舞双臂的人、月亮围绕地球的运动……都能发射引力波，但都过于微弱。如果用一根长为 20 m、直径为 1.6 m、重 500 t 的圆棒，让棒高速转动，它将发射引力波。但是，即使圆棒的转速达到它即将断裂的极限速度（约为 28 转每秒），它所发射出的引力波功率也只有 2.2×10^{-19} W，探测如此微弱的波，今天最灵敏的仪器也无可奈何。

辐射引力波的比较强的源是大质量的天体运动,因此探测引力波自然成为天体物理学的重大研究课题。宇宙间可能存在三种类型的引力波。第一类是由超新星爆发、致密天体造成的突发事件引发的引力波,其特点是强度大、频带宽,但时间短暂。例如,超新星 SN1987A 就有强大的引力波发生,但它距离较远,地球上的仪器检测不出来。如果在银河系中发生这样的超新星爆发,地球上的探测器就有可能检测出它辐射的引力波。第二类是各种双星,以及具有较大椭率的转动星发射的引力波,其频率稳定,但强度小。第三类是无规背景辐射的引力波。这是由各种无规运动的辐射遗留下的,包括宇宙极早期各种过程的辐射和各种双星辐射的叠加等。

探测引力波的另一个努力奋斗的方向是建造高灵敏度的引力波天线。

接收引力波的方式与接收电磁波的方式十分不同。接收电磁波很容易,人的眼睛、底片、收音机、电视机等都是电磁波接收器。它们的基本道理都一样,即在电磁波作用下使电子发生运动,由电子的运动检测电磁波。

引力波的特点是能够使物体发生扭曲和变形,因此引力波天线常常是一根棒,借助测量这个天线极微小的扭曲和变形,应能确定是否接收到了引力波。如今,测量微小变化的相对灵敏度已经达到 $10^{-20} \sim 10^{-18}$。在地面上,无论探测仪器放置在哪里,总难避免干扰。若将引力波探测器放置到太空中,则有可能将灵敏度提高几个数量级,如达到 10^{-22}。

第一个企图直接接收引力波辐射的是美国物理学家韦伯(J. Weber),他设计并且安装了能够接收引力波信号的天线。1969 年韦伯宣布,他的天线在1968 年 12 月 30 日—1969 年 3 月 21 日的 81 天观测中,收到了两次引力波的信号。

这个实验结果公布后,引起了物理学界广泛注意。许多国家成立了引力波检测实验小组,企图重复韦伯实验,但更多的人对这个结果提出质疑。

首先,如果正如韦伯宣称是自银河系中心接收到了引力波信号,那么,银河系中心必定有十分激烈的天文事件发生,可是核对当时的天文观测资料,未见任何异常记录。

其次,韦伯称引力波到达地球时能量竟有 $10^7 \, \mathrm{J/(m^2 \cdot s)}$ 那样大,则银河系中每年要消耗 10^4 个太阳质量才有可能实现,若真是如此,银河系寿命只能有 10^7 年,但天文观测证明,银河系已经有 10^{10} 年历史了。

更重要的是,各国实验小组"照方抓药"都没得出韦伯的结果。因此,韦伯结果并没得到科学界公认。

但人们依然认为并不是引力波不存在，而是它太微弱了，我们的天线灵敏度还不够，还需努力提高。

天体物理学家另辟蹊径，他们把目光投向头顶上的星空。

 ## 087 天空实验室——双星引力辐射阻尼

在银河系中，双星系统很常见，已知的恒星有将近一半属于双星系统。它们是由两颗恒星组成的系统，相互围绕着旋转。这种系统在一定的演化阶段时，要发生强烈的物质交流，即一颗星的物质要落到另一颗星上去，这就是所谓引力辐射。引力辐射能把双星的能量慢慢带走，使整个双星系统的能量变小，结果使双星相互旋转的周期越来越短，这个性质叫作引力辐射阻尼。

只要我们能证实引力辐射阻尼所引起的双星周期变短确实存在，尽管没有直接测到引力波，也是对引力辐射理论的重要支持。这就是天体物理学家采用的检验引力波理论的方法。

不过，这种方法同样不容易做到，因为能引起双星周期变化的因素太多了。除了两星间的质量交流之外，它们之间的潮汐作用也会引起双星周期变化。例如，根据地质科学、古生物学等方面的分析，在数亿年前月亮绕地球一周的时间与现在并不一样。这就是由于地、月之间的潮汐作用引起的。

这样，引起双星周期变化的因素可以分成两类：一类是引力辐射阻尼，是相对论的效应；另一类是潮汐等非相对论因素引起的。一个适于检验引力辐射阻尼理论的双星系统应当是相对论效应远大于非相对论效应。

按照广义相对论，引力辐射阻尼反比于双星系统中二星之间距离 a 的 5 次方（即 a^5），因此，为观测相对论效应，应选距离小的双星。然而，潮汐的作用正比于 $(R/a)^3$，其中，R 是星体半径。可见，要使非相对论效应减弱，又必须要求二星间距离大。

这两方面的要求是矛盾的，唯一的途径是要求星体半径 R 足够小，才可能大大减弱非相对论效应。于是普通恒星组成的双星系统不满足观测要求。

因此，只有由两颗致密星（R 很小）组成的双星系统，才有可能是一个良好的检验引力波理论的天空实验室。

然而,直到 1974 年也没有发现一个双星系统是由两颗致密星组成的。

1974 年年底,美国年轻的射电天文学家赫尔斯(R. Hulse)和他的同样很年轻的导师泰勒(J. Taylor)发现了一颗射电脉冲星 PSR1913+16(PSR 是射电脉冲星,1913 是赤经,+16 是赤纬)。这颗星与众不同。在当时,所有发现的射电脉冲星都是单星,唯独 PSR1913+16 是双星。

这颗星的脉冲周期很短,只有 59 ms;双星系统的周期也很短,不到 8 h,但偏心率很大(图 087-1)。这些特征集中在一起十分罕见,它引起很多人关注。

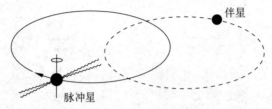

图 087-1　脉冲双星轨道示意图(次首发现的射电脉冲双星 PSR1913+16 的两个成员星都是中子星,它们绕该系统的质量中心做椭圆轨道运动)

经过观测和分析,确定 PSR1913+16 是个双致密星系统。这是科学家在相当长的时间内观察到的唯一的双致密星系统。赫尔斯和泰勒因发现一种新型脉冲星后来获得 1993 年诺贝尔物理学奖,不仅是由于他们发现了第一例脉冲星双星系统,更重要的是因为该系统是轨道椭率很大的双中子星系统,从而成为验证引力辐射的最佳样本。1991 年,又发现了一个椭率比较大的双中子星系统 PSR1534+12,其轨道周期为 10.1 h,轨道椭率为 0.27,与 PSR1913+16 相比还有独特的优点:脉冲信号强,脉冲宽度窄。这可以保证脉冲到达时间的测量精度更高。这又是一个可供检验广义相对论引力辐射预言的观测对象。

脉冲双星的发现者是两位年轻人,他们成功地捕获了这个罕见的"广义相对论天空实验室"。在后来的 20 多年中,人们为搜寻更多的射电脉冲双星做出了巨大的努力。然而只有 1974 年发现的 PSR1913+16 和 1991 年发现的 PSR1534+12 是检验广义相对论的最好的两个双星系统。

PSR1913+16 的重要性在于它是双中子星系统,两颗子星间没有物质交流。其轨道周期很短,仅为 7.75 h;相距很近,轨道椭率很大,达 0.617。这些因素导致它具有非常高的轨道运动速度,可达光速的 1/10。根据广义相对论推算,这个双星系统的引力效应非常强。引力辐射将导致该双星系统轨道周期的明显变化,计算得出轨道周期的变化率为 -2.6×10^{-12}。然而,要用实际观测验证广义相对论的理论预言是极端困难的。第一个难点是，在观测上要测出轨道周期如此小的变化，脉冲到达时间的测量必须极端精密。泰勒和他的同事们不懈地追求这一目标，1974 年的测量精度为 300 μs，1981 年达到 15 μs，精度提高了 320 倍。第二个难点是，为了发现轨道周期的变化必须进行长期的观测。为此，他们坚持了近 20 年，发现这个双星的周期确实在稳定地变短。图 087-2 是其轨道位相与时间的关系图。如果周期没变短，则应是一条水平线。实测结果是 1978 年 11 月测得的轨道周期变化率为 -3.2×10^{-12}，与理论值约差 20%。这种观测一直持续到赫尔斯和泰勒获得诺贝尔物理学奖的 1993 年。近 20 年的努力，利用世界上最大的阿雷西博射电望远镜（口径直径为 300 m）进行了上千次观测，使得精度大大提高，观测值与广义相对论理论预期值的误差仅为 0.4%。

他们终于以无可争辩的观测事实，证实了引力波的存在。

如果说 19 世纪牛顿引力理论最出色的观测证实是海王星的发现，那么，20 世纪相对论引力理论最出色的观测证实就应该是这个引力辐射阻尼的监测了。

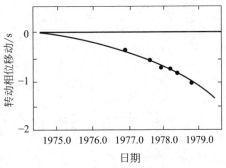

图 087-2　PSR1913＋16 的转动位相与时间的关系

七、技术物理相映生辉

088 先有蛋还是先有鸡——谈物理学与技术

这是个极其古老的问题，不容易说清楚。蛋和鸡，有点像物理学与技术的关系，我们不妨认为物理学是相对静止的蛋而技术是活跃于世间的鸡。

作为一门基础科学，物理学能使人更深刻地认识世界，同时物理学对人们改造世界，推动社会发展也起着极其重要的作用。技术进步直接体现着生产力的进步，是社会发展阶段的标志。物理学（应该更广泛地说是科学）与技术相互作用，相互推进，鸡生蛋，蛋生鸡，生生不息，"科学技术是第一生产力"，共同改变着人类的生活和世界的面目。

在经典物理学的早期，技术的发展往往在物理学理论之前，并给后者以有力的帮助和促进。例如，光学仪器的制造和发展就曾经给物理学理论的进展带来强有力的支持。

17世纪初，荷兰米德尔堡的一个眼镜技师利佩尔西（H. Lippershy，约1570—1619）在一个偶然的机会中用水晶制作的凸透镜和凹透镜组成了一个望远镜，在1608年申请了专利，后来又制成了双筒望远镜。这个神奇发明的消息立即传遍欧洲。开普勒在1611年出版的《折光学》中对望远镜的光路做出了正确的解释，并且设计制造了几种新型的望远镜，而伽利略更是喜出望外，1609年亲自动手用两片透镜制成一个简陋的望远镜，经过多次改进，使物像放大30多倍。1610年，伽利略把自制的望远镜指向天空，揭开了天文学崭新的篇章。望远镜在许多领域起到重要作用，促进了光学基础理论和天文学的进展。

热学的情形与之也有相似之处。蒸汽机的发明和改进主要是来自生产实践的需要和工程师的改进，但由于没有掌握热机中能量转化的基本规律，始终未能找到提高效率的理想的方案。直到19世纪前半叶，卡诺定理的提出，克劳修斯等建立了热力学第二定律，才为蒸汽机效率的提高指明了正确道路，但总体来说，还是热工技术在前，热学理论在后，先有实践而后有科学。

电磁学的发展则正好相反。电磁学几乎所有的重大成果都是在实验室里首先取得的，都是先进行探索性研究，然后再应用到实际生活中去。科学探索不是直接由于某些生产技术的需要而进行的，而是为了追求纯粹的知识。电磁感应的发现为发电机的发明奠定了理论基础，打开了电力时代的大门，这是法拉第始料未及的。电磁波的预言直到20多年后才得到实验证实，而麦克斯韦生前甚至担心这个预言永远无法证实。赫兹虽然完成了电磁波的检验,但他本人对电磁波实用价值的探索却毫无兴趣。而这一切为 20 世纪电子技术的大发展提供了完美的思想准备。

各种电气设备的创制和改进,无一不是先在物理学家手中进行充分的实验研究和理论分析,掌握了严格的物理规律,并建立了严密的物理理论后,才有了实现的可能。相应的工程技术和生产工艺,也是按照已知的规律,在理论指导下进行的。大抵上是科学研究在前,工程技术在后,或发现在前,发明在后。

在 20 世纪中这一特点尤为突出,这时已很难找到不需要理论指导,盲目实践就取得成功的工程技术实例了。固体和半导体理论指导了晶体管的发明和改进;原子弹及原子能的利用直接来源于爱因斯坦质能方程;爱因斯坦的受激辐射原理导致了激光器的诞生,更是一个鲜明的例证。

现代科学技术离不开新型的技术装备。例如:劳伦斯(E. Lawrence,1901—1958)在 1930 年发明的回旋加速器,是加速带电粒子的有力武器;鲁斯卡(E. Ruska,1906—1988)在 1934 年发明的电子显微镜,为人们观察物质微观世界开辟了全新的途径;赖尔(M. Ryle,1918—1984)在 1952 年发明的综合孔径射电天文望远镜,更是射电天文学不可或缺的工具。他们三人分别获得了1939 年、1986 年和 1974 年的诺贝尔物理学奖。

许多现代重大技术成就,如 1957 年苏联人造卫星上天,1946 年点接触晶体管和 1948 年结型晶体管的诞生等,都是物理学重大成果的物化。始于 1895 年发现 X 射线的 X 射线分析技术,始于 19 世纪末电子和阴极射线研究的无线电电子学,始于 1938 年发现铀裂变的原子能工业,以及探测技术、遥感技术、高真空技术、高频技术、超导技术、低温技术等,都是从相应的物理学分支衍生出来的。物理学与技术真是我中有你,你中有我。许多著名物理学家都是从事这些技术的专家,有的就是某一门技术的创始人或者直接领导参与这些技术的研究和开发。

下面我们简要介绍今日世界上一个典型的高能物理实验研究机构——欧洲核子研究中心(CERN)。

该中心包括 13 个成员国科学家,人员超过 6000 人,高级人才荟萃,实验设备精良。建成后的 30 多年中,先后建成质子同步回旋加速器、质子同步加速器、交叉储存环、超级质子同步加速器、大型正负电子对撞机,以及世界上最大的氢气泡室。中心在下设的管理委员会、研究委员会和实验委员会精干、严格、协调、有效的领导下,取得一系列令世人瞩目的成果。你说究竟是鸡生蛋,还是蛋生鸡?

089 电子学的里程碑——晶体管的发明

　　无线电电子学诞生于 19 世纪与 20 世纪之交,迄今已有 100 多年的历史。它是在早期电磁学和电工学的基础上建立起来的,百年以来,发展飞速。

　　直到 20 世纪 60 年代,无线电电子学还是物理学的一个组成部分,后来逐渐独立出来。当时,无线电电子学的研究和人才培养往往是高等学校物理系的任务。

　　事情要追溯到 19 世纪,这是电磁学大发展的时代。美国大发明家爱迪生(T. A. Edison,1847—1931)致力于研究如何延长碳丝白炽灯寿命,发现当灯丝比周围导体电势低时,在灯丝与导体间会出现电流,这是后来电子管的基础,称为爱迪生效应。然而,他本人既没搞清这一效应的机理,也没意识到这一效应的意义。1899 年,发现电子的 J. J. 汤姆孙揭示出爱迪生效应是一种热电子发射现象。在此基础上,1904 年,麦克斯韦的学生,英国物理学家弗莱明(J. A. Fleming,1849—1945)发明了电子真空二极管,首先把爱迪生效应付诸实用,为无线电报接收提供了一种灵敏可靠的检波器。紧接着,1907 年,美国科学家德·福雷斯特(L. de Forest,1873—1961)发明了具有放大能力的电子真空三极管,为无线电通信提供了一种应用极其广泛的器件。理论研究应运而生,1901年 J. J. 汤姆孙的学生,英国物理学家理查森(O. W. Richardson,1879—1959)提出了热电子发射的规律——理查森定律,后来荣获 1928 年诺贝尔物理学奖。这个定律为电子管的设计和制造提供了理论指导。电子管作为第一代电子器件,在 20 世纪前半叶对人类社会发挥了难以估量的巨大作用,随后电子学取得的成就,如大规模无线电通信、电视、雷达、计算机的发明,都和电子管分不开,直到现在,在电子学的某些特殊领域,大功率电子管、微波管、电子束管等依然大有用武之地。

　　但是,电子管本身有许多致命的缺点:体积大,耗电多,制作复杂,价格昂贵,寿命短,易破碎,等等。这一切促使人们设法寻求可以替代它的器件。20 世纪中期,晶体管被发明了,它克服了上述所有缺点,它的诞生使电子学发生了根本性的变革,加快了自动化和信息化的步伐,为人类进入信息社会奠定了坚实的物质基础,影响不可估量。

　　晶体管的发明是固体物理学理论指导实践的产物,与其重要分支——半导体物理学的发展密不可分,而更关键的是贝尔实验室极有远见的集体攻关。若无此,晶体管发明的历史也许是另一面目,信息革命也许要推迟多年。

贝尔实验室创建于 1925 年,隶属于美国电话电报公司(AT&T)及其子公司西方电器公司,几经并转,发展成为"全美最大的制造发明的工厂"。1987 年,职工有 21 000 人,其中专家 3400 人,研究经费 20 亿美元。它是世界较大的由企业主办的科学实验室之一。历年来发明了有声电影(1926)、电子计算机(1937)、晶体管(1947)、激光器(1960),发现了电子衍射(1927)和宇宙微波背景辐射(1965)等,先后有 11 位科学家获诺贝尔物理学奖。其中肖克利(W. Shockley,1910—1989)、巴丁(J. Bardeen,1908—1991)和布拉顿(W. Brattain,1902—1987)因为对半导体的研究和发现晶体管效应而获得 1956 年诺贝尔物理学奖。

1945 年夏天,一项以半导体材料为主要内容的固体物理学研究任务在贝尔实验室确定下来。1946 年 1 月,固体物理研究组正式成立,其宗旨就是要对固体物理学进行深入探讨,以指导半导体器件的研制。正如巴丁在后来获诺贝尔奖演说时所讲:"这项研究计划的总目标是想在原子理论的基础上(而不是凭经验),对半导体现象获得尽可能完整的理解。"

研究组最初的成员有七位,都是各方面出类拔萃的专家。其中组长肖克利是一位优秀的理论物理学家,1936 年进入贝尔实验室。他首先提出所谓场效应原理,为晶体管的发明打下了直接的基础。布拉顿是一位高明的实验物理学家,1929 年就来到贝尔实验室,从 1931 年就致力于半导体研究,首先尝试用固体器件代替真空管。巴丁是最关键的人物,他也是一位理论物理学家,1945 年刚来到贝尔实验室,是他提出半导体表面态和表面能级的概念,使半导体理论获得提高,使半导体器件的研究试制工作走上正确的方向。巴丁的固体导电理论造诣高深,是唯一在同一学科两度荣获诺贝尔物理学奖的科学家。他和库珀(L. N. Cooper,1930—)及施里弗(J. R. Schrieffer,1931—2019)合作,在 1957 年提出被称为 BCS 理论的超导电性理论,于 1972 年又一次获诺贝尔物理学奖。

经过一系列艰苦而巧妙的工作,1947 年 12 月 23 日,世界上第一只接触型晶体管在这个小组中诞生了。

这个晶体管是点接触型的,使用起来很不方便。现代晶体管的真正始祖,应该说是肖克利在 1950 年 4 月所发明的以 PNP 结或 NPN 结为基本结构的结型晶体管。

发明晶体管的三位科学家都没停止辛勤探索跋涉的脚步,各自又都取得许多重大成就。布拉顿后来继续深入研究半导体表面性质，改进了将载流子引入半导体中的方法；巴丁转向超导理论研究；肖克利则致力于晶体管的商业化，是举世闻名的"硅谷"创业者之一。

晶体管的发明，是电子学发展的一个重要里程碑，在给人类社会带来巨大变化的同时，晶体管本身也在与时俱进。1954 年出现硅晶体管，而 1960 年出现的平面晶体管，更成为现代集成电路的开端。

090 方寸之间，几乎无限——现代集成电路

2000 年诺贝尔物理学奖授予了 3 位科学家，其中阿尔费罗夫(I. Alferov, 1930—2019)和克勒默(H. Kroemer, 1928—2024)是由于提出半导体异质结构，基尔比(J. S. Kilby, 1923—2005)则是集成电路的主要发明者之一。把 20 世纪最后一项诺贝尔物理学奖授予信息技术科学领域的科学家是众望所归，信息科学和信息技术对人类的影响太大了。半个世纪以来，以晶体管和集成电路为基础，发展起巨大的计算机产业，人类社会发生了根本的变化，飞速进入信息时代。

在 20 世纪 50 年代初期，晶体管发明后不久，电子工程师们需要将越来越多的电子元件组合到电路之中，而这受到了元件尺寸的限制。于是人们产生了把几个晶体管和其他电子元件组合在同一块半导体晶体上的思想。

将这个想法付诸现实似乎是顺理成章的事，然而，实际上这一思想是违反常规的。首先，当时晶体管所使用的纯净半导体晶体材料相当难得，价格高昂，人们绝不想用这类材料去制作电阻、电容之类本可以用很廉价的材料便能实现的元件。其次，各元件之间的相互连接很难解决，直到今日，它仍然是芯片设计者面前具有挑战性的任务。

美国得克萨斯仪器公司的科学家基尔比一直对如何解决电路中元件数目越来越多所带来的问题深感兴趣。1958 年，他接受了一项设计电子微型组件的任务，想将分立的电子元件做得尽可能小些，并且尽可能将它们紧密地封装在一个管壳里。在设计过程中，基尔比发现，这种微型组件的制作成本高得惊人，太不合算，他打算另辟蹊径，把包括电阻、电容在内的一切元件都用半导体材料

制作,形成一块完整的微型固体电路。在那年的暑期,他独自留在实验室中,将一个振荡器各种不同的分立元件全都在同一块作为基极材料的硅片上制作出来。基尔比沿这个方向继续努力。终于,他成功地在一块锗片上形成了若干个晶体管、电阻和电容,并用热焊的方法把它们用极细的导线互连起来。1958 年 9 月 12 日,第一块集成的固体电路诞生,虽然看起来有些简陋,却开创了信息时代的历史(图 090-1)。

图 090-1　世界上第一块集成的固体电路

与此同时,在美国另一家实验室也出现了类似的进展。加利福尼亚州仙童电子公司的美国科学家诺伊斯(Robert Noyce)发现,铝金属可以很牢固地附着在硅和二氧化硅上。他在 1959 年 1 月 23 日的实验室笔记上,详细地记录了如何用铝作为导电条制作集成电路。后来不久,诺伊斯和他的一些同事创立了一家新公司——英特尔公司,专注于集成电路的发展。这个公司发展至今有目共睹,成为全球著名的集成电路厂家之一。

人们现在公认基尔比和诺伊斯是集成电路的共同发明者。诺伊斯后来成了"硅谷"的奠基人之一,于 1990 年逝世。基尔比则继续其发明者的生涯,他是袖珍计算器的发明者之一,拥有 60 多项美国专利。1982 年,他的名字进入美国发明家名人堂,获得了与大发明家爱迪生、汽车生产线发明家福特和飞机的发明者莱特兄弟并列的荣誉,2000 年荣获诺贝尔物理学奖。诺伊斯早几年去世,否则这份荣誉定会有他一份。

晶体管的发明有划时代的伟大意义,然而,只有当集成电路出现时,电子革命才真正开始。这项发明,使微电子学成为所有现代技术发展的基础。环顾我们的周围,集成电路成了现代科技最重要的核心器件,它几乎无处不在,极大地影响了人类生活,彻底改变了社会面貌,并且这一切似乎还方兴未艾。

集成电路发明之后大约 10 年,已经可以把足够多的元器件连结在一个集成块之中,于是出现了计算机的心脏,即 20 世纪 70 年代初发明的微处理器,这又是一个重要的里程碑,使电子计算机直接走进了世界的各个角落。

在集成电路发明不久,硅谷的先驱者之一摩尔(Gordon Moore)提出一条经验定律:对于同样的芯片价格,集成电路的性能,包括其上面的元器件数目,每 18~24 个月增加一倍,即著名的摩尔定律。我们看看下面的一组数据:英特尔公司 1971 年问世的 4004 微处理器芯片有 2300 个晶体管,1982 年推出 16 位的 80286 有 13.4 万个晶体管,1986 年出厂的 80386 的 32 位微处理器,内有 27.5 万个晶体管,1989 的英特尔 486 则有 120 万只晶体管,1993 年的奔腾芯片上有 320 万只晶体管,1995 年的高能奔腾增至 550 万只晶体管,随后推出的奔腾 II 则有 750 万只晶体管,之后的奔 3、奔 4,似乎还在不停地"奔"。过了近 40 年,这条定律居然还保持有效,真令人震惊:方寸之间,几乎无限。

半导体的小型化、集成化过程不断地提出了许多理论和基础研究课题。例如,由于不断小型化,器件结构越来越接近表面;器件的特性受表面影响很大,使人们对表面结构、能带的弯曲、表面态的分布等一系列固体物理的内容,展开更深入的研究。

穿越到 2100 年,想象诺贝尔物理学奖将会授予什么样的题目呢?

091 "光"是怎样"激"出来的——谈谈激光原理

激光是 20 世纪中叶以后发展起来的一门新兴的高科技成就。它是现代物理学的一项重大成果,是 20 世纪量子理论、无线电电子学、微波波谱学及固体物理学的综合产物,是 20 世纪以来继原子能、电子计算机、半导体、集成电路等之后的又一项重大发明,具有划时代的深远意义。

激光,英语为 laser,是"light amplification by stimulated emission of radiation"的缩写,原意为"光的受激发射放大",过去翻译时音译,称为莱塞,港台地区译为镭射,时至今日,依然作商品名称。"激光"是我国著名科学家钱学森 1964 年提出的译名,贴切而传神。

激光与普通光的区别来自于不同的发光机制。1917 年爱因斯坦在用统计平衡观点研究黑体辐射的工作中,得出一个重要结论,自然界存在着两种不同的发光机制:一种为自发辐射;另一种为受激辐射。由自发辐射产生的光,称为普通光,激光则是由受激辐射而产生。发光机制的不同,决定了激光与普通光的本质差异,先作一简单比喻来看二者之别。

如果将一个聚有很多人的广场比作一个光源,将从广场上走出的人流比作是该光源发出的光,那么,人离开广场可以有两种主要的形式:一种是大家各管各,互无联系,各自走出广场,结果必然是从广场的四周都有人走出来,朝着不同的方向,沿着不同的路径,杂乱无章地走开,这好比是自发辐射出的普通光;另一种形式是将全体人员整队,按统一口号整齐划一地从规定的方向浩浩荡荡地走出广场,并保持队形继续前进,这个队伍就好比激光。

爱因斯坦提出的受激辐射是指:处于高能级的原子受外来光子的作用,当该原子的跃迁频率正好与外来光子的频率一致时,它就会从高能级跳到低能级,并发出与外来光子完全相同的另一个光子,于是一个光子变成了两个光子。如果条件合适,光就可以像雪崩一样得到放大和加强,并且,这样放大的光是一般自然条件下得不到的"相干光"。

但是,爱因斯坦并没有想到利用受激辐射来实现光的放大,因为诱发光子不但能引起受激辐射,也能引起受激吸收。根据玻耳兹曼统计分布,平稳态低能级上布居的粒子数总比在高能级上布居的粒子数多,靠受激辐射来实现光的放大实际上是不可能的。要使受激辐射占据主导地位,就必须使处于高能级上的粒子布居数多于低能级上的粒子布居数,即"粒子数反转"。然而,由于技术上的困难,在之后的许多年内,这个理论只限于纸上谈兵。

1949 年,法国物理学家卡斯特勒(A. Kastler,1902—1984)发现并发展了原子中核磁共振的光学方法,因此获得了 1966 年诺贝尔物理学奖。他提出了光抽运方法,或称为光泵方法。所谓光泵,实际上就是利用光辐射改变原子能级集居数,实现粒子数反转。他原来的目的是建立一种用光探测磁共振的精密测量法,他的工作为以后的固体激光器提供了重要的抽运手段。

美国贝尔实验室的物理学家汤斯(C. H. Townes,1915—2015)在 20 世纪 50 年代首先提出了利用受激发射获得微波放大实际可行的设想。当时,哈佛大学的珀赛尔(E. M. Purcell,1912—1997)和庞德(R. V. Pound)已经实现了粒子数反转,不过信号太弱,无法加以运用。汤斯昼思暮想,终于在 1951 年春天的一个早晨,他设想,如果将介质置于谐振腔内,利用振荡和反馈,就可以起到放大作用。他在"二战"期间为美国空军研制雷达设备,掌握了丰富的无线电工程知识,于是别人想不到的他想到了。1954 年,汤斯小组实现了氨分子的粒子数反转,研制成功由受激发射放大产生微波振荡的微波激射器,命名为"microwave amplification by stimulated emission of radiation",简称 MASER。

随后,1958 年,美国的肖洛(A. L. Schawlow,1921—1999)和汤斯,苏联莫斯科列别捷夫物理研究所的巴索夫(N. G. Basov,1922—2001)和普罗霍洛夫(A. M. Prokhorov,1916—2002)的小组几乎同时各自独立地提出用平行平面镜制作光的谐振腔(即开式法布里-珀罗腔),由此导致了激光器的发明。特别需要指出的是,两位苏联科学家和另一位美国科学家布洛姆伯根(N. Bloembergen,1920—2017)提出的利用三能级系统实现粒子数反转的思想,为后来微波激射器(MASER)和激光器(LASER)的发展指明了方向。

这一连串的发明意义重大。汤斯、巴索夫和普罗霍洛夫三人分享了 1964 年的诺贝尔物理学奖,而激光的发明者之一肖洛却因种种原因榜上无名。但是他对于激光研究孜孜不倦的努力也终于获得了回报,17 年后,肖洛由于其创建激光光谱学的贡献,与非线性光学的创始人——前面提到的布洛姆伯根共享了 1981 年诺贝尔物理学奖的一半(另一半授予了发展高分辨率电子能谱学的西格本)。

然而直到此时(1958 年),虽然理论似乎已经齐备,但真正的激光器还没出现,这一切都是主角登场前的紧锣密鼓。

092 果然神奇无比——激光及其应用

1960 年,美国科学家梅曼(T. H. Maiman,1927—2007)在微波激射器的基础上迈出了重要的一大步,成功地制成了获得光放大的激光器。

梅曼在美国加州南部的休斯公司的实验室中从事微波激射器的研究。他有多年用红宝石进行微波激射的经验,预感到红宝石作为激光器的可能性。这种材料具有相当多的优点。例如,能级结构比较简单,机械强度比较高,体积小巧,无须低温冷却,等等。但是据文献记载,红宝石的量子荧光效率很低,仅为1%,真如此,则无用。梅曼寻找其他材料,但都不理想。于是他还是想用红宝石试试看,经过实测,发现其荧光效率竟高达 75%! 梅曼喜出望外,决定用红宝石作激光元件。

通过计算，他认识到最重要的是要有高色温(大约 5000 K)的激励光源。起初他设想把红宝石棒放在汞光的椭圆形柱体中，也许有助于启动，后来一想，无须连续运行，有脉冲即可，于是决定利用氙灯。梅曼选定了一种用于航空摄影的有足够亮度的闪光灯，但这种灯有螺旋状结构，不适于椭圆柱聚光腔。他设法把红宝石棒插在螺旋灯管中。红宝石两端蒸镀银膜，一端银膜中部留一小孔，让光逸出，孔径的大小通过实验决定，大约透射率为 10%；另一端银膜为全反射镜，于是红宝石棒形成了用于光放大的谐振腔。红宝石棒外面螺旋状的氙闪光管，每一次闪光都具有足够的亮度将原子从基态抽运到激发态，实现粒子数反转。由氙闪光灯管脉冲式激发，将原子一次次地抽运到激发态，粒子数反转后的受激辐射一次次地在谐振腔内得到选择性光放大，最后从红宝石棒银膜的小孔中猛烈地发射出强有力的激光光束(图 092-1)。

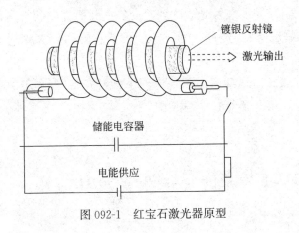

图 092-1　红宝石激光器原型

梅曼经过 9 个月的奋力工作，花了 5 万美元，做出了历史上第一台固体激光器。可是当他将论文投到《物理评论快报》时，竟遭到拒绝。该刊主编误认为这仍是微波激射器，而它的发展已没必要再用快报的形式发表了。梅曼只好在《纽约时报》上宣布这一消息，并在英国的《自然》杂志发表研究成果。第二年，《物理评论快报》才发表他的详细论文。

红宝石激光器出世最早，初期发展较快，应用也较多。但受其自身性能局限，现在已不多用，让位于后来出现的各种激光器。

紧接着问世的是 He-Ne 激光器，它以气体为工作介质，首先实现了激光的连续性。现在使用最多的是输出波长为 632.8 nm 的可见红光的激光器。激发过程是高速电子首先碰撞激发 He 原子,受激发的 He 原子再与 Ne 原子碰撞,使 Ne 原子激发,形成粒子数反转,从而产生激光。普通物理实验中常使用 He-Ne 激光器作单色光源,它在各种领域被广泛应用。

1963 年问世的 CO_2 激光器是少数几种较大功率的激光器之一,典型的工作物质是 CO_2、N_2、He 等气体的混合物。其输出波长主要在 10.6 μm 附近的中红外波段,输出功率范围可从几毫瓦的小型器件直到几十万瓦的整幢房子大小的连续器件。激光的应用极其广泛,包括眼科及细胞手术,材料的焊接、切割、热处理,激光核聚变和激光武器等需要强大能量光束的领域。

1966 年出现的染料激光器是液体激光器,液态工作物质由基质与染料构成,染料分子以约万分之一的浓度溶解到基质溶剂中。不同的染料具有不同的发射光谱,波长范围可从紫外 320 nm 到红外约 1500 nm,这种可调谐能力使它广泛应用于科学实验之中。染料激光器的另一特性是产生超短脉冲,单个脉冲宽度可到 50 fs(5×10^{-14} s),脉冲间隔约 20 ns(2×10^{-9} s)。对这些短脉冲的兴趣来自于固体或液体中的超快速过程的研究和光通信的研究。

应用最广泛的应推半导体激光器。它在激光器中尺寸最小,典型尺寸与食盐颗粒相当,由半导体材料所构成。现代制造半导体激光器的技术与制造电子器件的技术相同,因此,可以大批量生产具有与标准电子器件同等可靠的半导体激光器,也能将其像其他电子器件一样集成到各种集成电路之中。

半导体激光器的应用很广泛,近红外激光束可以通过低损耗的光纤传输很远的距离,主要用于通信领域、超级市场扫描条形码、光盘信号的写与读、激光投影显示等。随着其性能的不断改进与成本的降低,它将取代部分其他的激光器,在 21 世纪扮演更加重要的角色。

已经过去了的 20 世纪是"电的世纪",电力、电子所带来的巨大革命使整个社会与人类生活发生了极其深刻的改变。有人预言,21 世纪是"光的世纪",应该说是光、电紧密结合的世纪。当你的生活变得越来越便利,越来越丰富的时候,你会发现,很大一部分原因是激光越来越多地出现在生活的各个方面之中。

093 平面上的立体奇观——全息术

百年来,诺贝尔物理学奖得主名单上群星闪耀,但有两次显得有点特殊,这两次都与照相技术有关。

首先是 1908 年,法国物理学家李普曼(G. Lippmann,1845—1921)获诺贝尔物理学奖,因为他发明了基于干涉现象的彩色照相法。后来是 1971 年,匈牙利裔美国物理学家伽博(D. Gabor,1900—1979)获诺贝尔物理学奖,因为他发明和发展了全息照相术。

我们现今广泛应用的彩色照相与李普曼的工作没有关系。彩色照相机是由美国柯达公司在 1935 年制成的,基于三原色吸附原理,色彩鲜艳,使用方便。

李普曼的彩色照相术是基于光学中的干涉现象,发明于 19 世纪末期,当时引起了巨大的轰动,获诺贝尔奖也是众望所归。但这个方法有许多缺点:费时,曝光时间至少需 1 min;产生色彩不饱和、不鲜艳。随着时代发展和科技进步而不被使用,但其所依照的工作原理却在 50 年后获得新生,启迪伽博发明了全息照相术。

20 世纪 40 年代末,伽博在一家制造电子显微镜的公司里工作,当时面临着如何提高电子显微镜分辨率的课题。1947 年的复活节,天空晴朗,伽博在等待一场网球赛时脑子里突然出现一道闪念:"为什么不拍摄一张不清楚的电子图像,使它包含全部信息,再用光子方法去校正呢?"他考虑利用相干电子波记录相位和强度信息,再利用相干光再现。这样,电子显微镜的分辨率就可以提高到 0.1 nm,达到实验中观察晶格结构的要求。

人类记录光学信息经历了黑白摄影、彩色摄影、电影、录像等过程。许多自然界和人类历史上一闪而过的宝贵场面,都在底片上得到了永久的记录。由光电技术相结合产生的电影和录像技术不仅可以记录一闪而过的瞬间,还可以连续不断地记录长时间内的各种运动和变化的过程。但无论是摄影还是录像,黑白还是彩色,都只能将立体的、三维空间中的景物通过镜头的作用投影到平面上,变成一个只有二维的图像而被记录下来。将一个立体的景物变成一个平面的图像,是对实际景物片面的、不完全的记录,它们只记录了光的强度信息,而失掉了原景物的光的相位信息。而相位信息能使我们感知光线到达观察者眼睛的先后顺序,也就是说感知原景物三维立体的形象。

伽博就是从这一思想出发发明了全息照相术的。

为了解决相位的记录问题,伽博采用了相干光的干涉原理。他用一束单色光照射到底片(称参考光)和被拍摄物体上,经过被拍摄物体的散射光和参考光的干涉,在底片上形成干涉条纹即构成全息图像(图093-1)。

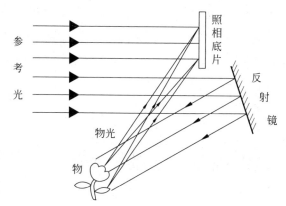

图 093-1　全息术原理示意图(参考光和来自物体的散射光发生干涉,干涉条纹记录在底片上即构成全息图像)

实验中,伽博和他的助手以汞灯作光源,经滤光片使入射光单色化,借助一个针孔滤光器使这束光达到所要求的空间相干性。但是高压汞灯提供的单色光的相干长度只有 0.1 mm,迫使他在拍摄图像时,把每件东西都布置在同一轴线上,根据这一特征,这种实验称为同轴全息实验。经过种种艰苦的努力,伽博首次拍得了第一张全息图像,但是由于相干性差,光源强度也很弱,还有不可避免的孪生像的干扰,再现的图像很不理想,若以现代人的眼光来看,这实验简直就是失败的。然而在当时,由此作为开端,出现了研究全息术的首次热潮。因为没有理想的相干光源,直至 20 世纪 50 年代中期,全息术的研究中有成效的工作很少,基本处于停滞状态。只有美国密歇根大学的利思(E. N. Leith)还在将此理论用于雷达方面的工作。苏联也有一些科学家在继续进行新的探索。

1960 年,激光器的发明给全息术带来了新的生命。1963 年,利思等发表了第一张激光全息图,立刻引起轰动。全息术一下子复活了。

由于激光的单色性好,相干长度比汞灯大几千倍,实验中不受同轴的限制,可以采用"斜参考波"的方法,从而创造了离轴全息术。实验者很容易消除孪生像的干扰。另外,由于激光的强度超过汞灯几百万倍,适当的曝光时间便可用很细颗粒的照相乳胶制作大的全息图,所以能取得非常好的再现效果。利思等第一次发表的黑暗背景上透明字母的全息图像、景物图像和肖像图像等,图像都很清晰。1964 年,他们又用漫射照明制作全息图像,成功地得到三维物体的立体再现的图像。

激光全息技术现已获得普及应用。除了日常广泛见到的激光全息图像、全息防伪商标、舞台灯光花样变化之外,全息存储使单位体积的信息存储量大大高于一般的存储方法。全息技术还广泛应用于工业检测、探伤以及微电子制造业中。此外,人们研制与开发的全息电影及全息电视等也取得很大进展。

科学上的成功带来技术上的进步往往是不可估量的。

 094 逼近低温极限——激光冷却

1997 年,瑞典皇家科学院宣布将当年的诺贝尔物理学奖授予华裔美国斯坦福大学教授朱棣文(Steven Chu)、法兰西学院和巴黎高等师范大学教授科昂-塔诺季(C. Cohen-Tannoudji)及美国国家标准研究所菲利浦斯博士(W. Phillips),以表彰他们在"发展激光冷却和捕获自由原子的方法"方面的贡献。

科学的进步确实惊人。19 世纪末,物理学家还仅仅在理论层次上争论原子是否真实存在,百年过后,20 世纪末,物理学家已经可以利用微观相互作用的技术将原子进行冷却、捕捉以至搬运。

激光冷却是指在激光的作用下使原子减速。我们知道,常温下自由中性原子的运动速度高达上千米每秒,而这三位物理学家的此项研究使得原子的运动速度可以慢到数厘米每秒,从而使其相应的温度降到极低的程度。例如,对 He 原子,相应温度降低到 180 nK。这项工作为了解光与物质的相互作用,特别是了解气体在超低温下的量子物理特性开辟了道路。

斯坦福大学的肖洛是激光的发明者之一,也是 1981 年诺贝尔奖得主。1975 年,他和他的同事亨施(T. Hänsch)首先提出相向传播的激光束可以使自由原子冷却,其原理基于多普勒效应。

多普勒效应是指当观测者与波源之间有相对运动时,观测者所测得的波的频率与波源发出的频率不同,相互靠近时频率变高而分离时变低。考虑在弱的驻波场中运动着的自由原子,将激光束能量调谐到稍低于原子跃迁的共振能量,那么迎面而来的激光频率就会因多普勒效应而增加,如果调谐适当,与原子能级的共振频率一致,原子就会吸收光子而沿激光束方向减小动量。在这个过程中,原子又会因跃迁而发射各向同性的同样频率的光子,因此,实际效果是原子动量减小,如此不断进行,原子的动量每碰撞一次减少一点,直至动量达到最低值。动量越小,速度也就越小。这种方法称为激光的多普勒冷却。这时的原子好像运动在黏稠介质中,这种黏滞介质称为光学黏团。多普勒冷却法所能获得的低温极限值称为多普勒极限 T_D。

1985 年,37 岁的华裔美籍物理学家朱棣文时任贝尔实验室量子电子学部主任,他所领导的小组首先实现了激光的多普勒冷却,在实验上实现了三维的光学黏团。两两相对、沿三个正交方向的六束激光在其交会处形成一个小区域(相当于一个空间直角坐标轴的每轴上有两束相对发射的激光一齐指向原点),速度较低的原子一旦进入该区域就会被滞留并进一步减速。在朱棣文等的实验中,脉冲钠原子首先被一束迎面射来的激光束减速,然后被光学黏团捕获,无论钠原子试图向哪个方向运动,总会遭遇到具有合适动量的光子,从而被迫退回到激光束的交会区域。用这样的装置,他们实现了 240 μK 的低温。

20 世纪 80 年代后期,随着理论分析和实验技术的不断发展,激光冷却的温度突破了多普勒冷却的极限。在这一过程中,美国国家标准研究所的菲利浦斯做出了重要贡献。

1988 年,菲利浦斯等的研究表明,多普勒极限可以克服,他们曾达到多普勒极限的 1/6,并且测得光学黏团中钠原子的温度居然低达 40 μK。进一步研究表明,温度可以接近另一个极限,称为反冲极限 T_R。

菲利浦斯等在实验中采用的方法被他幽默地称为"西西弗斯冷却"。西西弗斯(Sisyphus)是古希腊神话中的一个神,他因触犯天庭被罚不断背石上山,而到达山顶时又将石滚下,周而复始。现在,原子在激光偏振场中从最低能量态上升,沿势能爬坡,到达最高点时又被抽运到低谷,如此反复。这种西西弗斯机制能使温度降低到反冲极限。

科学研究的发展永无止境。在激光冷却方面,人们曾打破了多普勒冷却极限 T_D,20 世纪 90 年代,人们又开始打破反冲冷却极限 T_R。阿尔及利亚裔法国物理学家科昂-塔诺季所领导的实验小组采用捕陷所谓暗态(即原子此时不能吸收,也不能发射光了的状态)原子的方法,将氦原子冷却到 180 nK,仅约为 T_R

的 1/40。人们还在逐步逼近低温的极限值 0 K。目前激光冷却的下限是科昂-塔诺季小组将铯(Cs)原子冷却到 2.8 nK(2.8×10^{-9} K),以及朱棣文等利用钠原子喷泵达到的 24 pK(24×10^{-12} K)。

用激光冷却来捕陷原子是原子和分子物理学的一个重要突破口,在理论和实用方面都有重大意义。对于精确测定重力加速度、研制高精度原子钟及实现玻色-爱因斯坦凝聚都提供了技术上的可能。

095 超低温的奇迹——超导体的发现

19 世纪,在科学家向低温进军的过程中,一直进行着气体的液化。从 1823 年,科学巨匠法拉第就最先开始做这项研究,用了 22 年的时间,他几乎液化了所有的气体,但就有那么六种气体——氧、氮、氢、一氧化氮、一氧化碳、甲烷,法拉第费尽心机也是枉然。

与此同时,许多科学家也在进行气体的液化工作,但同样不能使上述六种气体液化,加上后来发现的氦,总共有七种气体被科学家宣判为"永久气体",意即永不能被液化。

科学期待着突破性的进展,人们依然在不懈努力。1877 年,氧气被液化,温度为 90 K,"永久气体"的迷信被打破。1884 年,氮气被液化,温度为 77 K。1898 年,英国物理学家杜瓦(J. Dewar,1842—1923,我们现在使用的保温瓶内胆就是他贡献给全人类的伟大发明,称"杜瓦瓶")将氢气液化,温度为 20 K,后又将氢液固化,温度为 15 K。然而,对于氦气,人们依然束手无策。

1908 年 7 月,荷兰莱顿大学的卡末林·昂内斯(H. Kamerlingh Onnes,1853—1926)在他领导的低温物理实验室中使用减压降温法终于将氦气液化,此时温度约为 4 K。"永久气体"成为历史名词,这标志着人类在低温世界的重大突破。

事实上,卡末林·昂内斯(以下简称昂内斯)更重要的贡献是超导电性的发现。19 世纪末,人们已经通过实验测得在液氢温度之上,金属的电阻率会随温度的降低而减小。金属的电阻主要来自电子与晶格的碰撞,以及材料缺陷的散射。如果温度再降低,会发生什么事呢?

杜瓦推测,温度越低,纯金属的电阻越小,并最终在绝对零度(0 K)时消失。而开尔文推测,纯金属电阻在低温下某个温度时,达到最小值,随着温度进一步降低,电阻反而增大,他认为这是由于导电电子被"冻结"在晶格上,自由电子数目急剧减少的缘故。当时,昂内斯相信开尔文是正确的。

1911 年 4 月,昂内斯布置他的学生研究液氦温区金属电阻的变化,利用冻结了的汞柱进行实验,变更温度,测量其两端的电压。先是液态空气,温度为 80 K;接着用液氧、液氮、液氢,温度降到 20 K,汞柱两端电压在逐渐减小;最后换上液氦,电压继续减小,再降低温度,即 4.16 K 时,电压突然降到了零。当时以为发生了短路,换接导线,检查线路,短路依然存在。后又发现当温度稍一回升到 4.2 K 时,短路自动消失,再降到 4.16 K,短路又出现了(图 095-1),昂内斯立即重复了这个实验,确信结果无误。

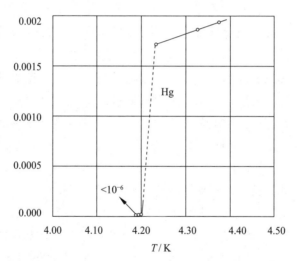

图 095-1 汞的电阻在 4.2 K 以下突然消失

他接着继续工作,分别得到钢、锡和铅出现超导性时的温度为 3.40 K、3.72 K 和 7.19 K。我们称超导体开始失去电阻的温度(临界温度)为超导转变温度 T_C。在研究超导的历史过程中,人们曾试图通过超导元素在元素周期表中的位置分别来寻找超导性材料,但后来发现,超导元素在周期表中的分布似乎毫无规律。经过研究还是发现一个规律:一般良导体及铁磁体材料不具超导性,如金、银、铜、铁等至今仍未发现有超导性能。这似乎意味着,电阻越接近零

(即导电性能越好)的材料,电阻越难达到零。然而也有例外,铝是良导体,却可实现超导,其转变温度 $T_C = 1.14$ K。

昂内斯很有运气,因为他发现超导现象具有一定的偶然性。假如他当时不是以汞($T_C = 4.16$ K)作为研究对象,而选用了 T_C 很低的材料,如比较常见的钨($T_C = 0.012$ K)或锌($T_C = 0.844$ K)进行研究的话,那他极有可能发现不了零电阻现象,超导物理的历史将会是另一番情景。但是,昂内斯的发现也有其历史必然性,因为他当时率先液化了氦气,莱顿大学实验室可获得世界上温度最低,各种材料的低温物理性能都有可能在此进行检验,因此,在此领域能有所发现,昂内斯应该是首选。

超导现象发现之后,人们又发现和制造了上千种超导性材料,其中有金属、合金和化合物。但在 1986 年之前,最高转变温度仅为 23.2 K,这种在液氢温区才出现的超导现象称为低温超导。液氢价格昂贵,储存、运输和使用等技术比较复杂,限制了超导技术的发展和使用。液氮的生产成本很低,大致相当于生产啤酒的费用,因此,人们在不断探索能在液氮温区(77 K)甚至更高温度下能工作的高温超导体。

1986 年,IBM 苏黎世实验室的贝诺兹(J. Bednorz)和缪勒(K. Müller,1927—2023)发现了 $T_C = 35$ K 的超导体,材料是钡镧铜氧陶瓷。他们在超导性材料的研究上做出了重大突破,不久共获 1987 年诺贝尔物理学奖。之后在世界范围开展了一场热火朝天的 T_C 上升大赛。1986 年 12 月 14 日,日本东京大学在镧锶铜氧化合物中获得 $T_C = 37.5$ K 的超导体。12 天之后,即 12 月 26 日,中国科学院物理研究所发现 $T_C = 48.6$ K(镧锶铜氧)和 $T_C = 46.3$ K(镧钡铜氧)的超导体,并首次宣布观测到 70 K 附近的超导转变迹象。1987 年,美国休斯敦大学的朱经武和阿拉巴马大学的吴茂昆获得 98K 的超导体,2 月 24 日,中国科学院宣布赵忠贤获得 $T_C = 92.8$ K 以上的超导体。1988 年,日本的研究人员将钙掺到锑锶铜氧体系中,看到了 80 K 和 110 K 两个温度上的超导转变。此后,锑钡钙铜氧化合物超导体系列被发现,T_C 高达 125 K。目前人们发现的最高超导转变温度的材料是汞钡铜氧系列,其 $T_C = 160$ K。

短时间内一个科学课题形成世界范围内的如此热潮,在科学史上并不多见,其深层原因显然是人们认识到高温超导具有广阔的应用前景和巨大的潜在经济价值。

096　零电阻和磁悬浮——超导体的性质

　　1914 年,昂内斯证明,在一个超导线圈里形成电流后,即使撤去电源,电流还会在线圈里持续流动几小时,甚至几天。这就是超导体所具有的重要性质之一:零电阻效应。后来科学家做了更精确的实验:把一个超导环放在磁场中,然后降温到 T_C 之下,使圆环处于超导态,然后突然去掉磁场,根据电磁感应原理,在超导环中要产生感应电流。在正常金属中,这个感应电流很快便衰减到零,但在超导环中,这个感应电流经过几年时间丝毫没有任何衰减。通过实验计算,超导电流的特征衰减时间下限约为 10^5 年,即 10 万年。而在大多数情况下,在小于 10^{10} 年,即 100 亿年内,我们根本觉察不到超导电流的任何变化。这表明超导体是一个等势体,体内任意两点没有电势差,电场强度为零,超导体处于无电耗和不发热的状态。但也需要指出,零电阻也只是相对而言,超导体的零电阻是指用现有的仪器检测不到。据估算,超导体的电阻率大约在 10^{-26} Ω·cm 的数量级,而常温下的金属良导体电阻率的量级大约是 10^{-10} Ω·cm。如果做成同样长度同样电阻的导线,超导体的截面若是 1 cm^2,最好的良导体(例如银)的截面至少需要 100 万 km^2。

　　超导体的第二个重要性质是完全抗磁性。这个实验现象是德国物理学家迈斯纳(F. W. Meissner,1882—1974)等 1933 年 10 月在柏林宣布的新发现。迈斯纳等做了一个实心的单晶锡球,在常温下给它一个外加磁场,锡球被磁化。在外加磁场不变的情况下,降低温度,当 $T \leqslant T_C$ 时,实心球进入超导态,奇迹出现了,外加磁场的磁感应线完全被排斥到金属实心球之外。如果对金属球先降温至 T_C 以下再加磁场,也发现金属球内磁感应强度总是等于零。也就是说,无论过渡到超导态的路径如何,只需温度 $T \leqslant T_C$,则超导体内部的磁感应强度恒为零。这种把外加磁场完全排斥在超导体外的特性叫完全抗磁性,称为迈斯纳效应。

　　超导体的迈斯纳效应导致了极其有趣而重要的磁悬浮现象。我们可以用一个简单的演示实验来说明:用一条细棉线系着一块磁铁,沉甸甸的磁铁把棉线拉得很直。提着棉线慢慢地将磁铁放入一个里面盛有液氦的广口杜瓦瓶中,杜瓦瓶底部放置一个铅制盘,此时铅制盘处于超导态。当磁铁下降到快要接触盘子时,棉线变松了、变弯了。继续往下放,磁铁本应落在盘中,然而事实正好相反,磁铁并未下落,好像有一只无形的手稳稳地托在空中。这显然是由于磁铁的磁场被排斥在超导态的铅盘之外,磁铁则被悬浮起来。这是一种稳定的磁悬浮现象,它和两个常规同性磁极之间的不稳定排斥全然不同。

零电阻性和完全抗磁性(迈斯纳效应)是超导态的两个独立的基本性质,它们之间没有因果关系。要衡量一种材料是否具有超导电性必须看它是否同时具有零电阻和迈斯纳效应,缺一不可。

迈斯纳效应使超导体会将全部磁感应线(磁通)排斥于体外,只在其表面约 10^{-5} cm 的薄层内有磁感应线透入。这是元素超导体的情况,对于那些合金超导体来讲,则情况有所不同。这就是在 20 世纪 30 年代后期,英国和荷兰的物理学家相继发现的所谓第二类超导体。这类超导体在从正常态转变为超导态的过程中,存在一个过渡的中间态。在处于中间态时,材料虽仍保持零电阻特性,但其内部磁场并不为零,而是由许多磁感应线束排成相互平行的点阵结构,磁感应线通过的线束内为正常态。当外磁场增加时,只能增加磁感应线束的数目,而不能增加每条线束内的磁通量,这被称为磁通量子化。实验证明每束磁感应线均被超导电流环绕,这些电流屏蔽了磁感应线束中的磁场对外面超导区的影响。第二类超导体具有很强的载电流能力,载流密度高达 10^5 A/mm^2 以上,因而它在强电应用方面价值很高。

超导体的各种神奇的物理性质预示着它将会有无比美妙的应用前景,但对于物理学家来说,更关心的是发生这一切的原因,即超导理论的建立。

097 相对的辉煌——BCS 超导理论

超导电性一经发现,显而易见的巨大的应用前景和经济价值,让物理学家的探索努力就从未间断,大批新的超导材料相继出现,超导临界温度 T_C 也在不断升高。

但是,对超导电性的理论解释却长期困扰着人们,因为零电阻和迈斯纳效应都无法用麦克斯韦的经典电磁理论解释。事实上,超导体的零电阻性不满足欧姆定律,而欧姆定律可以从麦克斯韦电磁理论得到;而超导体的完全抗磁性(迈斯纳效应)也不能用通常的电磁感应解释。

　　首先用电动力学方程把这两种特性联系起来的是旅居英国的德国物理学家伦敦兄弟(E. London 和 H. London)在 1935 年提出的两个著名方程,后来被称为伦敦第一方程和伦敦第二方程。

　　伦敦第一方程认为,超导体内有两种电子:正常电子和超导电子。在电场作用下,超导电子并不会形成稳定的电流,而电场的作用是使超导电子做加速运动。把伦敦第一方程与麦克斯韦方程组描写电磁感应的方程相结合,就得到了伦敦第二方程。其物理意义是:对超导体而言,稳定的磁通量就能产生电流。这与法拉第电磁感应定律的"动磁生电"全然不同,但伦敦方程对麦克斯韦方程组的这一修正,赋予麦克斯韦方程组一种新的更加完整的对称性。

　　根据安培环流定理(麦克斯韦方程组内的一个方程),稳定电流在其周围会产生磁场,即"稳电生磁"。而按法拉第电磁感应定律,只有动磁才能生电。因此麦克斯韦方程组中反映这两个理论的方程是不对称的,而伦敦方程使这二者变得对称了。这一解释的物理意义十分深刻,它反映了超导体的电磁性质与普通导体有本质不同,其根源是超导体在电磁性质上具有更大的对称性。当温度升高时,这种对称性就被破坏,超导体就变成普通导体了。

　　由伦敦方程进行数学推导,可以证明磁感应强度在超导体内呈指数衰减,即在超导体表面磁感应强度最大,向内深入时,随距离而作指数衰减,这从理论上证明了超导体是完全抗磁体。伦敦兄弟的这两个方程说明了超导体的两个基本特征,于是成为超导物理发展史上的一个里程碑。

　　对超导性进行解释的理论还有一些,在伦敦方程之前有 1934 年戈特(C. Gorter)和卡西米尔(H. Casimir)提出的"二流体模型",之后有 1950 年的金兹堡-朗道(Ginzburg-Landau)理论。然而它们都只对超导体进行了宏观的唯象描述,还没有涉及其微观机制和量子力学根源,所以物理学家远未感到满足,还在继续寻找能从微观机制上,在量子力学和量子理论的水平上说明超导体性质的理论。这一任务是由三位美国物理学家巴丁、库珀和施里弗通力合作完成的,人们用他们三人姓氏的第一个字母将该理论命名为 BCS 理论。三人之中的领军人物巴丁前面已经提到,他是晶体三极管的发明人之一,1956 年诺贝尔物理学奖得主。从 1951 年起,巴丁担任美国伊利诺伊大学的物理学教授兼电气工程教授,库珀在该校任副研究员,而施里弗当时是该校的一名博士生。这三人的合作是名垂世界科学史的老、中、青三结合的师生协同研究的光辉典范。他们三人因提出 BCS 超导理论而分享了 1972 年的诺贝尔物理学奖,而巴丁成为唯一一个两次获得该奖的得主。

按照 BCS 理论,超导体中晶格原子的振动能量是量子化的(即是不连续的)。当晶格原子与具有波动性的电子相互作用时,其能量的交换也是量子化的。1956 年,库珀利用量子场论的方法证明,当温度 T 降至超导转变临界温度 T_c 以下时,超导体内部的电子波动通过各自与晶格原子交换能量量子(称为声子),形成具有吸引力的电子对,这种电子对后来被称为"库珀对"。每一库珀对中的两个电子的动量大小相等、方向相反。"库珀对"的能量比所谓费米面的能量略低一些,形成超导能隙。"库珀对"的概念获得很大成功,能隙是超导体的重要特征之一,是后来 BCS 理论的几个主要实验依据之一。第二年(1957 年),巴丁、库珀和施里弗根据基态中自旋方向和动量方向都相反的电子配对作用,共同提出了超导电性的微观理论:当成对的电子有相同的总动量时,超导体处于最低能态。电子对的相同动量是由电子之间的集体相互作用引起的,它在一定的条件下导致超流动性。电子对的集体行为意味着宏观量子态的存在。

BCS 理论一经提出,便获得极大的成功,它能够完美地解释当时为止实验上所发现的所有超导现象,以致实验物理学家都以宣称自己的实验结果符合 BCS 理论为荣。例如,在剑桥大学召开的一次超导会议上,有位实验物理学家在介绍自己的实验时说:"让我们看一下这些实验符合 BCS 理论到什么程度。"

BCS 理论突出的成果之一是约瑟夫森效应的发现。1962 年,英国剑桥大学研究生约瑟夫森(B. D. Josephson)根据 BCS 理论计算得出预言:由于量子隧道的作用,可以有一直流电流通过两个超导金属中间的薄的绝缘势垒,此电流的大小正比于阻挡层两侧超导体之间相位差的正弦。这被称为直流约瑟夫森效应,后来他又提出交流约瑟夫森效应。这些预言在半年后得到证实。约瑟夫森效应后来在超导弱电测量应用方面取得巨大成功,它具有无可比拟的精确度,并且成为当前各国科学家加紧研制的新一代超导计算机的基础。1973 年,约瑟夫森因此而荣获诺贝尔物理学奖。

BCS 理论取得了巨大的成功。但如同其他物理理论一样,BCS 理论也是一个相对真理,它对常规超导体的预言和解释令人信服,但对 1986 年以后发现的高温超导体便无能为力了。根据 BCS 理论,超导体的 T_c 不可能超过 50 K,而实际上,现在高温超导体的 T_c 已超过 150 K。有关高温超导机理的研究被称为当今物理学中十分具有挑战性的课题之一,物理学家任重而道远,让我们期待更高层次的辉煌出现。

098 "水"往高处走——神奇莫测话超流

　　20世纪上半叶,比超导现象稍晚发现的还有超流现象。超流性和超导性一样,都是物质在极低温时呈现的一种特殊性质。它们有共同的起因,用于解释它们性质的理论也有共同之处;它们是一棵大树上的两朵奇葩,这棵大树就是20世纪物理学宏伟大厦的支柱之一的量子理论。在建立各自理论的过程中,它们彼此影响,相互促进。在理论和实验发展的几十年中,多位大物理学家为此做出了卓越的贡献,超流性项目的研究成果也多次获得诺贝尔物理学奖。

　　超流性还得从液氦说起。1908年,昂内斯在4K附近将最后一种"永久气体"氦液化后,顺理成章地继续将液氦降温,想把液氦固化。在常压下他没有成功,但在降温的过程中,液氦出现了一系列奇怪的现象。当冷却到2.2K时,液氦的密度最大,并且一直激烈的沸腾突然停止,液体变得非常宁静。当时,昂内斯的全部精力被低温下的超导电性所吸引,对液氦的这种奇怪现象未加深究。过了16年,1924年,昂内斯又发现在2.2K附近,液氦的比热值突然暴胀,数值大到不可思议,当时以为是实验发生了什么差错,他在论文中根本没提此现象。直到6年后,昂内斯的学生凯索姆(W. H. Keesom)经过精心测量,才加以确认并把结果发表。他发现,液氦的比热值在2.2K处有一极大值,此比热曲线的形状与希腊字母λ非常相似,就将此最高点称为λ点(图098-1)。后来发现,氦在λ点两侧都是液态,但显然处在两种不同的状态,有明显的区别。于是物理学家把温度高于λ点的液氦称为氦Ⅰ,而把低于λ点的液氦称为氦Ⅱ,沿用至今。

　　在温度低于2.2K时,液氦Ⅱ具有许多与液氦Ⅰ和其他各种液体有着明显区别的特殊性质,体现在以下三个方面。

　　其一是液氦Ⅱ的超热导率。

　　我们知道,在所有元素中以铜的热导率最高,其次为铝等金属。凯索姆及其女儿在1935年发现液氦Ⅱ的热导率,相比之下却极其大。其热导率值为798 J/(K·s·cm),这个数值为液氦Ⅰ的热导率的3×10^6倍,为常温下铜热导率的200倍,科学家称之为超热导率。

　　其二是液氦Ⅱ的黏滞性极小。

　　1937年,苏联科学院的卡皮查(П. Капица,1894—1984)为了说明液氦Ⅱ的

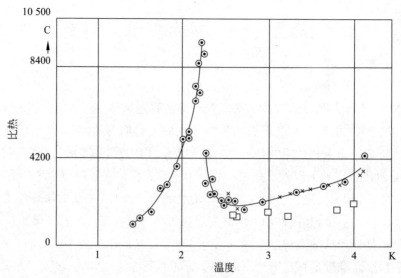

图 098-1　液氦的比热与温度关系曲线

（"⊙"表示饱和蒸气压下的比热，"□"表示定容比热。）

（在 2.29 K 左右曲线分为不连续的两部分，二者呈"λ"形，λ 点左侧为氦 II，右侧为氦 I。）

超热导率，从流体力学的角度提出了液氦 II 的黏滞性极低。卡皮查设计了测量实验：让液氦通过很细的毛细管或两块平板之间的窄缝，测量其摩擦力。实验结果表明，液氦 II 在流过毛细管或窄缝时，几乎没有黏滞性；当毛细管越细或平板间窄缝越小，液氦 II 通过得越快，即阻力越小。在常压下，液氦 II 比液氦 I 的黏滞性至少低 1500 倍，卡皮查给这个新现象命名为"超流性"。超流的意思是指流体的内摩擦力（黏滞性）在温度低于 λ 点时趋于消失，即物质不存在黏滞现象。

其三为喷泉效应。

在上述发现之后的 1 个月，剑桥大学的艾伦（J. F. Allen）和迈森纳（A. D. Misener）合作，发现了液氦 II 的所谓"喷泉"效应。他们在液氦中插入一根玻璃管，液氦 II 在管中液面会比外面高。当管足够细，特别是在管中放入一些极细的金刚砂粉末，使得通道更窄时，液氦 II 会从玻璃管中向上喷出，像一个喷泉，最高可达 16 cm。与喷泉效应相类似的还有液氦 II 的反常液膜流动，又称"爬壁"现象，是指液氦 II 可以持续不断地从容器内部爬到容器外边来。

1938 年，卡皮查在英国《自然》杂志上发表了自己对液氦 II 进行系统研究的重要发现，对其超热导率做出了基于超低黏滞性的解释，并且首先提出了超流体的概念。1941 年,卡皮查还发现热量通过固体与超流液氦的界面时,界面两侧的温度有一个不连续的跃变,这一现象称为卡皮查热阻。反之,当热量经过超流体液氦流向固体时,界面同样出现热阻,称为反向卡皮查热阻。它的形成机制一直是低温物理领域的重要课题之一。

由于在低温物理学领域的基本发明和发现,卡皮查与发现 3 K 宇宙微波背景辐射的彭齐亚斯和威尔逊共同获得了 1978 年诺贝尔物理学奖,当时他已是 84 岁高龄的老人。在授奖仪式上,瑞典斯德哥尔摩交响乐团演奏了俄罗斯作曲家格林卡的歌剧《鲁斯兰与柳德米拉》序曲之后,卡皮查亲自上台领奖,全世界都向这位长寿的科学大师致以崇高的敬意。6 年后的 1984 年 4 月 8 日,誉满全球的卡皮查教授安详地离开了人世,然而从事他的课题研究方向的人们还在孜孜不倦地继续探索着。

对液氦Ⅱ超流性的理论解释,吸引了众多著名的物理学家。其中蜚声世界的苏联理论物理学家朗道(Lev D Landau,1908—1968)在 1940—1941 年间创立的液氦Ⅱ超流性量子理论,对各种实验现象做出了很好的理论解释,所作的一些预言也为后来的实验所证明。朗道由于"凝聚态物质理论(特别是液氦理论)的先驱性工作",荣获 1962 年诺贝尔物理学奖。

朗道是一位世界级的大物理学家,在固体物理、低温物理、粒子物理等方面都有极其重要的发现,并且是一位非常优秀的物理教育家,他所撰写的十卷本《理论物理学教程》,几乎涉及理论物理的所有领域,被译成多国文字,包括中文,被全世界物理界公认为最优秀完备的理论物理参考书,培育了一代又一代的物理学家。令人无限痛惜的是,就在 1962 年 1 月 7 日,他乘坐小汽车时发生了严重的车祸,辉煌的科学生涯被无情地打断。朗道身负重伤,多国一流的医学专家进行了世界救护史上规模空前的紧急抢救,虽然保住了性命,

朗道

但他的创造力却一去不复返。终于在 1968 年 4 月 1 日的一次手术后朗道永别人世,科学巨星从此陨落。

通常的氦是 ^{4}He,原子核中有两个质子和两个中子,氦还有一种同位素 ^{3}He,其原子核中只有两个质子和一个中子。1972 年,美国康奈尔大学低温研究小组的三名物理学家戴维·李(D. Lee)、奥谢罗夫(D. Osheroff)和里查森

(R. Richardson, 1937—2013)用他们出色的实验发现了 ^{3}He 的超流性,后来人们发现 ^{3}He 超流体还具有各向异性的特点。20 多年的历史证明了 ^{3}He 超流体的发现对人们认识物质世界有重要的意义,为此,这三人共同获得了 1996 年诺贝尔物理学奖。

099 "世界正为之而改变"——纳米科技

"纳米"是 nanometer(nm)的中文译名,是国际单位制中长度单位米的分数单位,"nano"是拉丁文的前缀,本意为"矮小",为 10^{-9} 的数量级。1 纳米(nm)$=10^{-9}$ 米(m),即为十亿分之一米。人的头发直径一般为 $60 \sim 80 \ \mu m$($1 \ \mu m = 10^{-6} \ m$),即 6 万~8 万 nm,也就是说,1 nm 约为一根头发直径的八万分之一至六万分之一。

纳米科学技术是指在纳米尺度($0.1 \sim 100$ nm)上研究物质(包括原子、分子)的特性和相互作用,以及利用这些特性的多学科的高新科技。它使人类认识和改造物质世界的手段和能力延伸到原子和分子。纳米科技的最终目标是直接以原子、分子及物质在纳米尺度上表现出来的新颖的物理、化学和生物学特性创造出具有特定功能的产品,实现生产方式的飞跃。

最早提出纳米尺度上科技问题的是美国著名理论物理学家、1965 年诺贝尔物理学奖得主理查德·费曼(R. Feynman, 1918—1988)。1959 年他在加州理工大学发表了题为《在底部还有很大空间》的演讲。他认为科学技术发展的途径有两条:一条是"自上而下"(top、down)的过程,另一条是"自下而上"(bottom、up)的过程。而近几十年来,人类社会的生产方式和科学技术,一直沿着"自上而下"的微型化过程发展。费曼问道:为什么不可以"自下而上"呢? 即从单个分子、原子开始出发,进行组装,获得我们要求的具有特定功能的成品? 物理学的规律不排除一个原子一个原子制造物品的可能。费曼的这些设想,在当时只能说是一个大胆而美好的梦想,一个极其聪明的理论物理学家的科学预言,因为当时最好的显微镜还只能观测到微米的数量级。

1981 年,IBM 公司苏黎世研究所的宾尼希(G. Binnig)和罗雷尔(H. Rohrer, 1933—2013)发明了对纳米材料研究非常关键的设备——扫描隧道显微镜(STM),为此,他们获得了 1986 年诺贝尔物理学奖。STM 具有空间的高分辨率(横向可达 0.1 nm,纵向可优于 0.01 nm),能直接而清晰地观察到物质表面的原子结构,为我们揭示了一个可见的原子、分子世界,终于实现了人类长期梦寐以求的愿望。

有了 STM,我们可以研究物质表面的原子和分子的几何结构,以及与电子行为有关的物理化学性质;在纳米尺度上,研究物质的物理性质和机械特性。用 STM 的探针可以操纵原子、分子,对材料表面进行纳米加工。IBM 公司研究人员曾经用 35 个氙原子排列出 IBM 字样,而中国科技大学的研究人员则直接拍摄到了世界上第一张分子化学键的图像。

纳米材料是人工合成的具有纳米级微结构的新型材料,这导致小尺寸量子效应的产生,使得它具有许多奇异性质,如高的热膨胀系数、高比热容、高扩散、低饱和磁化率、高导电性、高强度、高韧性等。纳米 TiO_2 陶瓷变成韧性材料,在室温下可以弯曲,塑性形变高达 100%;纳米铁的强度提高几倍,同时塑性也大大增加;纳米铜的自扩散系数比晶格扩散系数增大 10^{19} 倍,强度增大 5 倍;纳米硅的光吸收系数比普通单晶硅增大几十倍;纳米金属颗粒以晶格形式沉淀在硅表面时,可形成高效电子元件或高密度信息储存材料,据美国国家科学和技术委员会 2000 年发布的研究报告,纳米技术制成的存储器,可使整个美国国会图书馆的信息放入一个只有糖块大小的装置之中。现在已制成尺寸为 4 nm 的复杂分子,具有开关特性,且开关时间极短,有可能应用于光学计算机。在纳米生物学中,可以创造与制造纳米化工厂、生物传感器、生物分子计算机元件、生物分子马达及生物分子机器人等。在肿瘤治疗方面,用纳米磁性粉粒作为载体的药物,可在体外磁场的作用下,将药物固定于肿瘤部位,使药物在癌肿部分释放,杀死癌细胞,而尽量避免损害正常细胞。还有利用内有铁磁性粒子的硅酮微球,在体外超导磁铁导引下,选择性阻塞肿瘤血管,使肿瘤坏死,达到治疗目的。

目前纳米材料种类很多,有厚度为纳米量级的薄膜、多层膜、超晶格;直径为纳米量级的纤维和管线材料的碳纳米管;纳米量级的微粒、微晶,如碳布基球(富勒烯 C_{60})等。在这些材料中,人们可通过调节膜厚、多层膜周期、颗粒大小、晶粒尺寸等方法进行人工剪裁和设计,创造出符合人们需要的各种新的功能材料。

信息技术、生物技术、纳米技术作为 21 世纪三大新兴技术,正在深刻地改变着经济结构、生产组织和经营模式,推动生产力发展出现质的飞跃。但相对而言,纳米技术的发展水平还不高,只相当于 20 世纪 50 年代的计算机和信息技术水平,还有许多基础理论问题需要解答。但各国科学家纷纷预言,纳米时代的到来不会很久,纳米材料和技术在未来的应用,将远远超过计算机产业,这将是又一次深刻的工业革命,会渗透到人类生活的各个角落。

100 又逢山雨欲来时——看 21 世纪物理学

"世纪"是人类对时间进行大尺度划分所确定的一个"格"。当钟表的指针终于又跨过了这么一个大"格"时,人们自然而然地要回首往事,展望未来。然而正如一位伟大的哲人所说:历史往往是惊人地相似!

我们知道,19 世纪是经典物理学取得空前辉煌成绩的世纪,当世纪末的钟声敲响之时,许多大物理学家认为这也是物理学发展的末日,后辈物理学家已经基本上无事可做,只是晴空万里的天尽头似乎还有几朵乌云。

回眸 20 世纪,从这几朵乌云开始,物理学取得了更加非凡的进展,然而人们也一次又一次地认为物理学即将走向终结。

早在 20 世纪 20 年代末,玻恩就曾经对一群访问哥廷根的科学家说:"尽我们所知,物理学将在 6 个月内终结。"这可称为是大科学家对物理学前景的悲观(或者说乐观)看法之最。当时,量子力学已基本完成,当然,之后的大发展有目共睹,玻恩的预言早已被证明大谬。

2000 年 8 月,杨振宁在访问北京时说道:"你如果看 20 世纪的物理,我想 20 世纪的理论物理黄金时代是 20 年代。大家知道当时的大数学家希尔伯特(D. Hilbert,1862—1943),他对那些年轻人说,你们都应该去做量子力学,那可是遍地黄金啊!如果再说在 20 世纪哪个时候是第二次黄金时代,那我想就是 50 年代、60 年代和 70 年代。我很幸运恰巧是在那个时候成为一个年轻的理论物理学者。那个时候不敢讲是遍地黄金,不过我想遍地白银是有道理的。你随便到里头搞个什么,因为是得风气之先,就容易成功,今天我想理论物理就不会那么容易成功了……假如说 20 世纪是物理学世纪,那么 21 世纪就是生物学的世纪,这里头的花样多得不得了。"

从大科学的视角来看,杨振宁的预言很可能是对的。事实上,许多科学家和哲学家采纳了这样的观点：物理学作为一个整体已经经历了一个黄金时代，而这个时代即将结束。他们认为新的发现越来越困难，小的改进已成了主要目标，更深入的理解将需要日益艰巨的思考才能达到。

《科学美国人》杂志专职撰稿人、著名科学作家霍根(J. Horgen)写了一部洋洋数十万言的专著《科学的终结》，从进步的终结一直写到机械科学的终结，总共是 9 个方面的终结，全书中弥漫着剪不断、理还乱的科学悲观论调。这种论调实际上是上述观点的放大和极端，遭到了许多科学家的反驳。1979 年诺贝尔物理学奖得主温伯格(S. Weinberg，1933—2021)对此论调不以为然，预言 50 年后物理学将发生根本变革；费米实验室天体物理学家施拉姆(D. Schramm)则疾恶如仇地斥之为"一派胡言乱语"。

在 1900 年巴黎举行的第二届国际数学大会上，前面提到的大数学家希尔伯特提出了著名的数学上未决的 23 个问题，对 20 世纪数学的发展起了很大作用，而当时的数学界也有许多人认为已无事可做。

在 2000 年 8 月 15 日的《纽约时报》上，美国加州大学圣巴巴拉分校的物理学家格罗斯模仿希尔伯特，提出了物理学的十大未决问题，他说："解决其中任何一个就足以到斯德哥尔摩去。"这 10 个问题如下：

(1) 可测量的无量纲参数描写了物理宇宙的特征，它们是可计算的，还是仅仅决定历史的或者量子力学的偶然性？

(2) 如何借助量子引力解释宇宙的起源？

(3) 什么是质子寿命？又如何理解它？

(4) 超对称性的本质是什么？超对称性是如何破缺的？

(5) 为什么宇宙表现出一维时间，三维空间？

(6) 宇宙学常数为什么会有现在的值？它是一个真正的常数吗？

(7) M 理论的低能有效理论为描述自然的十一维超引力和五种超弦理论，它的自由度意味着什么？

(8) 什么是黑洞演化佯谬？

(9) 为什么引力要比其他的力弱得多？

(10) 在量子色动力学中，能否定量理解夸克和胶子禁闭？

几个月后，又有人加了两个新问题：

(11) 光速是可变的吗？在宇宙早期光速与今天光速是同样的数值吗？

(12) 额外维时空究竟存在吗？它的效应最终将会被人类探测到吗？

物理大师李政道在世纪之交发表的讲演《物理学的挑战》第三部分中提出

了四个重大问题：

（1）为什么我们要相信"对称"？我们生活的世界充满了不对称。这个矛盾怎么理解？

李政道解释说：我们了解宇宙界有三种作用，即强相互作用、电弱相互作用、引力场。这三种作用都是基于对称的理论上的。可是实验不断地发现对称不守恒，这是很奇怪的。尤其是在（20 世纪）50 年代发现宇称不守恒以后，似乎理论应越来越不对称，但实际不然，理论越来越对称，可是实验越来越发现不对称，显然里面好像有一个错误，也许使人觉得是理论不行。

（2）基本粒子中有 6 种轻子、6 种夸克，但是夸克是不能单独存在的，夸克是看不见的，为什么？这也是很奇怪的。

上述两个问题是当代物理学两个很大的问题。

天体物理学也有两个大问题：

（3）整个宇宙至少 90%（很可能 99%）以上是暗物质，不是我们知道的物质，它的存在有什么根据？

（4）类星体发出的能量是太阳的 10^{15} 倍，是什么能量呢？我们不知道。它如此巨大的能量从哪里来？我们不知道。

大师寄希望于青年，他说：由于在我们的宇宙里面充满了我们还没有了解的东西，所以要年青一代去研究，去深入了解。

科学的发展和知识的增长，总是始于问题，也终止于问题。一种理论对科学的进步所能做出的最持久的贡献，就是它能不断地提出新的问题。物理学正在走向尽头的观点实际上是来自于自身的成功，于是我们尽可以不必悲观。

倒是这一连串的问题，以及更多的未解之谜启示我们：历史似乎在新的层次上重复着，物理学正面临着新的更巨大的挑战。像 100 多年前一样，科学的天空，又逢山雨欲来时。

REFERENCES ○ 参考文献

[1] 赵凯华,罗蔚茵.新概念物理教程：力学[M].北京：高等教育出版社,1995.

[2] 漆安慎,杜婵英,普通物理学教程：力学[M].北京：高等教育出版社,1997.

[3] 申先甲,等.物理学史教程[M].长沙：湖南教育出版社,1987.

[4] 郭奕玲,沈慧君.物理学史[M].北京：清华大学出版社,1993.

[5] 张瑞琨,等.物理学研究方法和艺术[M].上海：上海教育出版社,1995.

[6] 张三慧.大学物理学：力学[M].北京：清华大学出版社,1999.

[7] 李椿,等.热学[M].北京：人民教育出版社,1978.

[8] 刘青峰.让科学的光芒照亮自己[M].成都：四川人民出版社,1984.

[9] 倪光炯,李洪芳.近代物理[M].上海：上海科学技术出版社,1979.

[10] 吴翔,等.文明之源：物理学[M].上海：上海科学技术出版社,2001.

[11] 赵凯华.定性与半定量物理学[M].北京：高等教育出版社,1991.

[12] 向义和.物理学基本概念和基本定律溯源[M].北京：高等教育出版社,1994.

[13] 盛正卯,叶高翔.物理学与人类文明[M].杭州：浙江大学出版社,2000.

[14] 杨振宁.基本粒子发展简史[M].上海：上海科学技术出版社,1963.

[15] 阿西莫夫.亚原子世界探秘[M].朱子延,朱佳瑜,译.上海：上海科技教育出版社,2000.

[16] 尹儒英.高能物理入门[M].成都：四川人民出版社.1978.

[17] 瑞德尼克.量子力学史话[M].黄宏荃,彭灏,译.北京：科学出版社,1979.

[18] 李新洲.追寻自然之律：20世纪物理学革命[M].上海：上海科技教育出版社,2001.

[19] 江向东,黄艳华.微观绝唱：量子物理学[M].上海：上海科技教育出版

社,2001.

[20] 黄艳华,江向东.睿智神工:基本粒子探测[M].上海:上海科技教育出版社,2001.

[21] 克劳斯·基弗.EPR 文献述评[M].葛惟昆,王伟,张朝晖,译.北京:清华大学出版社,2024.

[22] 谢诒成,勾亮.探索物质最深处:场论与粒子物理[M].上海:上海科技教育出版社,2001.

[23] 吴鑫基,温学诗.宇宙佳音:天体物理学[M].上海:上海科技教育出版社,2001.

[24] 陆继宗,黄保法.绝对零度的奇迹:超导超流与相变[M].上海:上海科技教育出版社,2001.

[25] 郭奕玲,沈慧君.发明之源:物理学与技术[M].上海:上海科技教育出版社,2001.

[26] 王纪龙,等.大学物理学[M].北京:兵器工业出版社,2000.

[27] 张端明.极微世界探极微[M].武汉:湖北科学技术出版社,2000.

[28] 赵展岳.相对论导引[M].长春:吉林人民出版社,1982.

[29] 谢应鑫.激光技术[M].成都:四川教育出版社,1999.

[30] 李正修,等.诱人的超导体[M].合肥:安徽科学技术出版社,2000.

[31] 罗会仟.超导"小时代":超导的前世、今生和未来[M].北京:清华大学出版社,2022.

[32] 闫康年.万物之理[M].广州:广东人民出版社,2000.